"十四五"时期
国家重点出版物出版专项规划项目

航天先进技术研究与应用／
电子与信息工程系列

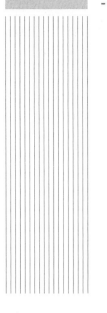

新形态
教材

微波技术基础与应用
（第2版）

Fundamentals and Applications of Microwave Technology

主编　赵　楠　周长飞　郭　磊　李　博
主审　刘功亮

哈尔滨工业大学出版社
HARBIN INSTITUTE OF TECHNOLOGY PRESS

内 容 简 介

本书系统介绍了微波技术的基本原理与应用领域。在编写过程中尽量深入浅出,加入"思考""历史""知识""应用""例题"等栏目,增加了学习的趣味性;引入Smith、TXLINE等多种简便实用的工程软件辅助教学,运用所学的知识在实际工程中进行分析、设计与应用。全书共7章:绪论、均匀传输线理论、规则金属波导、微波集成传输线、微波网络基础、微波元器件及微波应用系统,每章(除第1章)均附有习题。

本书可作为电子信息类专业本科生的专业课教材,也可作为电子工程与通信工程技术人员或相关专业技术人员的参考书。

图书在版编目(CIP)数据

微波技术基础与应用/赵楠等主编. —2版.
哈尔滨:哈尔滨工业大学出版社,2024.8. —(航天先进技术研究与应用/电子与信息工程系列). —ISBN 978-7-5767-1650-4

Ⅰ.TN015

中国国家版本馆CIP数据核字第2024P22T10号

策划编辑	许雅莹
责任编辑	许雅莹 张 权
封面设计	刘长友
出版发行	哈尔滨工业大学出版社
社　　址	哈尔滨市南岗区复华四道街10号 邮编150006
传　　真	0451-86414749
网　　址	http://hitpress.hit.edu.cn
印　　刷	哈尔滨久利印刷有限公司
开　　本	787mm×1 092mm 1/16 印张14.75 字数368千字
版　　次	2023年5月第1版 2024年8月第2版 2024年8月第1次印刷
书　　号	ISBN 978-7-5767-1650-4
定　　价	38.00元

(如因印装质量问题影响阅读,我社负责调换)

第 2 版前言

PREFACE

　　电磁场与微波技术相关学科的起源可以追溯至 19 世纪,随着麦克斯韦方程组的建立与完善,微波技术在 20 世纪三四十年代取得了飞跃式的发展。21 世纪,无线通信、新体制雷达、物联网、深空探测等新兴领域层出不穷,微波由于特殊的波长范围成为上述系统必不可少的传播媒介,微波技术也广泛应用于这些国民经济的主战场,并成为国防系统不可或缺的核心关键技术。尽管如此,微波技术理论性极强,涉及的数学公式非常多且较为晦涩,需将工程问题的分析与基础知识的讲授紧密结合,内容极具挑战性,是公认的"学生难学、老师难教"的课程。基于此,本书力求系统全面、深入浅出地介绍微波技术的基础知识,并结合具体的工程应用软件与案例,利用有限课时向学生展现该课程的全貌。

　　大连理工大学的微波技术课程最早是在殷洪玺教授带领下建立的,经历了十余年多个版本手写教案的储备以及多轮的教学改革反复迭代更新发展至今。为了适应最新的电子信息工程本科专业教学计划中 32 学时的要求,本课程组编写了本书,与国内同类型的教材相比,本书具有以下特点。

　　(1) 充分响应国家建设"金课"的要求并适应 32 学时的教学计划,本书对整个知识体系进行详尽的论述,让学生在课堂学习的基础上可以充分利用课余时间进行自学,注重理论公式推导的逻辑与细节,排除学生自学时的困难。

　　(2) 加入"思考""历史""知识""应用""例题"等栏目,增加了学习的趣味性,使学生从被动学习"是什么"转变为主动思考"为什么",拓展学生的视野。

　　(3) 引入 Smith、TXLINE 等多种简便实用的工程软件辅助教学,让学生不仅学会理论知识,还懂得如何运用所学的知识在实际工程中进行分析、设计与应用。

　　(4) 相关章节加入微波技术应用的内容,将理论知识与具体行业相结合,适当引入思政内容,反向助推学生对理论知识的学习和理解,同时通过工程应用建立完整的理论架构与知识体系。

　　(5) 采用新形态教材的形式,通过二维码链接,囊括理论推导、动画演示、应用软件、仿真程序等数字化素材,助力学生更加直观、便捷地理解微波技术及实践内容。

　　本书参考学时为 32~48 学时,全书共 7 章。第 1 章绪论,介绍了微波的概念、特点、历史、重要性,与其他课程的联系以及分析与设计方法。第 2 章均匀传输线理论,介绍了均匀传输线方程及其解,给出了均匀传输线工作特性参数与状态参量,对无耗均匀传输线的工作状态进行了分析,并借助史密斯圆图介绍了阻抗匹配的基本方法。第 3 章规则金属波导,介绍了空心金属波导管的导波原理,以此为基础,详尽地推导了矩形波导和圆波导的场分布,并分析了其工作特性,最后给出了波导激励与耦合的方法。第 4 章微波集成传输线,从均匀传输线理论出发,介绍了更适用于当前集成电路的微波传输系统,包括同轴线、带状线、微带线、耦合微带线、介质波导与光纤等。第 5 章微波网络基础,从更高的网络角度对微波系统进行刻画与描述,在等效传输线的基础上,介绍了阻抗矩阵、导纳矩阵、转移矩阵、散射矩阵、传输矩阵、多端口网络,并给出了各个矩阵的具体性质以及相互转换关系。第 6 章微波元器件,在前述微波传输系统的基础上,介绍了能对微波进行有效处理的元器件,具体包括终端元件、连接元件、衰减器和相移器、阻抗匹配元件、功率分配与合成器件、定向耦合器、微波谐振器、微波铁氧体器件等。第 7 章微波应用系统,介绍了当今微波技术最重要的应用场景,包括雷达系统、无线通信网络、超材料技术、无线功率传输技术、射频识别系统等。

  本书由大连理工大学赵楠、周长飞、郭磊以及哈尔滨工业大学(威海)李博编写。第 1 章、第 2 章、第 4 章由赵楠编写,第 3 章、第 6 章、第 7 章由周长飞编写,第 5 章由郭磊编写,李博完成了本书插图绘制并进行了文字整理。哈尔滨工业大学(威海)刘功亮认真细致地审阅了书稿,在充分肯定本书编写基本思路的同时,对书稿提出了宝贵的建议。本书得到了国家重点研发计划项目课题(2020YFB1807002)、国家自然科学基金项目(No. U23A20271,No. 62271099)的资助。

  由于编者水平有限,书中难免有疏漏与不足之处,希望广大读者批评指正。

编　者
2024 年 5 月

目 录

CONTENTS

第1章 绪论 ·· 1
  1.1 微波的概念 ··· 1
  1.2 微波的特点 ··· 3
  1.3 电磁学重要里程碑 ·· 3
  1.4 微波技术的重要性 ·· 4
  1.5 "微波技术"课程与其他课程的联系 ·· 5
  1.6 微波分析与设计方法 ··· 6
  1.7 本书主要章节内容 ·· 7

第2章 均匀传输线理论 ·· 8
  2.1 概述 ·· 8
  2.2 均匀传输线方程及其解 ·· 9
  2.3 均匀传输线工作特性参数与状态参量 ··· 14
  2.4 无耗均匀传输线的状态分析 ··· 21
  2.5 传输线功率、效率和损耗分析 ·· 32
  2.6 史密斯圆图 ·· 36
  2.7 阻抗匹配 ··· 45
  2.8 本章小结 ··· 60
  本章习题 ··· 60

第3章 规则金属波导 ·· 63
  3.1 概述 ··· 63
  3.2 导波原理 ··· 64
  3.3 矩形波导 ··· 72
  3.4 圆波导 ·· 90
  3.5 波导的激励与耦合 ·· 101
  3.6 本章小结 ·· 103
  本章习题 ·· 103

第4章 微波集成传输线 ·· 105
  4.1 概述 ·· 105
  4.2 同轴线 ··· 106

4.3 带状线 ··· 111
  4.4 微带线 ··· 117
  4.5 耦合微带线 ··· 126
  4.6 介质波导与光纤 ·· 133
  4.7 本章小结 ·· 138
  本章习题 ··· 138

第 5 章 微波网络基础 ··· 140
  5.1 概述 ·· 140
  5.2 等效传输线 ··· 141
  5.3 双端口网络的阻抗与 $ABCD$ 矩阵 ····························· 145
  5.4 散射矩阵与传输矩阵 ·· 156
  5.5 多端口网络 ··· 170
  5.6 本章小结 ·· 174
  本章习题 ··· 174

第 6 章 微波元器件 ·· 177
  6.1 概述 ·· 177
  6.2 终端元件 ·· 177
  6.3 连接元件 ·· 180
  6.4 衰减器和相移器 ·· 182
  6.5 阻抗匹配元件 ··· 184
  6.6 功率分配与合成器件 ·· 187
  6.7 定向耦合器 ··· 193
  6.8 微波谐振器 ··· 200
  6.9 微波铁氧体器件 ·· 207
  6.10 本章小结 ·· 211
  本章习题 ··· 211

第 7 章 微波应用系统 ··· 214
  7.1 雷达系统 ·· 214
  7.2 无线通信网络 ··· 216
  7.3 超材料技术 ··· 218
  7.4 无线功率传输技术 ··· 220
  7.5 射频识别系统 ··· 222
  7.6 本章小结 ·· 224
  本章习题 ··· 225

附录 1 史密斯圆图 ··· 226

附录 2 标准矩形波导参数和型号对照 ··································· 227

参考文献 ··· 228

第 1 章 绪 论

1.1 微波的概念

微波(Microwave)是频率范围在 300 MHz ~ 3 000 GHz 的电磁波,根据光速与频率、波长之间的关系 $c = \lambda f$,可得其在空气中的波长处于 0.1 mm ~ 1 m 的范围内,在电磁波谱中介于超短波与红外线之间,如图 1.1 所示。

图 1.1 微波频段示意图

如果对微波频段进一步划分,可以按照具体波长范围分为分米波、厘米波、毫米波和亚毫米波,其频段分别称为特高频(ultra-high frequency,UHF)、超高频(super-high frequency,SHF)、极高频(extremely-high frequency,EHF)和超极高频(super- extremely-high frequency,SEHF),这也是 20 世纪 90 年代有线电视频段的划分,见表 1.1。

表 1.1 微波频段的划分

频率范围	波长范围	波段	频段名称
300 MHz ~ 3 GHz	1 ~ 10 dm	分米波	特高频(UHF)
3 ~ 30 GHz	1 ~ 10 cm	厘米波	超高频(SHF)
30 ~ 300 GHz	1 ~ 10 mm	毫米波	极高频(EHF)
300 ~ 3 000 GHz	0.1 ~ 1 mm	亚毫米波	超极高频(SEHF)

1.1.1 什么是"微"

微波中的"微"是指电磁波的波长相比低频、中频等频段的波长来说比较小,处于 0.1 mm ~ 1 m 之间,微波在人类世界中被广泛应用。

> **思考**:为什么微波在人类世界中被广泛应用?
>
> 人类能够感知自身最大的尺寸是其身高,处于 1.5～2 m 之间;最小的尺寸为头发丝,处于 0.02～0.12 mm 之间,如图 1.2 所示。电磁波最重要的尺寸特征是波长,从通信天线尺寸、雷达探测目标乃至微波炉中加热的食物,其尺寸均需要与电磁波的波长接近。微波是波长处于 0.1 mm～1 m 的电磁波,其波长恰好处于人类能够感知的尺寸范围内,与各种工程应用涉及的尺寸接近。因此,微波在人类世界中得以广泛应用。

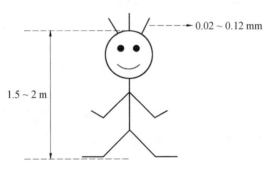

图 1.2　人类能感知自身尺寸的范围

1.1.2　什么是"波"

微波中的"波"是指电磁波,本节介绍几类不同范畴的波概念。

（1）能流是能量在空间中流动的过程。

（2）波是指从媒介一点向另一点传输的扰动,未使媒介发生永久性的变化。

（3）电磁波是由电荷振荡引发的能量流动。

（4）微波是频率范围在 300 MHz～3 000 GHz 的电磁波。

由上述概念,可以得到微波定义的具体范畴,如图 1.3 所示。

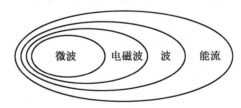

图 1.3　微波定义的具体范畴

> **思考**:仅给定波长,是否能够确定是微波?
>
> 仅给定波长,不能确定是否是微波。只有波长在 0.1 mm～1 m 之间的电磁波,才是微波。
>
> 例如,声波的频率范围处于 $20～2×10^4$ Hz,声速为 340 m/s,根据 $v = \lambda f$,可得其波长处于 0.017～17 m 之间,虽然与微波的波长范围有交集,但并不是微波,在空气中的传播速度也不等于光速。
>
> 因此,对某一特性的波,仅给定波长不能确定其是否是微波。

1.2 微波的特点

微波由于其波长所处的特殊范围,具有如下特点。

1. 似光性

与频率较低的波段相比,微波的频率更高、波长更短,比飞机、轮船、汽车、坦克、建筑物等大型物体的尺寸要小得多或者在同一量级,这使得微波显示出类似光波的粒子性特点,因此,当微波照射到这些物体上时会发生强烈反射,这也是雷达和智能反射面的前提条件;另外,通过对天线阵各天线的幅度和相位进行协同设计,可以定向传输或接收微弱信号。

2. 波动性

电磁波的粒子性和波动性是相对的,即当波长大于物体的尺寸或与物体的尺寸接近时,微波也将体现波动性。因此,用于移动通信的微波在遮挡时也能实现通信传输,例如基站或WIFI信号经过建筑物的阻挡虽然有所减弱,但仍能部分传输,这就是非视距链路,这使得无线信道显现衰落的性质;另外,波动性也使得微波传输线的分析和设计与低频电路极为不同。

3. 穿透性

微波通过介质时具有穿透性,云、雨、雾、雪等环境对微波的传输影响较小,这为全天候微波通信与遥感奠定基础,同时也成为激光通信的重要备份;微波能够穿透生物体,使微波生物医学成为可能;另外,与短波不同,微波在 1 ~ 10 GHz、20 ~ 30 GHz 以及 91 GHz 附近受电离层影响较小,可以较容易地实现地面至外太空的传播,从而成为人类探索外层空间的"宇宙窗口"。

4. 信息性

相比于中短波及超短波等低频波段,微波具有更宽的频带,可达数百甚至上千兆赫兹。根据香农定理,信道容量正比于传输带宽,因此,微波波段的载频更高,传输带宽更宽,传输速率也更高。目前,包括卫星通信、移动通信等系统都工作于微波波段;另外,微波可以通过自身的幅度、相位、频率、极化等特征携带信息,这也是无线通信各种信息调制方式的前提。

5. 能量性

当微波能量传送至有耗物体的内部时,物体的分子会互相碰撞、摩擦,从而使物体发热,这是微波的热效应特性,利用该特性可以进行微波加热,具有内外同热、效率高、发热快等优势,如广泛使用的微波炉;另外,微波自身携带能量,可以利用微波的能量实现无线充电,如电瓶车的无线充电、手机的无线充电以及无线携能传输等。

1.3 电磁学重要里程碑

电磁学是经过相当长的时间发展而形成的,因此,本节通过几位典型的科学家及其历史贡献,对电磁学的发展进行简单的梳理。

(1) 库仑,法国人,1736—1806 年。1785 年提出库仑定律 —— 两电荷间的力与它们的电荷量的乘积成正比，与两者的距离平方成反比。

（2）奥斯特，丹麦人，1777—1851 年。1820 年进行奥斯特实验，发现了电流磁效应，即电流可以产生磁场。

（3）安培，法国人，1775—1836 年。1820 年提出安培定律，给出了电流与电流激发磁场的磁感线方向间的关系。

（4）法拉第，英国人，1791—1867 年。1831 年提出法拉第电磁感应定律，指出了因磁通量变化产生感应电动势的现象。

（5）麦克斯韦，英国人，1831—1879 年。1873 年发表"论电与磁"，对实验成果进行数学总结，提出了麦克斯韦方程组，奠定了电磁学的理论基础。

（6）亥维赛，英国人，1850—1925 年。在 1885 年左右，对麦克斯韦方程组进行了简化，将原来 20 条方程减到 4 条微分方程，推进其实用化。

（7）赫兹，德国人，1857—1894 年。1888 年通过实验证明了电磁波的存在，验证了麦克斯韦方程组的正确性。

（8）开尔文，英国人，1824—1907 年。1856 年负责铺设大西洋海底电缆，1866 年终于成功，在此过程中提出了电报方程，即传输线方程。

（9）瑞利，英国人，1842—1919 年。1897 年建立了早期的波导理论，证明了电磁波可以在波导中传播无穷组 TE 模和 TM 模。

（10）马可尼，意大利人，1874—1937 年。1896 年进行了长距离商业无线电通信，是实用无线电报通信的创始人。

1.4　微波技术的重要性

微波技术是电子信息工程、通信工程等专业的必修课，在学科知识体系中有着重要作用，主要原因包括以下方面。

1. 电子、通信领域的工作频率越来越高

随着电子、通信等领域的飞速发展，为了满足越来越高的性能要求，各种系统的工作频率也越来越高。例如，目前主流的酷睿系列 CPU，主频逐渐升高，达到几个 GHz；雷达的探测目标要与波长处于同一数量级，雷达的工作频率也处于微波频段；移动通信网络随着 5G 的成熟以及 6G 的推进，传输速率飞速增长，通信载频不断升高，甚至达到了毫米波频段。因此，当前电子、通信等领域的主要应用均采用微波频段，掌握微波技术知识至关重要。

2. 低频电路理论在微波频段不再适用

一种理论往往只在特定场景成立，但随着科学边界不断突破，旧的理论不再适用，需要对已有的理论进行修正甚至提出新的理论。例如，牛顿发现的万有引力定律只适用于描述低速宏观世界，在高速微观世界不再适用。随后爱因斯坦提出了相对论，普朗克提出了量子力学，对万有引力定律的边界进行了拓展。电磁学也是如此，传统低频的基尔霍夫定律在微波频段不再适用，必须从麦克斯韦方程组出发，通过传输线、波导等理论，对已有的方法进行修正与拓展。

3. 关系国计民生乃至国家重大需求

由于波长的特殊性，微波技术广泛应用于国计民生的各行各业，也服务着国家重大需求。例如，日常生活中微波炉以及机场、商场的安检系统，均采用微波技术得以实现；移动通信的载波频率逐渐提升，未来将达到毫米波乃至太赫兹频段，均属于微波技术的范畴；在国防工业中，雷达采用微波进行探测，而太空站、导弹、卫星与火箭等飞行器也在微波频段实现遥测遥控及数据通信。微波技术在当今社会发展中有着举足轻重的地位，相关从业人员也成为抢手人才。

1.5 "微波技术"课程与其他课程的联系

"微波技术"课程不是孤立的，而是与其他电类课程共同构成了电子信息工程、通信工程等专业的知识体系。本科生应该对所学专业的知识体系有整体的认识，融会贯通地掌握本学科的知识架构，指导日后的科学探索和工程设计。本节将介绍"微波技术"课程与其他相关课程的主要联系。

1.5.1 与"电磁场与电磁波"课程的联系

"电磁场与电磁波"是"微波技术"的先修课程，主要讲述电磁场的性质以及电磁波在自由空间中传播的规律，属于场类的基础课程，相当于"微波技术"课程的出发点。与"电磁场与电磁波"不同，"微波技术"更加侧重于微波频段的电磁波在具体场景、实际工程中的传输特性与设计方法，如微波传输线的设计、波导的传输、集成传输线的设计、微波网络分析方法以及微波元器件等。在理论学习的基础上，"微波技术"重视与实际应用工程相结合。

1.5.2 与"天线"和"射频电路设计"课程的联系

"天线"和"射频电路设计"是与"微波技术"直接相关的两门后续课程。"天线"能够实现射频导波能量与无线电波能量间的转化，是波源与空间的匹配器件，也是通信、雷达、探测等系统必不可少的组成部分。在"微波技术"基础上，"天线"将深入探讨各类天线及天线阵的辐射与接收特性并进行相关设计。"微波技术"仅对射频电路进行了初步的理论分析，而"射频电路设计"在工程领域非常重要，"射频电路设计"是对"微波技术"相关理论知识的进一步拓展与细化。

1.5.3 与电路类课程的联系

由于频率升高、波长变短，微波电路会出现波动性，因此，"微波电路"的设计与"电路原理""低频电子线路""通信电子线路"等课程的设计方法截然不同。尽管如此，"电路原理"等课程中的电路分析方法又是"微波电路"中均匀传输线、集成传输线的理论基础；另外，对于一个通信系统来说，通信电子线路是连接低频电路和微波电路的纽带，即通过高频电子线路的设计，可以利用混频和放大等功能将低频信号转换为微波信号来进一步处理。

1.5.4 与通信类课程的联系

"通信原理"是电子信息工程、通信工程等专业的核心课程，而通信的载体是微波。微波能够通过自身的幅度、相位、频率、极化等特征携带信息,将传输信息调制到微波频段的载波上,进而传输。信道是影响无线通信性能的重要因素,那么微波信道的性质与质量也对通信系统起到重要的影响。因此,"通信原理"与"微波技术"是互相支撑、互相影响的两门课程。此外,"移动通信""卫星通信"等专业应用课程也与"微波技术"密切相关。

1.5.5 与数学类课程的联系

"微波技术"是兼顾理论性与工程性的专业基础课,用到的数学推导较多,而"工科数学分析""线性代数"等数学类基础课程为"微波技术"提供了数学工具。例如,均匀传输线分析用到"工科数学分析"中的微分方程求解;波导的场分布推导从麦克斯韦方程组出发,通过散度和旋度等运算符,求解其中的场分布表达式;微波网络分析用到"线性代数"中针对矩阵的具体分析和计算方法;在波导传输功率(transmitted power)的推导过程中用到了积分等运算。

1.6 微波分析与设计方法

由于微波频率较高,对于微波波段的传输系统将采用与低频电路截然不同的分析方法,主要包括路分析法、场分析法及网络分析法。

1.6.1 路分析法

人们往往对于低频电路比较熟悉,但随着频率的提升,到达微波波段,传输线将展现出与低频电路截然不同的特性,分析与设计方法也截然不同。虽然在微波波段的传输线中实际存在的往往是电场和磁场,但是为了采用人们熟悉的电路分析的方法,将电场和磁场等效为电压和电流,化场为路,从传输线方程出发,求出边界条件的电压、电流波动方程的解,得出沿线等效电压、电流的表达式,进而分析传输特性。因此,路分析法简单高效,便于微波传输线的分析设计。

1.6.2 场分析法

虽然路分析法能够用人们熟悉的电路理论对传输线进行分析设计,但在某些特殊的应用场景中,仍然需要得出电场和磁场精确的表达式。例如,在对空心金属波导管的分析过程中,需要从无源区的麦克斯韦方程组出发,根据边界条件,推导出电场和磁场的闭式表达式,进而分析其传输特性。与路分析法的简单便捷不同,通过场分析法可以得到电场和磁场精确的表达式,从数学层面上来说,更精确严格,但也存在着比较烦琐的缺点。

1.6.3 网络分析法

通过路分析法和场分析法,可以建立微波传输线及波导的分析设计方法,但在实际工程中,经常不需要已知系统内部的工作原理,仅需要分析输出与输入之间的关系。因此,针对某一特定微波网络,可以建立等效电压和等效电流的概念,从整体的角度出发,利用"黑盒子"的思想,采用矩阵的形式来定义网络能实现的功能;另外,利用微波网络参数矩阵,也可以定义特性微波元器件的功能,经常用于元件手册,便于微波工程领域的设计与使用。

1.7 本书主要章节内容

通过上述分析可知,微波技术是电子通信技术重要的组成部分,该课程也是电子信息工程、通信工程等专业重要的基础课程。本书力求理论体系完整、严谨,对微波技术的基础理论及应用进行了深入的论述。第2章采用路分析法求解均匀传输线方程的解,对均匀传输的状态进行分析并结合史密斯圆图进行工程设计。第3章采用场分析法,推导了矩形波导和圆波导场分布的闭式表达式,分析了金属波导的工作特性,并简要介绍了波导的激励与耦合方式。随着集成电路产业的飞速发展,微波传输线也需要不断演进并与集成电路融合,因此第4章介绍了微带线等多种微波集成传输线,并介绍了光纤(optical fiber)的基础知识。第5章在更高的网络层面对微波系统进行分析,给出了多种参数矩阵对微波网络进行描述,并深入探讨了各种矩阵之间的相互关系。除了微波传输线,微波元器件也是微波系统的重要组成部分,因此在第6章介绍了包括定向耦合器、微波、谐振器等多种重要的微波元器件。在微波技术理论介绍的基础上,第7章结合当前的技术热点,给出了微波在雷达、探测、通信等各个领域的应用,突出了微波技术的应用性。

第 2 章

均匀传输线理论

2.1 概　　述

微波可以同时携带信息与能量。一方面，可以将有用信息调制到微波载波的幅度、相位或频率上进而传输，这就是通信技术中的调幅、调相与调频。借助微波合理地传输信息，移动通信网络每十年一代迅速发展，我国也实现了 3G 跟跑、4G 并跑、5G 抢跑的跨越式发展，迅速抢占了移动通信的制高点。目前，我国已开始部署 6G 移动通信网络的研制。另一方面，微波是有源的，但微波离开源后与源无关，所以会携带能量。因此，利用微波可以实现无线能量传输，为智能手机、人体传感器、电动汽车甚至无人机远程充电，也可以降低微波传输的能量消耗，实现绿色通信。目前，我国制定了"双碳"目标，力争在 2030 年和 2060 年分别实现碳达峰与碳中和，体现了我国的大国担当。如何有效降低微波的能量消耗甚至充分利用微波能量，对信息产业的节能减排至关重要。

此外，如果不加以控制，微波在自由空间将全向辐射，无论是信息还是能量传输的效率均很低。为了充分利用微波的优势实现远程信息或能量传输，可以采用传输线加以有效引导。微波传输线(transmission line)是用来传输微波信息与能量的不同类型传输系统的总称，一般可以分为双导体传输线、金属波导和介质传输线。双导体传输线和介质传输线将在本章和第 4 章介绍，金属波导将在第 3 章介绍。

> **思考**：为什么不用铜导线来传输微波？
>
> 对于半径为 2 mm、长度为 1 m 的铜导线，有以下两个特点。
> (1) 在低频时，电阻为 1.37×10^{-3} Ω/m。
> (2) 在 10 GHz 时，电阻为 2.07 Ω/m。
>
> 从上述分析可知，当频率从 0 Hz 提升至 10 GHz 时，由于趋肤效应，铜导线的电阻提高了 1 000 多倍，这使得电路损耗激增，不适合远距离传输。

在微波频率时，导体的电流密度不是平均分布于整个导体内部，而是在表面附近有较大的电流密度，在导体中心部分的电流密度是最小的，这就是趋肤效应，其原理如图 2.1 所示。趋肤效应使得导体的电阻随着交流电频率的增加而增加，因此需要采用传输线实现微波的远距离传输。随着频率的提高，电流开始向导体外辐射，产生了分布电阻、分布电感、分布电容和分布电导，低频电路的基尔霍夫定律失效引出了传输线方程。

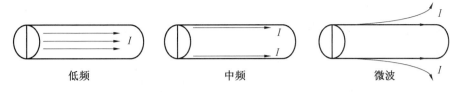

图 2.1 趋肤效应原理

微波传输系统的分析方法可以分为场分析法和路分析法。场分析法从麦克斯韦方程组出发,利用边界条件推导电场和磁场表达式,进而分析传输特性,更严格准确,但也更复杂。路分析法从传输线方程出发,建立电压和电流的波动方程并利用边界条件求解,进而分析传输特性,数学上较简单,更适合工程应用。

本章首先从路分析法出发,采用人们更熟悉的电压和电流概念,建立均匀传输线方程并求解;其次引入均匀传输线的工作特性参数与状态参量,在此基础上,对无耗均匀传输线进行状态分析,同时也考虑了有耗时网络的传输功率和效率;最后,介绍史密斯圆图及软件的使用方法,进而阐述均匀传输线阻抗匹配的设计方法。阻抗匹配方法综合了传输线的工作特性参数、状态分析、传输功率和效率、史密斯圆图以及枝节调配法等,以使传输线尽量达到无反射的效果。

2.2 均匀传输线方程及其解

2.2.1 均匀传输线方程

> **历史**:开尔文勋爵与电报方程
>
> 威廉·汤姆森,1824年出生于爱尔兰,1845年毕业于剑桥大学,1846年被选为格拉斯哥大学自然哲学教授。1856年负责大西洋海底电缆的铺设工作,几经失败,历经十年于1866年终于成功。他在铺设的过程中发现了长线效应,提出了电报方程,即传输线方程。由于铺设大西洋海底电缆有功,1866年他被英政府封为爵士,并于1892年晋升为开尔文勋爵。开尔文勋爵也是热力学温标的发明人,被称为热力学之父。

当线长与波长可以比拟时,传输线中的电磁波开始出现波动性,将此时的传输线称为长线。例如:

(1) 长度为0.5 m、工作频率为5 GHz的同轴线,波长($\lambda = c/f = 6$ cm)远远小于线长,可以将其称为长线。

(2) 长度为0.5 m、工作频率为50 Hz的电力传输线,波长($\lambda = c/f = 6\,000$ km)远远大于线长,可以将其称为短线。

随着微波频率的提升,波长下降,由于趋肤效应微波从导体内向外辐射,传输线出现长线效应,从集总参数电路向分布参数电路转变。

均匀平行双导体传输线如图2.2(a)所示,选取坐标轴z从负载指向信源,负载点坐标为0,信源点坐标为l。为了处理上述分布参数电路,在均匀传输线上任意一点选取微分线元Δz,满足$\Delta z \ll \lambda$,该线元可以视为由串联电阻$R\Delta z$、串联电感$L\Delta z$、并联电容$C\Delta z$和并联电导$G\Delta z$组成的集总参数电路,如图2.2(b)所示。其中R、L、C、G分别是传输线单位长度的电阻、电感、电容、电导,当传输线结构均匀时,均为常数。因此对均匀传输线的分布参数电路的分析可以转化为人们更熟悉的长度为 Δz 的集总电路,整个均匀传输线相当于无限多个长度为 Δz 的集总电路级联。

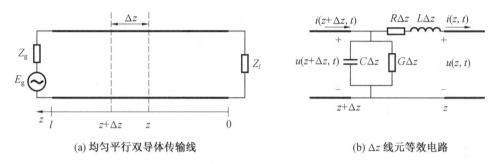

(a) 均匀平行双导体传输线　　　　　　　　(b) Δz 线元等效电路

图 2.2　均匀平行双导体传输线及其等效电路

假设在 t 时刻,传输线上 z 处的瞬时电压和电流分别为 $u(z,t)$ 和 $i(z,t)$,传输线上 $z+\Delta z$ 处的瞬时电压和电流分别为 $u(z+\Delta z,t)$ 和 $i(z+\Delta z,t)$。由于 $\Delta z\to 0$,根据微分的定义,可得

$$\begin{cases}\dfrac{u(z+\Delta z,t)-u(z,t)}{\Delta z}=\dfrac{\partial u(z,t)}{\partial z}\\[2mm] \dfrac{i(z+\Delta z,t)-i(z,t)}{\Delta z}=\dfrac{\partial i(z,t)}{\partial z}\end{cases} \quad (2.2.1)$$

由于该长度为 Δz 线元可以看成集总参数电路,基尔霍夫定律仍然成立,可得

$$\begin{cases}u(z+\Delta z,t)=u(z,t)+R\Delta z\cdot i(z,t)+L\Delta z\dfrac{\partial i(z,t)}{\partial t}\\[2mm] i(z+\Delta z,t)=i(z,t)+G\Delta z\cdot u(z+\Delta z,t)+C\Delta z\dfrac{\partial u(z+\Delta z,t)}{\partial t}\end{cases} \quad (2.2.2)$$

将式(2.2.1)代入式(2.2.2),同时考虑 $\Delta z\to 0$ 时,$u(z+\Delta z,t)\to u(z,t)$ 且 $i(z+\Delta z,t)\to i(z,t)$,可得

$$\begin{cases}\dfrac{\partial u(z,t)}{\partial z}=R\cdot i(z,t)+L\dfrac{\partial i(z,t)}{\partial t}\\[2mm] \dfrac{\partial i(z,t)}{\partial z}=G\cdot u(z,t)+C\dfrac{\partial u(z,t)}{\partial t}\end{cases} \quad (2.2.3)$$

式(2.2.3)为均匀传输线的微分形式,又称为电报方程。尽管如此,该微分方程分析较为复杂,对于角频率为 ω 的时谐电压和电流,可以通过相量形式进行简化。

知识:什么是相量?

相量:正弦波从时域到复数域数学变换的结果,它只保留了正弦波的幅度和初相角信息。

假设时谐信号 $x(t)=\mathrm{Re}[A\mathrm{e}^{j\omega t}]=A\cos\omega t$,$A$ 为时谐信号 $x(t)$ 的相量:

$$\frac{\mathrm{d}x(t)}{\mathrm{d}t}=\frac{\mathrm{dRe}[A\mathrm{e}^{j\omega t}]}{\mathrm{d}t}=\mathrm{Re}\left[A\frac{\mathrm{d}\mathrm{e}^{j\omega t}}{\mathrm{d}t}\right]=\mathrm{Re}[j\omega A\mathrm{e}^{j\omega t}]$$

则 $\dfrac{\mathrm{d}x(t)}{\mathrm{d}t}$ 的相量为 $j\omega A$。

假设 $u(z,t)$ 和 $i(z,t)$ 均是时谐的且角频率为 ω，因此令

$$\begin{cases} u(z,t) = \text{Re}[U(z)e^{j\omega t}] \\ i(z,t) = \text{Re}[I(z)e^{j\omega t}] \end{cases} \tag{2.2.4}$$

式中，$U(z)$ 和 $I(z)$ 分别为 $u(z,t)$ 和 $i(z,t)$ 的相量形式。

利用式(2.2.4)，可以将式(2.2.3)改写成相量形式，可得

$$\begin{cases} \dfrac{dU(z)}{dz} = (R + j\omega L)I(z) = Z \cdot I(z) \\ \dfrac{dI(z)}{dz} = (G + j\omega C)U(z) = Y \cdot U(z) \end{cases} \tag{2.2.5}$$

式中，$Z = R + j\omega L$ 和 $Y = G + j\omega C$ 分别为均匀传输线单位长度的串联阻抗和并联导纳。

式(2.2.5)为均匀传输线方程的相量形式。

对于均匀传输线方程，需要注意以下几个方面。

（1）虽然式(2.2.5)表面上没有角频率，但仍需牢记电压和电流均是角频率 ω 的时谐波。

（2）电压和电流不仅与时间 t 有关，还与位置 z 有关，体现了均匀传输线的波动性，这也是微波区别于低频信号的特别之处。

> **思考**：金属导体具有趋肤效应不适合微波传输，为什么均匀传输线为导体？
>
> 微波并不在均匀传输线或波导的导体内部传输，而是在均匀传输线间或波导内部的介质中传输。

2.2.2　均匀传输线方程的通解

将式(2.2.5)的第一个式子两边除以 Z 后代入第二个式子，可得

$$\frac{1}{Z}\frac{d\left(\dfrac{dU(z)}{dz}\right)}{dz} = Y \cdot U(z) \Rightarrow \frac{d^2 U(z)}{dz^2} - ZY \cdot U(z) = 0 \tag{2.2.6}$$

同样的方法，可以得到

$$\frac{d^2 I(z)}{dz^2} - ZY \cdot I(z) = 0 \tag{2.2.7}$$

定义传播常数为 $\gamma = \alpha + j\beta = \sqrt{(R + j\omega L)(G + j\omega C)}$，则式(2.2.6)式(2.2.7)可以改写为

$$\begin{cases} \dfrac{d^2 U(z)}{dz^2} - \gamma^2 \cdot U(z) = 0 \\ \dfrac{d^2 I(z)}{dz^2} - \gamma^2 \cdot I(z) = 0 \end{cases} \tag{2.2.8}$$

式(2.2.8)由两个二阶微分方程组成，因此可以得到电压的通解形式为

$$U(z) = U_+(z) + U_-(z) = A_1 e^{+\gamma z} + A_2 e^{-\gamma z} \tag{2.2.9}$$

式中，A_1 和 A_2 为常数，由边界条件决定。

将式(2.2.9)代入式(2.2.5)的第一个式子，可得

$$I(z) = I_+(z) + I_-(z) = \frac{1}{Z}\frac{dU(z)}{dz} = \frac{\gamma}{Z}(A_1 e^{+\gamma z} - A_2 e^{-\gamma z})$$

$$= \frac{1}{Z_0}(A_1 e^{+\gamma z} - A_2 e^{-\gamma z}) \tag{2.2.10}$$

式中,定义 $Z_0 = Z/\gamma = \sqrt{(R+j\omega L)/(G+j\omega C)}$ 为均匀传输线的特性阻抗。

对于均匀传输线的相量通解形式(式(2.2.9) 和式(2.2.10)),始终牢记电压和电流是角频率 ω 的时谐波。令 $A_1 = |A_1| e^{j\theta_1}$、$A_2 = |A_2| e^{j\theta_2}$,并假设 Z_0 为实数,则均匀传输线上的电压和电流通解的时域表达式为

$$\begin{cases} u(z,t) = u_+(z,t) + u_-(z,t) \\ \qquad = |A_1| e^{+\alpha z}\cos(\omega t + \beta z + \theta_1) + |A_2| e^{-\alpha z}\cos(\omega t - \beta z + \theta_2) \\ i(z,t) = i_+(z,t) + i_-(z,t) \\ \qquad = \frac{1}{Z_0}[|A_1| e^{+\alpha z}\cos(\omega t + \beta z + \theta_1) - |A_2| e^{-\alpha z}\cos(\omega t - \beta z + \theta_2)] \end{cases} \tag{2.2.11}$$

> **思考**:u_+、u_-、i_+、i_- 哪个是反射波,哪个是入射波?
>
> 微波在均匀传输线中传播,相当于等相面在移动。从式(2.2.11) 可知,$u_+(z,t)$ 和 $i_+(z,t)$ 的等相面为 $\omega t + \beta z + \theta_1 =$ 常数,整理可得 $z = \frac{1}{\beta}(-\omega t - \theta_1 + $ 常数$)$。方程式两边对 t 求导数,整理可得
>
> $$v_{p+} = \frac{dz}{dt} = -\frac{\omega}{\beta} \tag{2.2.12}$$
>
> 因此,可以得到 u_+ 和 i_+ 的相速为负,即沿着 $-z$ 方向传输,因此为入射波;同理可得 u_- 和 i_- 的相速为正,即沿着 $+z$ 方向传输,因此为反射波。
>
> 因此,均匀传输线上的电压和电流以波的形式传播,任意一点的电压或电流均由沿 $-z$ 方向的入射波和沿 $+z$ 方向的反射波叠加而成。

2.2.3 边界条件

在式(2.2.9) 和式(2.2.10) 的电压和电流的通解中,仍存在待定系数 A_1 和 A_2,需要根据均匀传输线的工作状态来确定,也就是边界条件。由图 2.2(a) 可知,均匀传输线的边界条件一般可以分为如下三类。

1. 终端条件

已知终端电压 U_l 和终端电流 I_l。

将终端条件 $U(0) = U_l$ 和 $I(0) = I_l$ 代入式(2.2.9) 和式(2.2.10),可得

$$\begin{cases} U_l = A_1 + A_2 \\ I_l = \frac{1}{Z_0}(A_1 - A_2) \end{cases} \tag{2.2.13}$$

求解式(2.2.13),可得

$$\begin{cases} A_1 = \frac{1}{2}(U_l + I_l Z_0) \\ A_2 = \frac{1}{2}(U_l - I_l Z_0) \end{cases} \tag{2.2.14}$$

将式(2.2.14)代回式(2.2.9)和式(2.2.10)并进行整理,可得

$$\begin{cases} U(z) = U_l \cosh \gamma z + I_l Z_0 \sinh \gamma z \\ I(z) = I_l \cosh \gamma z + \frac{U_l}{Z_0} \sinh \gamma z \end{cases} \tag{2.2.15}$$

写成矩阵形式,得到

$$\begin{bmatrix} U(z) \\ I(z) \end{bmatrix} = \begin{bmatrix} \cosh \gamma z & Z_0 \sinh \gamma z \\ \frac{\sinh \gamma z}{Z_0} & \cosh \gamma z \end{bmatrix} \begin{bmatrix} U_l \\ I_l \end{bmatrix} \tag{2.2.16}$$

当均匀传输线无耗时,即 $\gamma = \mathrm{j}\beta$,式(2.2.16)可以化简为

$$\begin{bmatrix} U(z) \\ I(z) \end{bmatrix} = \begin{bmatrix} \cos \beta z & \mathrm{j} Z_0 \sin \beta z \\ \frac{\mathrm{j} \sin \beta z}{Z_0} & \cos \beta z \end{bmatrix} \begin{bmatrix} U_l \\ I_l \end{bmatrix} \tag{2.2.17}$$

在式(2.2.16)中,传播常数 γ 和特性阻抗 Z_0 由均匀传输线自身特性决定。除此之外,只要已知终端电压 U_l 和终端电流 I_l,就可以得到均匀传输线上任意一点电压和电流的相量表达式。

2. 始端条件

已知始端电压 U_0 和始端电流 I_0。

将终端条件 $U(l) = U_0$ 和 $I(l) = I_0$ 代入式(2.2.9)和式(2.2.10),可得

$$\begin{cases} U_0 = A_1 \mathrm{e}^{+\gamma l} + A_2 \mathrm{e}^{-\gamma l} \\ I_0 = \frac{1}{Z_0}(A_1 \mathrm{e}^{+\gamma l} - A_2 \mathrm{e}^{-\gamma l}) \end{cases} \tag{2.2.18}$$

求解式(2.2.18),可得

$$\begin{cases} A_1 = \frac{1}{2}(U_0 + I_0 Z_0) \mathrm{e}^{-\gamma l} \\ A_2 = \frac{1}{2}(U_0 - I_0 Z_0) \mathrm{e}^{+\gamma l} \end{cases} \tag{2.2.19}$$

将式(2.2.19)代回式(2.2.9)和式(2.2.10)并进行整理,可得

$$\begin{cases} U(z) = U_0 \cosh[\gamma(z-l)] + I_0 Z_0 \sinh[\gamma(z-l)] \\ I(z) = I_0 \cosh[\gamma(z-l)] + \frac{U_0}{Z_0} \sinh[\gamma(z-l)] \end{cases} \tag{2.2.20}$$

写成矩阵形式,得到

$$\begin{bmatrix} U(z) \\ I(z) \end{bmatrix} = \begin{bmatrix} \cosh[\gamma(z-l)] & Z_0 \sinh[\gamma(z-l)] \\ \frac{\sinh[\gamma(z-l)]}{Z_0} & \cosh[\gamma(z-l)] \end{bmatrix} \begin{bmatrix} U_0 \\ I_0 \end{bmatrix} \tag{2.2.21}$$

当均匀传输线无耗时,即 $\gamma = \mathrm{j}\beta$,式(2.2.21)可以化简为

$$\begin{bmatrix} U(z) \\ I(z) \end{bmatrix} = \begin{bmatrix} \cos[\beta(z-l)] & jZ_0\sin[\beta(z-l)] \\ \dfrac{j\sin[\beta(z-l)]}{Z_0} & \cos[\beta(z-l)] \end{bmatrix} \begin{bmatrix} U_0 \\ I_0 \end{bmatrix} \tag{2.2.22}$$

在式(2.2.21)中，传播常数 γ 和特性阻抗 Z_0 由均匀传输线自身特性决定。除此之外，只要已知始端电压 U_0 和始端电流 I_0，就可以得到传输线上任意一点电压和电流的相量表达式。

3. 源阻抗条件

已知信源电动势 E_g、内阻 Z_g 以及负载阻抗 Z_l。

源阻抗条件具体推导过程扫描二维码(附件2.1)获得。

2.3 均匀传输线工作特性参数与状态参量

2.3.1 均匀传输线的工作特性参数

工作特性参数是均匀传输线的固有性质，不随着均匀传输线边界条件的改变而改变，主要包括特性阻抗、传播常数、相速与波长。

1. 特性阻抗 Z_0

特性阻抗(characteristic impedance) Z_0 定义为均匀传输线上导行波的电压与电流之比，单位为欧姆，由式(2.2.10)可以表示为

$$Z_0 = \frac{Z}{\gamma} = \sqrt{\frac{R+j\omega L}{G+j\omega C}} = \frac{U_+(z)}{I_+(z)} = -\frac{U_-(z)}{I_-(z)} \neq \frac{U(z)}{I(z)} \tag{2.3.1}$$

因此，特性阻抗是入射波或者反射波(即导行波)的电压与电流比值，而非合成波的比值。通过观察式(2.3.1)可知，特性阻抗 Z_0 通常为复数，并与工作频率 ω 以及均匀传输线自身的 R、L、C、G 分布参数有关，但与均匀传输线的信源与负载等工作状态无关，因此称为特性阻抗。

对于无耗均匀传输线，$R=G=0$，代入式(2.3.1)，特性阻抗可以简化为

$$Z_0 = \sqrt{\frac{L}{C}} \tag{2.3.2}$$

在实际微波传输系统中，不存在理想的无耗均匀传输线，但为了保证远距离传输，损耗往往很小，满足 $R \ll \omega L$、$G \ll \omega C$，特性阻抗仍可化简为

$$Z_0 = \sqrt{\frac{R+j\omega L}{G+j\omega C}} = \sqrt{\frac{\omega L(R/\omega L + j)}{\omega C(G/\omega C + j)}} \approx \sqrt{\frac{L}{C}} \tag{2.3.3}$$

由此可知，当均匀传输线损耗很小时，特性阻抗近似为实数 $\sqrt{L/C}$。

本节将介绍平行双导线和同轴线两种常用的均匀传输线的特性阻抗。

对于直径为 d 且间距为 D 的平行双导线，其特性阻抗为

$$Z_0 = \frac{120}{\sqrt{\varepsilon_r}} \ln\frac{2D}{d} \; (\Omega) \tag{2.3.4}$$

式中，ε_r 为平行双导线周围填充介质的相对介电常数。

平行双导线的特性阻抗通常包括 200 Ω、400 Ω 和 600 Ω 三种。本章学习的平行双导线

是一种较为基础的结构，由此可以衍生出同轴线、微带线等各种不同类型的微波传输线。

对于内外导体半径分别为 a 和 b 的无耗同轴线，其特性阻抗为

$$Z_0 = \frac{60}{\sqrt{\varepsilon_r}} \ln \frac{b}{a} (\Omega) \tag{2.3.5}$$

式中，ε_r 为同轴线内外导体间填充介质的相对介电常数。

同轴线的特性阻抗通常可以分为 50 Ω 和 75 Ω 两种，将在 4.2 节中详细介绍。

2. 传播常数 γ

传播常数(propagation constant)γ 定义为导行波沿着均匀传输线传播过程中衰减和相移的参数，由前述分析可知

$$\gamma = \alpha + \mathrm{j}\beta = \sqrt{(R + \mathrm{j}\omega L)(G + \mathrm{j}\omega C)} \tag{2.3.6}$$

由式(2.3.6)可知，传播常数 γ 为复数，其中实部 α 非负，被称为衰减常数，表示导行波沿着均匀传输线传播单位距离所产生的损耗，单位为 dB/m；虚部 β 一般为正，被称为相移常数，表示导行波沿着均匀传输线传播单位距离所产生的相移，单位为 rad/m。

对于无耗均匀传输线，$R = G = 0$，代入式(2.3.6)，传播常数可以简化为

$$\gamma = \alpha + \mathrm{j}\beta = \sqrt{\mathrm{j}\omega L \cdot \mathrm{j}\omega C} = \mathrm{j}\omega \sqrt{LC} \tag{2.3.7}$$

因此，传播常数 $\gamma = \mathrm{j}\beta$，衰减常数 $\alpha = 0$，相移常数 $\beta = \omega\sqrt{LC}$。

在实际微波传输系统中，不存在理想的无耗均匀传输线，但为了保证远距离传输，损耗往往很小，满足 $R \ll \omega L$，$G \ll \omega C$，传播常数仍可化简为

$$\gamma = \alpha + \mathrm{j}\beta = \sqrt{(R + \mathrm{j}\omega L)(G + \mathrm{j}\omega C)} = \sqrt{\omega L\left(\frac{R}{\omega L} + \mathrm{j}\right)\omega C\left(\frac{G}{\omega C} + \mathrm{j}\right)} \approx \mathrm{j}\omega\sqrt{LC} \tag{2.3.8}$$

由此可知，当均匀传输线损耗很小时，仍然有传播常数 $\gamma = \mathrm{j}\beta$、衰减常数 $\alpha = 0$、相移常数 $\beta = \omega\sqrt{LC}$。

3. 相速 v_p 与波长 λ

均匀传输线上的相速(phase velocity)v_p 可以定义为电压或电流的入射波或反射波的等相面沿传输方向的传播速度。根据式(2.2.11)，可以得到等相面的运动方程为

$$\omega t \pm \beta z + \theta_1 = 常数 \tag{2.3.9}$$

在式(2.3.9)两端对 t 求微分，可得

$$v_p = \frac{\mathrm{d}z}{\mathrm{d}t} = \pm \frac{\omega}{\beta} \tag{2.3.10}$$

由于 z 轴定义为从负载指向信源，因此在式(2.3.10)中，入射波的相速为负值，而反射波的相速为正值。

对于无耗均匀传输线或损耗较小的情况，根据式(2.3.7)和式(2.3.8)，相移常数可以简化为 $\beta = \omega\sqrt{LC}$，忽略方向性，此时相速可以进一步表示为

$$v_p = \frac{\omega}{\beta} = \frac{1}{\sqrt{LC}} \tag{2.3.11}$$

因此，当均匀传输线无耗或损耗很小时，导行波的相速与频率无关，此时称为无色散波；当均匀传输线损耗不可忽略时，相速与频率有关，此时称为色散波。

知识：色散与色散波

色散是将复色光分解为单色光而形成光谱的现象，可以利用棱镜或光栅等仪器来实现。

光学的"色"体现了频率，微波技术借助"色"的概念体现波的频率。当传输线损耗不可忽略时，不同频率的波在其中的相速是不同的。因此，如果传输距离较远，微波不同频率成分不会同时到达接收端，由于与光学的色散现象类似，将有耗传输线中非单频波称为色散波。由于色散波的不同频率分量传输速率不同，在终端接收时，波形展宽无法准确恢复信息。针对这一问题，在远距离微波传输线或光纤系统中，每隔一段距离通过中继进行整形、放大进而继续传输。

传输线上的波长（wavelength）λ 是指微波在一个振动周期内传播的距离，也就是沿着传播方向，两点间相位相差 2π 的距离。由于均匀传输线中的微波是横电磁波（transverse electromagnetic wave，TEM），根据相移常数的定义，传输线上的波长 λ 与自由空间中的波长 λ_0 间的关系如下：

$$\lambda = \frac{2\pi}{\beta} = \frac{v_p}{f} = \frac{c}{f\sqrt{\varepsilon_r}} = \frac{\lambda_0}{\sqrt{\varepsilon_r}} \quad (2.3.12)$$

式中，ε_r 为双导体传输线周围填充介质的相对介电常数。

由于微波技术中经常把均匀传输线视为无耗再进行分析，因此，本章着重讨论无耗均匀传输线。

2.3.2 均匀传输线的状态参量

状态参量是由均匀传输线的工作状态决定的，即状态参量会随着均匀传输线边界条件的变化而改变。均匀传输线的状态参量主要包括输入阻抗、反射系数以及驻波比等。

1. 输入阻抗

均匀传输线上任意一点 z 处的电压与电流之比定义为该点的输入阻抗（input impedance），其示意图如图2.3所示，可以表示为

$$Z_{in}(z) = \frac{U(z)}{I(z)} \quad (2.3.13)$$

从式（2.3.13）中可知，输入阻抗的定义与低频的欧姆定律类似，但随着位置 z 的变化而变化，这也体现出了微波的波动性。

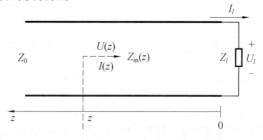

图2.3 均匀传输线输入阻抗示意图

对于无耗均匀传输线,由终端边界条件得到的式(2.2.17)矩阵形式解,可以改写为

$$\begin{cases} U(z) = U_l \cos \beta z + jI_l Z_0 \sin \beta z \\ I(z) = I_l \cos \beta z + \dfrac{jU_l}{Z_0} \sin \beta z \end{cases} \quad (2.3.14)$$

均匀传输线终端负载阻抗可以表示为 $Z_l = U_l / I_l$。因此,根据式(2.3.13)输入阻抗的定义,可得

$$Z_{in}(z) = \frac{U(z)}{I(z)} = \frac{U_l \cos \beta z + jI_l Z_0 \sin \beta z}{I_l \cos \beta z + j\dfrac{U_l}{Z_0} \sin \beta z} = Z_0 \frac{Z_l + jZ_0 \tan \beta z}{Z_0 + jZ_l \tan \beta z} \quad (2.3.15)$$

由式(2.3.15)可知,均匀传输线的输入阻抗与观察点的位置 z、均匀传输线的特性阻抗 Z_0、终端负载阻抗 Z_l(边界条件)以及工作频率($\beta = \omega\sqrt{LC}$)均相关,输入阻抗取决于均匀传输线的工作状态,一般为复数。虽然定义类似于欧姆定律,但不易直接测量。在工程中,一般借助反射系数或驻波比的测量进而获得。

对式(2.3.15)进行整理,可得

$$Z_{in}\left(z + \frac{\lambda}{2}\right) = Z_0 \frac{Z_l + jZ_0 \tan\left[\beta\left(z + \dfrac{\lambda}{2}\right)\right]}{Z_0 + jZ_l \tan\left[\beta\left(z + \dfrac{\lambda}{2}\right)\right]} = Z_{in}(z) \quad (2.3.16)$$

通过观察式(2.3.16)可知,无耗均匀传输线上任意相距 $\lambda/2$ 的两点阻抗相同,这就是均匀传输线输入阻抗的二分之一波长重复性。

思考:特性阻抗 Z_0 与输入阻抗 $Z_{in}(z)$ 有什么区别与联系?

(1) 特性阻抗。特性阻抗是传输线的固有特性,与边界条件和具体位置无关,表示为导行波(入射波或反射波)的电压与电流之比:

$$Z_0 = \frac{U_+(z)}{I_+(z)} = -\frac{U_-(z)}{I_-(z)}$$

(2) 输入阻抗。输入阻抗代表了传输线的工作状态,取决于边界条件与位置,这体现了波动性,表示为合成波的电压与电流之比:

$$Z_{in}(z) = \frac{U(z)}{I(z)} = \frac{U_+(z) + U_-(z)}{I_+(z) + I_-(z)}$$

例 2.1 一根特性阻抗为 50 Ω 的无耗均匀传输线,工作频率为 3 GHz,终端接有负载 $Z_l = 30 + j40$ Ω,试求:距离负载 0.037 5 m 处的输入阻抗。

解 由工作频率 $f = 3$ GHz,可得 $\beta = 2\pi/\lambda = 2\pi f/c = 20\pi$。将已知条件代入式(2.3.15),可得

$$Z_{in}(z) = 50 \frac{30 + j40 + j50 \times \tan 0.75\pi}{50 + j(30 + j40) \times \tan 0.75\pi} = \frac{50}{3} (\Omega)$$

2. 反射系数

反射系数(reflection coefficient)定义为无耗均匀传输线上任意一点 z 处的反射波电压

（或电流）与入射波电压（或电流）之比，可以表示为

$$\begin{cases} \Gamma_u(z) = \dfrac{U_-(z)}{U_+(z)} \\ \Gamma_i(z) = \dfrac{I_-(z)}{I_+(z)} \end{cases} \tag{2.3.17}$$

由式(2.2.9)和式(2.2.10)可知，$\Gamma_u(z) = -\Gamma_i(z)$，因此为了统一，通常只讨论电压反射系数 $\Gamma_u(z)$，并将其称为反射系数 $\Gamma(z)$，具体为

$$\Gamma(z) = \Gamma_u(z) = -\Gamma_i(z) = \dfrac{U_-(z)}{U_+(z)} \tag{2.3.18}$$

对于无耗均匀传输线，传播常数 $\gamma = j\beta$，根据式(2.2.9)，同时考虑终端条件式(2.2.14)，有

$$\Gamma(z) = \dfrac{A_2 e^{-j\beta z}}{A_1 e^{j\beta z}} = \dfrac{U_l - I_l Z_0}{U_l + I_l Z_0} e^{-j2\beta z} = \dfrac{Z_l - Z_0}{Z_l + Z_0} e^{-j2\beta z} = \Gamma_l e^{-j2\beta z} \tag{2.3.19}$$

式中，Γ_l 为终端反射系数，可以进一步表示为模和相角的形式：

$$\Gamma_l = \dfrac{Z_l - Z_0}{Z_l + Z_0} = |\Gamma_l| e^{j\phi_l} \tag{2.3.20}$$

进而反射系数也可以转化为

$$\Gamma(z) = |\Gamma_l| e^{j(\phi_l - 2\beta z)} \tag{2.3.21}$$

通过观察式(2.3.21)可知，对于无耗均匀传输线，反射系数沿着传输线幅度不变、相位周期性变化，其周期为 $2\pi/2\beta = \lambda/2$，这就是反射系数的二分之一波长重复性。

思考：为什么反射系数中包含的是 $e^{-j2\beta z}$？

入射波从 z 点出发，经由负载反射回 z 点，一来一回传输距离为 $2z$，如图 2.4 所示。因此，z 点处反射波的相位比入射波的相位落后 $2\beta z$。考虑反射系数的定义，可得反射系数中包含项 $e^{-j2\beta z}$。

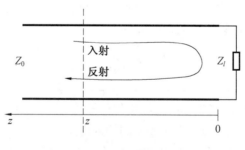

图 2.4　传输线终端反射示意图

由于输入阻抗不易直接测量，一般借助反射系数的测量进而获得，因此需要得到输入阻抗与反射系数之间的关系。

考虑无耗均匀传输线 $\gamma = j\beta$，根据式(2.2.9)和式(2.3.18)中反射系数的定义，可得

$$U(z) = U_+(z) + U_-(z) = A_1 e^{+j\beta z} + A_2 e^{-j\beta z}$$

$$= A_1 \mathrm{e}^{+\mathrm{j}\beta z}\left[1 + \frac{U_-(z)}{U_+(z)}\right] = A_1 \mathrm{e}^{+\mathrm{j}\beta z}[1 + \Gamma(z)] \quad (2.3.22)$$

同理,根据式(2.2.10),可得

$$I(z) = \frac{A_1}{Z_0}\mathrm{e}^{+\mathrm{j}\beta z}[1 - \Gamma(z)] \quad (2.3.23)$$

将式(2.3.22)和式(2.3.23)代入式(2.3.13),可得

$$Z_{\mathrm{in}}(z) = \frac{U(z)}{I(z)} = Z_0 \frac{1 + \Gamma(z)}{1 - \Gamma(z)} \quad (2.3.24)$$

由于输入阻抗和反射系数均为无耗均匀传输线的状态参量,只要工作状态(边界条件)确定,就可以得到式(2.3.24)中一一对应关系,将输入阻抗用反射系数来表示。因此,在实际系统中,通常测量反射系数,进而计算得到输入阻抗。

对式(2.3.24)进行转化,同样可以用输入阻抗来表示反射系数:

$$\Gamma(z) = \frac{Z_{\mathrm{in}}(z) - Z_0}{Z_{\mathrm{in}}(z) + Z_0} \quad (2.3.25)$$

当 $z = 0$ 时,有 $\Gamma(0) = \Gamma_l$ 且 $Z_{\mathrm{in}}(0) = Z_l$,根据式(2.3.25),可以得到终端反射系数和终端负载阻抗之间的关系为

$$\Gamma_l = \frac{Z_l - Z_0}{Z_l + Z_0} \quad (2.3.26)$$

这与式(2.3.20)的结果完全一致。

观察式(2.3.25),可得

$$0 \leq |\Gamma(z)| \leq 1 \quad (2.3.27)$$

当 $|\Gamma(z)| = 0$ 时,均匀传输线上反射系数的模值处处为0,微波到达终端负载时无反射,此时均匀传输线为行波(traveling wave)状态;当 $|\Gamma(z)| = 1$ 时,均匀传输线上的反射系数的模值处处为1,微波到达终端负载时发生全反射,此时均匀传输线为驻波(standing wave)状态;当 $0 < |\Gamma(z)| < 1$ 时,微波到达终端负载时发生部分反射,此时均匀传输线为行驻波(traveling - standing wave)状态。

3. 驻波比

为了更好地理解行驻波的概念,本节简要地介绍行波、驻波和行驻波。行驻波动态波形扫描二维码(附件2.2)获得。

行波只有入射波沿着 $-z$ 方向传播,没有反射波,如图2.5所示,可以表示为

$$y = A\cos(\omega t + \beta z) \quad (2.3.28)$$

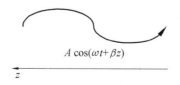

图2.5 行波示意图

幅度相同、频率相同、传输方向相反的两个行波相遇时,便形成了驻波,如图2.6所示。由于

两个行波均停下了,没有了能量的传输,只有本地的振荡(储能),给人"伫立不动"的感觉,因此被称为驻波。驻波可以表示为

$$y = A\cos(\omega t + \beta z) + A\cos(\omega t - \beta z) = 2A\cos\beta z\cos\omega t \tag{2.3.29}$$

式中,$2A\cos\beta z$ 为不同位置 z 处的振幅(包络);$\cos\omega t$ 为本地振荡。

生活中常见的驻波包括悬崖边的海浪、乐器发声、树梢震颤等。

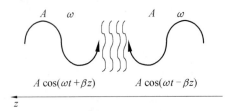

图 2.6　驻波示意图

频率相同但幅度不同的两个行波相遇时,便形成了行驻波,如图 2.7 所示。假设两个行波的幅度分别为 A_1 和 A_2,且满足 $A_1 = A_2 + \Delta A > A_2$,则该行驻波可以表示为

$$\begin{aligned} y &= A_1\cos(\omega t + \beta z) + A_2\cos(\omega t - \beta z) \\ &= \Delta A\cos(\omega t + \beta z) + 2A_2\cos\beta z\cos\omega t \end{aligned} \tag{2.3.30}$$

式中,$\Delta A\cos(\omega t + \beta z)$ 为行波分量(传输);$2A_2\cos\beta z\cos\omega t$ 为驻波分量(振荡),可以看成是行波和驻波的叠加,因此称为行驻波。

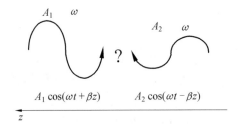

图 2.7　行驻波示意图

根据上述介绍,为了描述均匀传输线上一般状态的行驻波中驻波成分的大小,引入电压驻波比(voltage standing wave ratio,VSWR)的概念,简称驻波比(standing wave ratio),具体定义为均匀传输线上波腹点电压振幅与波节点电压振幅之比,即

$$\rho = \frac{|U|_{\max}}{|U|_{\min}} \tag{2.3.31}$$

驻波比的倒数被称为行波系数,可以表示为

$$K = \frac{1}{\rho} = \frac{|U|_{\min}}{|U|_{\max}} \tag{2.3.32}$$

由于均匀传输线上的电压是由入射波和反射波电压叠加而成的,因此电压最大值位于入射波和反射波相位相同处(同相相加),即波腹点;最小值位于入射波和反射波相位相反处(反相相消),即波节点。因此对于波腹点和波节点,分别有

$$\begin{cases} |U|_{\max} = |U_+| + |U_-| \\ |U|_{\min} = |U_+| - |U_-| \end{cases} \tag{2.3.33}$$

将式(2.3.33)代入式(2.3.31),并根据式(2.3.18)以及反射系数沿均匀传输线幅值不变

的性质,可以得到

$$\rho = \frac{|U|_{\max}}{|U|_{\min}} = \frac{|U_+| + |U_-|}{|U_+| - |U_-|} = \frac{1 + |U_-|/|U_+|}{1 - |U_-|/|U_+|} = \frac{1 + |\Gamma_l|}{1 - |\Gamma_l|} \tag{2.3.34}$$

对式(2.3.34)进行转化,同样可以用驻波比来表示终端反射系数的模值:

$$|\Gamma_l| = \frac{\rho - 1}{\rho + 1} \tag{2.3.35}$$

由此可知,对于工作状态(边界条件)确定的无耗均匀传输线,沿线各点反射系数的幅值以及驻波比为固定常数且一一对应。因此,反射系数和驻波比均可以反映无耗均匀传输线的工作状态,总结见表2.1。

表 2.1 反射系数、驻波比与无耗均匀传输线的工作状态

工作状态	状态描述	反射系数	驻波比
行波	无反射	$|\Gamma(z)| = 0$	$\rho = 1$
驻波	全反射	$|\Gamma(z)| = 1$	$\rho \to \infty$
行驻波	部分反射	$0 < |\Gamma(z)| < 1$	$1 < \rho < \infty$

例 2.2 一根特性阻抗为 50 Ω 的无耗均匀传输线终端接 100 Ω 的负载,试求终端反射系数以及距负载 0.2λ 处的反射系数和驻波比。

解 终端反射系数为

$$\Gamma_l = \frac{Z_l - Z_0}{Z_l + Z_0} = \frac{100 - 50}{100 + 50} = \frac{1}{3}$$

距离负载 0.2λ 处的反射系数为

$$\Gamma(0.2\lambda) = \Gamma_l e^{-j2\beta z} = \frac{1}{3} e^{-j0.8\pi}$$

驻波比为

$$\rho = \frac{1 + |\Gamma_l|}{1 - |\Gamma_l|} = \frac{1 + 1/3}{1 - 1/3} = 2$$

2.4 无耗均匀传输线的状态分析

根据表2.1,无耗均匀传输线有三种不同的工作状态,即行波状态、驻波状态和行驻波状态。由式(2.3.26)可知,无耗均匀传输线的工作状态仅取决于终端负载 Z_l 与特性阻抗 Z_0 之间的关系,本节将分别进行讨论。

2.4.1 行波状态

在行波状态下,传输线上只有入射波而没有反射波,反射系数为0,即

$$\Gamma_l = \frac{Z_l - Z_0}{Z_l + Z_0} = 0 \tag{2.4.1}$$

由式(2.4.1)可知

$$Z_l = Z_0 \tag{2.4.2}$$

因此，无耗均匀传输线形成行波状态的条件是终端负载阻抗等于传输线特性阻抗，此时的负载称为匹配负载(matched load)，通过 $Z_l = Z_0$ 保证行波状态的过程称为阻抗匹配(impedance matching)。传输线的阻抗匹配是微波工程的核心问题。

> **思考**：如何理解 $Z_l = Z_0$？
>
> $Z_l = Z_0$ 说明了反射意味着阻抗变化。对于行波状态，微波从信源向负载出发，沿传输线的特性阻抗均为 Z_0，到达负载时，由于 $Z_l = Z_0$，阻抗未发生变化，微波的功率将完全被负载吸收或沿着后续传输线继续传输。而对于非行波状态，微波从信源向负载出发，虽然沿线的特性阻抗均为 Z_0，但到达负载时，由于 $Z_l \ne Z_0$，阻抗发生变化，造成传输线的不连续(不匹配)，微波将发生反射。

行波状态满足无耗均匀传输线上任意一点的反射系数 $\Gamma(z) = 0$，由式(2.3.18)可知 $U_-(z) = 0$，将其代入式(2.2.9)和式(2.2.10)，可以得到行波状态下无耗均匀传输线上的电压和电流的相量形式：

$$\begin{cases} U(z) = U_+(z) = A_1 \mathrm{e}^{+j\beta z} \\ I(z) = I_+(z) = \dfrac{A_1}{Z_0} \mathrm{e}^{+j\beta z} \end{cases} \tag{2.4.3}$$

将上述结果代入式(2.3.13)，可得

$$Z_{\mathrm{in}}(z) = \frac{U(z)}{I(z)} = Z_0 \tag{2.4.4}$$

由此可知，对于行波状态，不仅终端负载 Z_l 等于特性阻抗 Z_0，沿无耗均匀传输线的输入阻抗 Z_{in} 均为 Z_0。

令 $A_1 = |A_1| \mathrm{e}^{j\phi_0}$，根据相量形式(式(2.4.3))可以得到行波状态下，无耗均匀传输线上的电压和电流的时域表达式：

$$\begin{cases} u(z,t) = |A_1| \cos(\omega t + \beta z + \phi_0) \\ i(z,t) = \dfrac{|A_1|}{Z_0} \cos(\omega t + \beta z + \phi_0) \end{cases} \tag{2.4.5}$$

观察式(2.4.5)可知，无耗均匀传输线行波状态下的电压和电流波形相当于某一固定时刻下的瞬时波形(余弦)沿着 $-z$ 轴随着时间平移，即形成了波的单向传输。

根据式(2.4.3)，可以求出行波沿无耗均匀传输线的传输功率为

$$P = \frac{1}{2}\mathrm{Re}[U \cdot I^*] = \frac{1}{2}\mathrm{Re}\left[A_1 \mathrm{e}^{+j\beta z} \frac{A_1^*}{Z_0} \mathrm{e}^{-j\beta z}\right] = \frac{|A_1|^2}{2Z_0} \tag{2.4.6}$$

因此，行波沿无耗均匀传输线以固定功率传输。

综上所述，无耗均匀传输线行波状态具有以下几个特性。

(1) 电压和电流的振幅沿线不变，相位同相。
(2) 传输线的驻波比 $\rho = 1$，反射系数 $\Gamma(z) = 0$。
(3) 沿传输线的输入阻抗均等于传输线的特性阻抗。
(4) 传输线上微波以固定功率单向传输。

2.4.2 驻波状态

在驻波状态下,传输线上发生全反射,反射系数的模值为1。由式(2.3.20)可得

$$|\Gamma_l| = \left|\frac{Z_l - Z_0}{Z_l + Z_0}\right| = 1 \tag{2.4.7}$$

对于无耗均匀传输线,特性阻抗 $Z_0 = \sqrt{L/C}$ 为实数。因此,观察式(2.4.7)可知,负载阻抗需要满足短路($Z_l = 0$)、开路($Z_l \to \infty$)或纯电抗($Z_l = jX_l$)三种情况之一,此时无耗均匀传输线上的入射波在终端全部被反射,沿传输线入射波和反射波叠加形成驻波分布。本节将具体讨论这三种情况。

1. 终端短路

传输线终端负载短路时,$Z_l = 0$,如图2.8所示。此时,无耗均匀传输线上的入射波沿着传输线到达负载,好似发现终端短路,因此直接全部沿线返回了,形成了全反射的反射波。

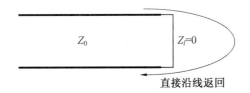

图 2.8 终端短路的驻波示意图

将 $Z_l = 0$ 代入到式(2.3.20),可得

$$\Gamma_l = \frac{Z_l - Z_0}{Z_l + Z_0} = -1 \tag{2.4.8}$$

根据式(2.3.34),驻波比为

$$\rho = \frac{1 + |\Gamma_l|}{1 - |\Gamma_l|} \to \infty \tag{2.4.9}$$

此时,根据式(2.3.19),无耗均匀传输线上任意一点 z 处的反射系数为

$$\Gamma(z) = \Gamma_l e^{-j2\beta z} = -e^{-j2\beta z} \tag{2.4.10}$$

代入式(2.3.22)和式(2.3.23),可得

$$\begin{cases} U(z) = A_1 e^{+j\beta z}[1 + \Gamma(z)] = j2A_1 \sin\beta z \\ I(z) = \dfrac{A_1}{Z_0} e^{+j\beta z}[1 - \Gamma(z)] = \dfrac{2A_1}{Z_0} \cos\beta z \end{cases} \tag{2.4.11}$$

将上述结果代入式(2.3.13),可得

$$Z_{in}(z) = \frac{U(z)}{I(z)} = jZ_0 \tan\beta z \tag{2.4.12}$$

观察式(2.4.12)可知,该情况下,从短路负载到信源,输入阻抗从"短路 → 纯电抗(感抗) → 开路 → 纯电抗(容抗) → 短路 → …"周期性变化,和本节开头引出的三种状态相统一。

令 $A_1 = |A_1| e^{j\phi_0}$,根据相量形式(式(2.4.11))可以得到,在驻波状态下终端短路时,无耗均匀传输线上的电压和电流的时域表达式为

$$\begin{cases} u(z,t) = 2\mid A_1\mid \sin\beta z\cos\left(\omega t + \phi_0 + \frac{\pi}{2}\right) \\ i(z,t) = \frac{2\mid A_1\mid \cos\beta z}{Z_0}\cos(\omega t + \phi_0) \end{cases} \quad (2.4.13)$$

观察式(2.4.13)可知,该情况下的电压和电流的瞬时值包括了与式(2.3.29)类似的两部分,即包络和本地振荡。因此,实际的波形相当于在包络的限制下本地振荡,不存在波的传输。

根据式(2.4.11),可以求出该情况下驻波沿无耗均匀传输线的传输功率为

$$P = \frac{1}{2}\mathrm{Re}[U\cdot I^*] = \frac{1}{2}\mathrm{Re}\left[\mathrm{j}2A_1\sin\beta z\frac{2A_1^*}{Z_0}\cos\beta z\right] = 0 \quad (2.4.14)$$

因此,驻波沿无耗均匀传输线无功率传输,振荡代表着储能。

图2.9所示为终端短路和开路的电压、电流的幅度分布以及输入阻抗变化示意图。

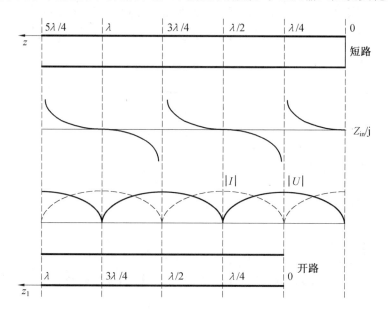

图2.9 终端短路和开路的电压、电流的幅度分布以及输入阻抗变化示意图

因此,无耗均匀传输线终端短路的驻波状态具有以下几个特性。

(1) 电压和电流的振幅沿线按余弦变化,相位差90°。

(2) 传输线的驻波比 $\rho \to \infty$,终端反射系数 $\Gamma_l = -1$。

(3) 电压的波腹/节点对应电流的波节/腹点。在 $z = n\lambda/2(n=0,1,2,\cdots)$ 处电压为0,电流的幅值最大,称之为电压波节点或电流波腹点;在 $z = (2n+1)\lambda/4(n=0,1,2,\cdots)$ 处电压的幅值最大,电流为0,称之为电压波腹点或电流波节点。

(4) 传输线各点的输入阻抗为纯电抗。在电压波节点处,$Z_\mathrm{in}=0$,相当于串联谐振;在电压波腹点处,$\mid Z_\mathrm{in}\mid \to \infty$,相当于并联谐振。在 $0<z<\lambda/4$ 内,$Z_\mathrm{in} = \mathrm{j}X$,相当于一个纯电感;在 $\lambda/4<z<\lambda/2$ 内,$Z_\mathrm{in} = -\mathrm{j}X$,相当于一个纯电容。从终端起,输入阻抗每隔四分之一波长性质就变换一次,称为四分之一波长阻抗变换性;从终端起,输入阻抗每隔二分之一波长就重复一次,称为二分之一波长重复性。

(5) 传输线上微波无功率传输。

2. 终端开路

无耗均匀传输线终端负载开路时，$Z_l \to \infty$，如图2.10所示。此时，无耗均匀传输线上的入射波沿着传输线到达负载，好似发现终端断路，因此直接全部原路返回了，形成了全反射的反射波。

图2.10 终端开路的驻波示意图

将 $Z_l \to \infty$ 代入式(2.3.20)，可得

$$\Gamma_l = \frac{Z_l - Z_0}{Z_l + Z_0} = 1 \tag{2.4.15}$$

根据式(2.3.34)，驻波比为 $\rho \to \infty$。

此时，根据式(2.3.19)，均匀传输线上任意一点 z 处的反射系数为

$$\Gamma(z) = \Gamma_l e^{-j2\beta z} = e^{-j2\beta z} \tag{2.4.16}$$

代入式(2.3.22)和式(2.3.23)，可得

$$\begin{cases} U(z) = A_1 e^{+j\beta z}[1 + \Gamma(z)] = 2A_1 \cos\beta z \\ I(z) = \dfrac{A_1}{Z_0} e^{+j\beta z}[1 - \Gamma(z)] = j\dfrac{2A_1}{Z_0}\sin\beta z \end{cases} \tag{2.4.17}$$

将上述结果代入式(2.3.13)，可得

$$Z_{in}(z) = \frac{U(z)}{I(z)} = -jZ_0 \cot\beta z \tag{2.4.18}$$

观察式(2.4.18)可知，该情况下，从开路负载到信源，输入阻抗从"开路→纯电抗(容抗)→短路→纯电抗(感抗)→开路→…"周期性变化，和本节开头引出的三种状态相统一。

令 $A_1 = |A_1|e^{j\phi_0}$，根据相量形式(式(2.4.17))可以得到，在驻波状态下终端短路时，均匀传输线上的电压和电流的时域表达式为

$$\begin{cases} u(z,t) = 2|A_1|\cos\beta z \cos(\omega t + \phi_0) \\ i(z,t) = \dfrac{2|A_1|\sin\beta z}{Z_0}\cos\left(\omega t + \phi_0 + \dfrac{\pi}{2}\right) \end{cases} \tag{2.4.19}$$

观察式(2.4.19)可知，该情况下的电压和电流的瞬时值包括了式(2.3.29)类似的两部分，即包络和本地振荡。因此，实际的波形相当于在包络的限制下本地振荡，不存在波的传输。

根据式(2.4.17)，可以求出该情况下驻波沿无耗均匀传输线的传输功率为

$$P = \frac{1}{2}\text{Re}[U \cdot I^*] = \frac{1}{2}\text{Re}\left[2A_1 \cos\beta z(-j)\frac{2A_1^*}{Z_0}\sin\beta z\right] = 0 \tag{2.4.20}$$

因此，驻波沿无耗均匀传输线无功率传输，振荡代表着储能。

通过观察图2.9可知，终端开路状态时沿线电压和电流幅度以及输入阻抗的变化，相当

于将终端 $z=0$ 点设置于终端短路状态时的 $z=\lambda/4$ 时的波形,即终端短路和终端开路沿线的波形(终端位置)差了 $\lambda/4$。在实际系统中,终端开路总会有辐射,所以理想的终端开路并不存在,可以通过在终端开口处接上 $\lambda/4$ 的短路线来实现。

因此,无耗均匀传输线终端开路的驻波状态具有以下几个特性。

(1) 电压和电流的振幅沿线按余弦变化,相位差 90°。

(2) 传输线的驻波比 $\rho \to \infty$,终端反射系数 $\Gamma_l = 1$。

(3) 电压的波腹/节点对应电流的波节/腹点。在 $z = n\lambda/2 (n = 0,1,2,\cdots)$ 处电压的幅值最大,电流为 0,称之为电压波腹点或电流波节点;在 $z = (2n+1)\lambda/4 (n = 0,1,2,\cdots)$ 处电压为 0,电流的幅值最大,称之为电压波节点或电流波腹点。

(4) 传输线各点的输入阻抗为纯电抗。在电压波节点处,$Z_{in} = 0$,相当于串联谐振;在电压波腹点处,$|Z_{in}| \to \infty$,相当于并联谐振。在 $0 < z < \lambda/4$ 内,$Z_{in} = -jX$ 相当于一个纯电容;在 $\lambda/4 < z < \lambda/2$ 内,$Z_{in} = jX$ 相当于一个纯电感。从终端起,输入阻抗每隔四分之一波长性质变换一次,输入阻抗每隔二分之一波长重复一次。

(5) 传输线上微波无功率传输。

3. 终端纯电抗

> **思考**:为什么无耗均匀传输线终端接纯电抗会形成驻波?
>
> 纯电抗是储能元件,不吸收任何能量。因此,当入射波沿着无耗均匀传输线传输至纯电抗负载时,所有的能量只能被反射而不会被负载吸收或者利用,因此无耗均匀传输线上形成了全反射,也就是驻波。

当无耗均匀传输线终端接纯电抗负载 $Z_l = jX_l$ 时,负载不消耗任何能量,传输线上发生全反射,形成驻波。将 $Z_l = jX_l$ 代入式(2.3.20),可得

$$\Gamma_l = \frac{Z_l - Z_0}{Z_l + Z_0} = \frac{-Z_0 + jX_l}{Z_0 + jX_l} = e^{j\phi_l} \tag{2.4.21}$$

终端纯电抗是无耗均匀传输线形成驻波的一般情况,而终端短路和终端开路则是无耗均匀传输线形成驻波的特殊情况,那么如何分析无耗均匀传输线终端纯电抗情况下的工作状态,并将终端短路、终端开路、终端纯电抗三种情况联系起来呢?

将 $Z_l = jX_l$ 代入式(2.3.15),可得

$$Z_{in}(z) = Z_0 \frac{Z_l + jZ_0 \tan \beta z}{Z_0 + jZ_l \tan \beta z} = Z_0 \frac{jX_l + jZ_0 \tan \beta z}{Z_0 - X_l \tan \beta z} = jZ_0 \frac{\frac{X_l}{Z_0} + \tan \beta z}{1 - \frac{X_l}{Z_0} \tan \beta z} \tag{2.4.22}$$

正切和角公式为

$$\tan(A + B) = \frac{\tan A + \tan B}{1 - \tan A \tan B} \tag{2.4.23}$$

比较式(2.4.22)和式(2.4.23)可知,此时输入阻抗可以转化为两个角度之和的正切形式。令

$$\tan\beta\Delta z = \frac{X_l}{Z_0} \tag{2.4.24}$$

因此,式(2.4.22)可以整理为

$$Z_{\text{in}}(z) = jZ_0\tan\beta(z+\Delta z) \tag{2.4.25}$$

比较式(2.4.25)和式(2.4.12)可知,如果令终端短路为标准状态,终端接纯电抗 $Z_l = jX_l$ 沿线电压、电流幅度及输入阻抗的波形相当于终端短路状态的波形不变,坐标轴(终端位置)平移 Δz,如图 2.11 所示。根据式(2.4.25),可以求得

$$\Delta z = \frac{1}{\beta}\arctan\frac{X_l}{Z_0} = \frac{\lambda}{2\pi}\arctan\frac{X_l}{Z_0} \tag{2.4.26}$$

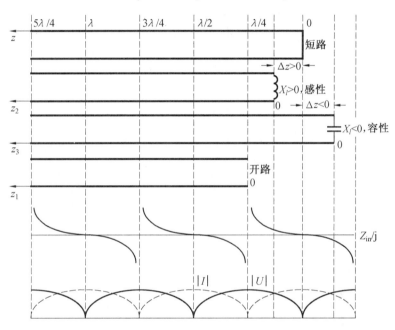

图 2.11 终端纯电抗的驻波状态示意图

根据式(2.4.26)可知以下几个特性。

(1) $X_l > 0$,终端负载感性,$\Delta z > 0$,相当于短路状态的坐标轴向信源平移 Δz。

(2) $X_l < 0$,终端负载容性,$\Delta z < 0$,相当于短路状态的坐标轴向负载平移 $|\Delta z|$。

(3) $\Delta z = 0$ 对应的是终端短路状态,$\Delta z = \pm\lambda/4$ 对应的是终端开路状态,因此短路状态和开路状态是终端接纯电抗状态的两种特殊情况。

2.4.3 行驻波状态

除了行波与驻波状态,无耗均匀传输线还可以工作于行驻波状态,即从信源出发的入射波的功率一部分被终端负载吸收,另一部分被反射。因此传输线上发生了部分反射,既有行波又有纯驻波,构成行波和驻波的混合模式,称为行驻波。行驻波的终端负载满足

$$Z_l = R_l + jX_l \tag{2.4.27}$$

式中,$R_l > 0$;$Z_l \neq Z_0$,$Z_l \neq \infty$。

根据式(2.3.26),可得

$$\Gamma_l = \frac{R_l + jX_l - Z_0}{R_l + jX_l + Z_0} = \frac{R_l^2 + X_l^2 - Z_0^2 + j2X_lZ_0}{(R_l + Z_0)^2 + X_l^2} = |\Gamma_l| e^{j\phi_l} \quad (2.4.28)$$

由于反正切的值域为$(-\pi/2,\pi/2)$,而ϕ_l的取值范围为$(-\pi,\pi]$,因此分类讨论ϕ_l的取值为

$$\begin{cases} (1)\ R_l^2 + X_l^2 - Z_0^2 > 0, X_l > 0 \\ \quad \phi_l = \arctan\left(\dfrac{2X_lZ_0}{R_l^2 + X_l^2 - Z_0^2}\right) \in \left(0, \dfrac{\pi}{2}\right) \\ (2)\ R_l^2 + X_l^2 - Z_0^2 < 0, X_l > 0 \\ \quad \phi_l = \pi + \arctan\left(\dfrac{2X_lZ_0}{R_l^2 + X_l^2 - Z_0^2}\right) \in \left(\dfrac{\pi}{2}, \pi\right) \\ (3)\ R_l^2 + X_l^2 - Z_0^2 > 0, X_l < 0 \\ \quad \phi_l = \arctan\left(\dfrac{2X_lZ_0}{R_l^2 + X_l^2 - Z_0^2}\right) \in \left(-\dfrac{\pi}{2}, 0\right) \\ (4)\ R_l^2 + X_l^2 - Z_0^2 < 0, X_l < 0 \\ \quad \phi_l = \arctan\left(\dfrac{2X_lZ_0}{R_l^2 + X_l^2 - Z_0^2}\right) - \pi \in \left(-\pi, -\dfrac{\pi}{2}\right) \\ (5)\ R_l^2 + X_l^2 - Z_0^2 > 0, X_l = 0 \\ \quad \phi_l = 0 \\ (6)\ R_l^2 + X_l^2 - Z_0^2 < 0, X_l = 0 \\ \quad \phi_l = \pi \end{cases} \quad (2.4.29)$$

对式(2.3.22)两边求模并进行整理,可以得到

$$|U(z)| = |A_1 e^{+j\beta z}[1 + \Gamma(z)]| = |A_1||1 + |\Gamma_l|e^{j(\phi_l - 2\beta z)}|$$
$$= |A_1|\sqrt{1 + |\Gamma_l|^2 + 2|\Gamma_l|\cos(\phi_l - 2\beta z)} \quad (2.4.30)$$

同理,根据式(2.3.23),可以得到

$$|I(z)| = \frac{|A_1|}{Z_0}\sqrt{1 + |\Gamma_l|^2 - 2|\Gamma_l|\cos(\phi_l - 2\beta z)} \quad (2.4.31)$$

根据式(2.4.29)~(2.4.31),可以求出电压波腹点(电流波节点)和电压波节点(电流波腹点)的位置,本节将分别介绍。

1. 电压波腹点

电压波腹点有

$$\cos(\phi_l - 2\beta z) = 1$$

可得

$$\phi_l - 2\beta z_{\max} = 2n\pi$$

整理得到电压波腹点的位置:

$$z_{\max} = \frac{\lambda}{4\pi}\phi_l + \frac{n}{2}\lambda \quad (2.4.32)$$

式中，n 是使 $z_{\max}$ 取值非负的整数。

由式(2.4.30)和式(2.4.31)可得

$$|U|_{\max} = |A_1|(1+|\Gamma_l|)$$

$$|I|_{\min} = \frac{|A_1|}{Z_0}(1-|\Gamma_l|)$$

该处的输入阻抗可以表示为

$$Z_{\text{in}}(z_{\max}) = R_{\max} = \frac{|U|_{\max}}{|I|_{\min}} = Z_0 \rho \qquad (2.4.33)$$

2. 电压波节点

电压波节点有

$$\cos(\phi_l - 2\beta z) = -1$$

可得

$$\phi_l - 2\beta z_{\min} = (2n \pm 1)\pi$$

整理得到电压波节点的位置：

$$z_{\min} = \frac{\lambda}{4\pi}\phi_l + (2n \pm 1)\frac{\lambda}{4} \qquad (2.4.34)$$

式中，n 是使 $z_{\min}$ 取值非负的整数。

由式(2.4.30)和式(2.4.31)可得

$$|U|_{\max} = |A_1|(1-|\Gamma_l|)$$

$$|I|_{\min} = \frac{|A_1|}{Z_0}(1+|\Gamma_l|)$$

该处的输入阻抗可以表示为

$$Z_{\text{in}}(z_{\min}) = R_{\min} = \frac{|U|_{\min}}{|I|_{\max}} = \frac{Z_0}{\rho} \qquad (2.4.35)$$

在实际中，人们往往关心距离负载最近的波腹点或者波节点，即选取合适的 n，使得式(2.4.32)中的 $z_{\max}$ 或者式(2.4.34)中的 $z_{\min}$ 为最小的正数，此时称为第一波腹点或第一波节点。

思考：为什么波腹点和波节点的输入阻抗均为实数？

在电压波腹点和电压波节点处有

$$\cos(\phi_l - 2\beta z) = \pm 1$$

由式(2.3.22)可得

$$U(z) = A_1 \mathrm{e}^{+\mathrm{j}\beta z}[1+|\Gamma_l|\mathrm{e}^{\mathrm{j}(\phi_l - 2\beta z)}] = A_1 \mathrm{e}^{+\mathrm{j}\beta z}(1 \pm |\Gamma_l|)$$

类似地，由式(2.4.24)可得

$$I(z) = \frac{A_1}{Z_0}\mathrm{e}^{+\mathrm{j}\beta z}[1-|\Gamma_l|\mathrm{e}^{\mathrm{j}(\phi_l - 2\beta z)}] = \frac{A_1}{Z_0}\mathrm{e}^{+\mathrm{j}\beta z}(1 \pm |\Gamma_l|)$$

由上述两式可以得到如式(2.4.33)和式(2.4.35)的电压波腹点和电压波节点的输入阻抗。

观察式(2.4.32)和式(2.4.34)，可以得到相邻的波腹点和波节点的位置相差 $\lambda/4$。另外，由式(2.4.33)和式(2.4.35)可得

$$R_{max} \cdot R_{min} = Z_0 \rho \frac{Z_0}{\rho} = Z_0^2 \quad (2.4.36)$$

式(2.4.36)也是波腹点与波节点输入阻抗的乘积等于特性阻抗的平方。实际上,无耗均匀传输线上任意相距 $\lambda/4$ 的两点处的输入阻抗的乘积均等于传输线特性阻抗的平方,这就是传输线输入阻抗的四分之一波长变换性。该性质的证明作为课后习题,请读者自行推导。

进一步以科学思维分析该问题,如图 2.12 所示。对于行波状态,无耗均匀传输线上任意一点的输入阻抗均为 Z_0,不区分波腹点和波节点,相距 $\lambda/4$ 的两点处的输入阻抗的乘积必然等于 Z_0^2;从行波出发,增加驻波的比重,无耗均匀传输线的状态慢慢转向行驻波,波腹点的输入阻抗大于 Z_0,波节点的输入阻抗小于 Z_0,同时上述两点间的直接约束仍然存在,即波腹点和波节点输入阻抗的乘积仍等于 Z_0^2;随着无耗均匀传输线上驻波的比重进一步增加,波腹点的输入阻抗趋近于无穷,波节点的输入阻抗趋近于零,虽然将无穷和零相乘并无意义,但直到达到纯驻波状态之前,均满足波腹点和波节点输入阻抗的乘积等于 Z_0^2。

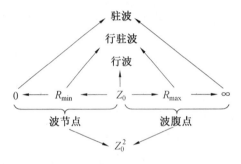

图 2.12 无耗均匀传输线电压波腹点和波节点输入阻抗关系思维导图

不同情况下,无耗均匀传输线行驻波状态下第一电压波腹点和波节点位置如下:

$$\begin{cases} (1) Z_l = R_l > Z_0, 波腹点 \Rightarrow \Gamma_l > 0, \phi_l = 0 \Rightarrow \\ \quad z_{max} = 0, z_{min} = \frac{\lambda}{4} \\ (2) Z_l = R_l < Z_0, 波节点 \Rightarrow \Gamma_l < 0, \phi_l = \pi \Rightarrow \\ \quad z_{min} = -\frac{\lambda}{4} + \frac{\lambda}{4} = 0, z_{max} = \frac{\lambda}{4} \\ (3) Z_l = R_l + jX_l, X_l > 0, 感性 \Rightarrow \\ \quad 0 < \phi_l < \pi, 0 < \frac{\lambda}{4\pi}\phi_l < \frac{\lambda}{4} \Rightarrow \\ \quad 0 < z_{max} < \frac{\lambda}{4}, \frac{\lambda}{4} < z_{min} < \frac{\lambda}{2} \\ (4) Z_l = R_l + jX_l, X_l < 0, 容性 \Rightarrow \\ \quad -\pi < \phi_l < 0, -\frac{\lambda}{4} < \frac{\lambda}{4\pi}\phi_l < 0 \Rightarrow \\ \quad 0 < z_{min} < \frac{\lambda}{4}, \frac{\lambda}{4} < z_{max} < \frac{\lambda}{2} \end{cases} \quad (2.4.37)$$

根据式(2.4.37),可以得到无耗均匀传输线行驻波状态各类终端负载下第一电压波腹点的位置示意图,如图 2.13 所示,得出如下结论。

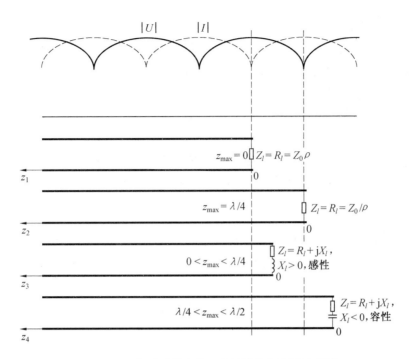

图 2.13 行驻波状态第一电压波腹点位置示意图

（1）当终端接大于特性阻抗 Z_0 的电阻 R_l 时，$z_{max} = 0$，终端所处的位置即为第一电压波腹点。

（2）当终端接小于特性阻抗 Z_0 的电阻 R_l 时，$z_{max} = \lambda/4$，即第一电压波腹点处于终端向信源方向距离 $\lambda/4$ 处。

（3）当终端接感性负载 $Z_l = R_l + jX_l$ 且 $X_l > 0$ 时，$0 < z_{max} < \lambda/4$，即第一电压波腹点处于终端向信源方向距离 $0 < z_{max} < \lambda/4$ 处。

（4）当终端接容性负载 $Z_l = R_l + jX_l$ 且 $X_l < 0$ 时，$\lambda/4 < z_{max} < \lambda/2$，即第一电压波腹点处于终端向信源方向距离 $\lambda/4 < z_{max} < \lambda/2$ 处。

无耗均匀传输线行驻波状态下第一电压波节点位置、第一电流波腹点位置、第一电流波节点位置等其他情况的分析与上述过程类似，读者可自行完成。

例 2.3　一根特性阻抗为 50 Ω 的无耗均匀传输线，终端接 40 − j30 Ω 的负载，试求该传输线的终端反射系数、驻波比，以及第一电压波腹点和波节点的位置。

解　终端反射系数为

$$\Gamma_l = \frac{Z_l - Z_0}{Z_l + Z_0} = \frac{40 - j30 - 50}{40 - j30 + 50} = \frac{1}{3}e^{-j\frac{\pi}{2}}$$

驻波比为

$$\rho = \frac{1 + |\Gamma_l|}{1 - |\Gamma_l|} = \frac{1 + 1/3}{1 - 1/3} = 2$$

第一电压波腹点位置为

$$z_{max} = \frac{\lambda}{4\pi}\phi_l + \frac{n}{2}\lambda = -\frac{\lambda}{4\pi} \times \frac{\pi}{2} + \frac{\lambda}{2} = \frac{3\lambda}{8}$$

第一电压波节点位置为

$$z_{\min} = \frac{\lambda}{4\pi}\phi_l + (2n \pm 1)\frac{\lambda}{4} = -\frac{\lambda}{4\pi} \times \frac{\pi}{2} + \frac{\lambda}{4} = \frac{\lambda}{8}$$

进一步可以得到 $z_{\max} - z_{\min} = \lambda/4$，与前述结论一致。

2.5 传输线功率、效率和损耗分析

由于实际传输线损耗较小，前几节主要分析的是无耗均匀传输线，但实际中并不存在理想的无耗传输线，因此本章对有耗传输线的功率、效率及损耗进行简要分析。

2.5.1 传输线的功率

如果考虑传输线的损耗，即 $\gamma = \alpha + j\beta, \alpha > 0$，根据式(2.2.9)和式(2.3.18)，可得

$$\Gamma(z) = \frac{A_2 e^{-\gamma z}}{A_1 e^{+\gamma z}} = \Gamma_l e^{-2\gamma z} \tag{2.5.1}$$

由此可以得到电压和电流相量形式的解为

$$\begin{cases} U(z) = A_1\left[e^{(\alpha+j\beta)z} + \Gamma_l e^{-(\alpha+j\beta)z}\right] \\ I(z) = \dfrac{A_1}{Z_0}\left[e^{(\alpha+j\beta)z} - \Gamma_l e^{-(\alpha+j\beta)z}\right] \end{cases} \tag{2.5.2}$$

式中，$\Gamma_l = |\Gamma_l| e^{j\phi_l}$。

为了长距离传输，传输线的损耗一般很小，所以根据式(2.3.3)，特性阻抗 Z_0 可以近似为正的实数。

由电路原理并根据式(2.5.2)，传输线上任意一点的传输功率可以表示为

$$P_t(z) = \frac{1}{2}\mathrm{Re}[U(z)I^*(z)] = \frac{1}{2}\mathrm{Re}\left[\frac{|A_1|^2}{Z_0}(e^{2\alpha z} - \Gamma_l^* e^{j2\beta z} + \Gamma_l e^{-j2\beta z} - |\Gamma_l|^2 e^{-2\alpha z})\right]$$

$$\tag{2.5.3}$$

在式(2.5.3)中，$\Gamma_l^* e^{j2\beta z}$ 和 $\Gamma_l e^{-j2\beta z}$ 的实部相同，因此可以进一步化简为

$$P_t(z) = \frac{|A_1|^2}{2Z_0}e^{2\alpha z}(1 - |\Gamma_l|^2 e^{-4\alpha z}) = P_{\mathrm{in}}(z) - P_r(z) = P_{\mathrm{in}}(z)(1 - |\Gamma_l|^2 e^{-4\alpha z})$$

$$\tag{2.5.4}$$

式中，$P_{\mathrm{in}}(z)$ 是传输线上的入射波功率(incident power)；$P_r(z)$ 是传输线上的反射波功率(reflected power)。

由图 2.14 可知，沿线的传输功率等于入射波的功率减掉反射波的功率，也就是传输线上合成波的功率。当传输线匹配时，反射波的功率为 0，传输功率等于入射波的功率；当传输线发生全反射时，传输功率等于入射波的功率减掉反射波的功率，但由于沿线传输有损耗，并不为 0，只有在终端处，传输功率才为 0。

实际上，传输线的入射波和反射波功率，也可以分别由入射波和反射波的电压、电流单独计算得到。其中，入射波功率可以表示为

$$P_{\mathrm{in}}(z) = \frac{1}{2}\mathrm{Re}[U_+(z)I_+^*(z)] = \frac{|U_+(z)|^2}{2Z_0} = \frac{|A_1|^2}{2Z_0}e^{2\alpha z} \tag{2.5.5}$$

观察式(2.5.5),入射波功率与式(2.5.4)中的第一项相吻合。

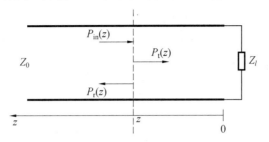

图 2.14　均匀传输线功率传输示意图

反射波功率可以表示为

$$P_r(z) = \frac{1}{2}\text{Re}[U_-(z)I_-^*(z)] = \frac{|U_-(z)|^2}{2Z_0}$$

$$= \frac{|A_1|^2 e^{2\alpha z}}{2Z_0}|\Gamma_l|^2 e^{-4\alpha z}$$

$$= P_{in}(z)|\Gamma_l|^2 e^{-4\alpha z} \tag{2.5.6}$$

观察式(2.5.6),反射波功率与式(2.5.4)中的第二项相吻合。

知识:工程上为什么用分贝表示功率?

工程上,功率值常用分贝来表示,常用的参考单位为 1 mW 和 1 W。

如果用 1 mW 作为参考,则用分贝表示为

$$P(\text{dBm}) = 10\lg P(\text{mW})$$

例如,0.1 mW = −10 dBm,1 mW = 0 dBm,10 mW = 10 dBm,100 mW = 20 dBm。

如果用 1 W 作为参考,则用分贝表示为

$$P(\text{dBW}) = 10\lg P(\text{W})$$

例如,0.1 W = −10 dBW,1 W = 0 dBW,10 W = 10 dBW,100 W = 20 dBW。

20 世纪初,人们发现信号的衰减是与电话线的长度成比例的,但如果只用绝对功率表示,表示较小的功率将会出现很多 0,非常烦琐。因此,人们采用了求对数的形式,也就是通过分贝来表示衰减的倍数,就可以清晰地体现局部的比例细节。人们商议后决定以"电话之父"贝尔来命名该单位,但后来又嫌贝尔单位太大,取十分之一作为新的单位,也就是分贝,即 decibel(dB)。

工程中,还会经常对波的幅度求对数,根据对数的性质,对功率求对数后前面要乘 10,对幅度求对数后前面要乘 20。

2.5.2　传输线的效率

定义传输线的传输效率(transmission efficiency)为终端负载的吸收功率与始端传输功率之比,体现了传输线始端的传输功率被终端负载吸收的情况,与反射系数和衰减均相关。

假设传输线的线长为 l,将 $z = l$ 代入式(2.5.4),可得传输线始端的传输功率为

$$P_{t}(l) = \frac{|A_1|^2}{2Z_0} e^{2\alpha l}(1 - |\Gamma_l|^2 e^{-4\alpha l}) \qquad (2.5.7)$$

将 $z = 0$ 代入式(2.5.4),可得终端负载的吸收功率为

$$P_{t}(0) = \frac{|A_1|^2}{2Z_0}(1 - |\Gamma_l|^2) \qquad (2.5.8)$$

根据定义,可以得到传输线的传输效率为

$$\eta = \frac{P_{t}(0)}{P_{t}(l)} = \frac{1 - |\Gamma_l|^2}{e^{2\alpha l}(1 - |\Gamma_l|^2 e^{-4\alpha l})} \qquad (2.5.9)$$

通过观察式(2.5.9),可以得到如下结论。

(1) 传输效率与反射系数相关。α 固定时,随着 $|\Gamma_l|$ 的减小,传输效率 η 增加。当传输线发生全反射时,$|\Gamma_l| = 1$,传输效率 η 取值最小为 0(α 不同时为 0),此时终端没有传输功率;当传输线处于匹配状态没有反射时,$|\Gamma_l| = 0$,传输效率 η 取值最大为

$$\eta_{\max 1} = e^{-2\alpha l} \qquad (2.5.10)$$

(2) 传输效率与衰减常数相关。$|\Gamma_l|$ 固定时,随着 α 的减小,传输效率 η 增加。当传输线衰减非常大时,$\alpha \to \infty$,传输效率取值最小趋近于 0,这是由于超大的衰减导致传输到负载的功率趋近于 0;当传输线无衰减时,$\alpha = 0$,在 $|\Gamma_l|$ 不同时为 1 时,传输效率 η 取值最大为

$$\eta_{\max 2} = 1 \qquad (2.5.11)$$

说明了只要是不发生全反射,始端的传输功率将全部被负载所吸收。

(3) 综合比较式(2.5.10)和式(2.5.11),可以得出对于微波传输,最好的状态是 $|\Gamma_l| = 0$ 且 $\alpha = 0$。此时,由于传输线匹配,始端所有的传输功率均可被负载所吸收,同时由于没有衰减,入射波功率将全部到达负载并被吸收。

2.5.3 损耗分析

为了更好地描述传输线上损耗的相对大小,本节将给出传输线两种典型的损耗参数,即回波损耗(return loss)和插入损耗(insertion loss),这两个参数将在后续章节中经常使用。

回波损耗定义为反射波功率与入射波功率之比,通常以分贝来表示,即

$$L_{r}(z) = 10\lg \frac{P_{r}(z)}{P_{in}(z)} \text{(dB)} \qquad (2.5.12)$$

根据式(2.5.6)可得

$$L_{r}(z) = 10\lg |\Gamma_l|^2 e^{-4\alpha z} = 20\lg |\Gamma_l| - 4\alpha z \times 10\lg e$$
$$= 20\lg |\Gamma_l| - 17.372\alpha z \text{(dB)} \qquad (2.5.13)$$

对于无耗传输线 $\alpha = 0$,回波损耗与位置 z 无关,同时根据式(2.3.35),可得

$$L_{r}(z) = 20\lg |\Gamma_l| = 20\lg \frac{\rho - 1}{\rho + 1} \text{(dB)} \qquad (2.5.14)$$

若传输线匹配没有反射波,$|\Gamma_l| = 0$,则 $L_r \to -\infty$;如果传输线为驻波状态,发生全反射,$|\Gamma_l| = 1$,则 $L_r = 0$。因此,可以得出结论,如果传输线无耗,回波损耗 L_r 越小,传输线反射程度越小,匹配程度越高。

插入损耗定义为传输功率与入射波功率之比,通常以分贝来表示,即

$$L_i(z) = 10\lg \frac{P_t}{P_{in}}(\text{dB}) \tag{2.5.15}$$

根据式(2.5.4)可得

$$L_i(z) = 10\lg(1 - |\Gamma_l|^2 e^{-4\alpha z})(\text{dB}) \tag{2.5.16}$$

对于无耗传输线 $\alpha = 0$,根据式(2.3.35),插入损耗可以简化为

$$L_i(z) = 10\lg(1 - |\Gamma_l|^2) = 10\lg\left[1 - \left(\frac{\rho-1}{\rho+1}\right)^2\right] = 20\lg\frac{2\sqrt{\rho}}{\rho+1}(\text{dB}) \tag{2.5.17}$$

若传输线匹配没有反射波,$|\Gamma_l| = 0$,则 $L_i = 0$;如果传输线为驻波状态,发生全反射,$|\Gamma_l| = 1$,则 $L_i \to -\infty$。因此,可以得出结论,如果传输线无耗,插入损耗 L_i 越大,传输线反射程度越小,匹配程度越高。

基于MATLAB软件,在传输线无耗时,对回波损耗、插入损耗与反射系数、驻波比之间的关系进行仿真,结果如图2.15所示。仿真中 ρ 无法趋近于无穷大,所以最大取值为100。程序较为简单,读者可自行编程复现该结果。

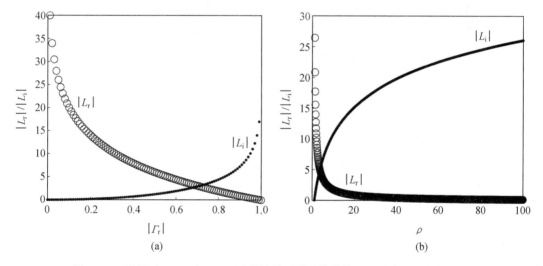

图2.15 无耗时 $|L_r|$ 和 $|L_i|$ 随着终端反射系数模值以及驻波比的变化曲线

例2.4 对于某无耗均匀传输线,试求:(1)如果终端反射系数的模值为0.1,则回波损耗多大? (2)如果驻波比为9,则插入损耗多大? 传输功率与入射波功率之间什么关系?

解 (1)根据式(2.5.14),可以计算回波损耗为

$$L_r(z) = 20\lg|\Gamma_l| = 20\lg 0.1 = -20(\text{dB})$$

(2)根据式(2.5.17),可以计算插入损耗为

$$L_i(z) = 20\lg\frac{2\sqrt{\rho}}{\rho+1} = 20\lg\frac{2\sqrt{9}}{9+1} = 20\lg\frac{6}{10} \approx -4.4370(\text{dB})$$

根据式(2.5.15),可以得到

$$P_t = 10^{-4.4370/10} P_{in} = 0.36 P_{in}$$

2.6 史密斯圆图

微波工程中,最核心的工作是根据传输线的边界条件以及特性阻抗 Z_0、相移常数 β 等特性参数,计算不同位置 z 的反射系数 Γ、驻波比 ρ 以及输入阻抗 Z_{in} 等工作状态参量,并得到它们之间的关系,传统方法是根据上述章节的理论计算完成,较为复杂且不利于工程设计。史密斯圆图是将特性参数和状态参量有机地形成一个整体,采用图解法进行微波传输研究的一种专用圆图,其简单、方便、直观,便于进行微波工程设计,同时能加深对传输线理论的理解。史密斯圆图发明于 20 世纪 30 年代,历经 80 余年,即便在当今的计算机时代,微波工程中仍沿用该思想,历久不衰。

> **历史**:菲利普·史密斯与史密斯圆图
>
> 菲利普·史密斯(Philip Hagar Smith),1905 年 4 月 29 日出生于美国马萨诸塞州,他于 1928 年从塔夫斯学院(Tufts College)毕业,毕业后曾在美国无线电公司及贝尔实验室工作,至 1970 年退休。史密斯圆图是由菲利普·史密斯在美国无线电公司工作期间于 1939 年发明的。一年后,一位名为 Kurakawa 的日本工程师也声称发明了这种图表。

2.6.1 史密斯圆图的核心思想

史密斯圆图通过图解的方法求解微波传输,其核心思想主要包括三点。

1. 归一化的思想

归一化的思想使史密斯圆图更统一、更普适。微波系统的阻抗千变万化,为了统一表述,可以采用 Z_0 进行归一化,也就是将不同微波系统的特性阻抗统一看成是 1,处理时 Z_0 不再是变量。如此处理后,归一化的输入阻抗可以表示为

$$\overline{Z_{in}(z)} = \frac{Z_{in}(z)}{Z_0} \tag{2.6.1}$$

反射系数也可以类似地归一化为

$$\Gamma(z) = \frac{Z_{in}(z) - Z_0}{Z_{in}(z) + Z_0} = \frac{\overline{Z_{in}(z)} - 1}{\overline{Z_{in}(z)} + 1} \tag{2.6.2}$$

2. 反射系数作基底

在无耗均匀传输线上,反射系数的模值 $|\Gamma|$ 沿线不变,且 $0 \leqslant |\Gamma| \leqslant 1$。因此,以反射系数 Γ 构成的半径从 0 到 1 的同心圆作为史密斯圆图的基底,复数 Γ 的相角便是坐标系对应的角度,这样能够在有限的单位圆内表示传输线各种状态下的工作参数 Γ、ρ 及 Z_{in}。

由式(2.3.21)可得

$$\Gamma(z) = |\Gamma_l| e^{j(\phi_l - 2\beta z)} = \Gamma_r + j\Gamma_i \tag{2.6.3}$$

反射系数的相角变化 2π 对应

$$2\beta z = 2\pi \Rightarrow z = \frac{2\pi}{2\beta} = \frac{\lambda}{2} \tag{2.6.4}$$

因此,传输线上经过 $\lambda/2$ 的距离对应史密斯圆图上绕着圆心旋转360°,即

$$360° \leftrightarrow \frac{\lambda}{2} \tag{2.6.5}$$

这也反映了反射系数的二分之一波长重复性,之后可以将特性参数 β 融入史密斯圆图的角度中,而不再是变量。

3. 套覆等阻抗圆

将归一化输入阻抗分成实部和虚部,也就是等电阻圆和等电抗圆,套覆在反射系数圆上,建立阻抗与反射系数之间的联系。

总结:史密斯圆图的基本思想是阻抗归一化隐去 Z_0,反射系数作为基底消去 β,套覆等阻抗圆建立阻抗与反射系数间的联系。

2.6.2 史密斯圆图的基本构成

1. 反射系数基底

由式(2.3.21)和式(2.6.5)可知,反射系数圆的圆心为坐标原点,半径为 $|\varGamma|$,传输线上 $\lambda/2$ 的距离对应一周360°,这里主要讨论旋转的方向性。由式(2.3.19)可得

$$\varGamma(z) = \varGamma_l \mathrm{e}^{-\mathrm{j}2\beta z} = \varGamma_l \mathrm{e}^{-\mathrm{j}\theta} \tag{2.6.6}$$

对式(2.6.6)分析,可得如下结论,如图2.16所示。

$z > 0 \Rightarrow$ 向信源	$z < 0 \Rightarrow$ 向负载
$\theta > 0, -\theta < 0 \Rightarrow$ 顺时针(负角)	$\theta < 0, -\theta > 0 \Rightarrow$ 逆时针(正角)
所以,顺时针向信源	所以,逆时针向负载

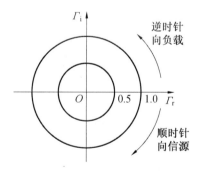

图 2.16 反射系数圆的示意图

2. 套覆等阻抗圆

为了得到等阻抗圆与反射系数圆之间的关系,对式(2.3.24)进行归一化可以得到

$$\overline{Z_{\mathrm{in}}(z)} = \frac{Z_{\mathrm{in}}(z)}{Z_0} = \frac{1 + \varGamma(z)}{1 - \varGamma(z)} = \frac{1 + \varGamma_r + \mathrm{j}\varGamma_i}{1 - \varGamma_r - \mathrm{j}\varGamma_i}$$

$$= \frac{1 - \varGamma_r^2 - \varGamma_i^2 + \mathrm{j}2\varGamma_i}{(1 - \varGamma_r)^2 + \varGamma_i^2}$$

$$= r + \mathrm{j}x \tag{2.6.7}$$

式中，r 为归一化电阻；x 为归一化电抗。

将式(2.6.7)的实部和虚部分离，可得

$$\begin{cases} r = \dfrac{1 - \Gamma_r^2 - \Gamma_i^2}{(1-\Gamma_r)^2 + \Gamma_i^2} \\ x = \dfrac{2\Gamma_i}{(1-\Gamma_r)^2 + \Gamma_i^2} \end{cases} \tag{2.6.8}$$

但是式(2.6.8)并不是圆方程，需要进一步处理，本节将分类讨论。

(1) 等电阻圆。

对于式(2.6.8)中的实部方程进行整理，可得

$$r - 2r\Gamma_r + r\Gamma_r^2 + r\Gamma_i^2 = 1 - \Gamma_r^2 - \Gamma_i^2$$

$$(1+r)\Gamma_r^2 - 2r\Gamma_r + (1+r)\Gamma_i^2 = 1 - r$$

$$\Gamma_r^2 - \dfrac{2r}{1+r}\Gamma_r + \left(\dfrac{r}{1+r}\right)^2 + \Gamma_i^2 = \dfrac{1-r}{1+r} + \left(\dfrac{r}{1+r}\right)^2$$

进一步整理得到等电阻圆方程为

$$\left(\Gamma_r - \dfrac{r}{1+r}\right)^2 + \Gamma_i^2 = \left(\dfrac{1}{1+r}\right)^2 \tag{2.6.9}$$

其圆心坐标为 $\left(\dfrac{r}{r+1}, 0\right)$，始终在实轴 $\Gamma_i = 0$ 上，半径为 $\dfrac{1}{r+1}$。r 越大，圆的半径越小。当 $r = 0$ 时，圆心在 $(0,0)$ 点，半径为1；当 $r \to \infty$ 时，圆心在 $(1,0)$ 点，半径为0，汇聚为一点。由于 $\dfrac{r}{1+r} + \dfrac{1}{1+r} \triangleq 1$，等电阻圆始终经过 $(1,0)$ 点并与直线 $\Gamma_r = 1$ 相切。等电阻圆的示意图如图 2.17 所示。

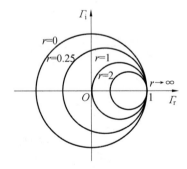

图 2.17 等电阻圆的示意图

(2) 等电抗圆。

对于式(2.6.8)中的虚部方程进行整理，可得

$$(\Gamma_r - 1)^2 + \Gamma_i^2 - \dfrac{2}{x}\Gamma_i = 0$$

进一步整理得到等电抗圆方程为

$$(\Gamma_r - 1)^2 + \left(\Gamma_i - \dfrac{1}{x}\right)^2 = \left(\dfrac{1}{x}\right)^2 \tag{2.6.10}$$

其圆心坐标为 $\left(1, \dfrac{1}{x}\right)$,始终在 $\Gamma_r = 1$ 的直线上,半径为 $\left|\dfrac{1}{x}\right|$。由于 x 可正可负,等电抗圆可以分为两组,一组在实轴的上方,另一组在其下方。x 的模值越大,圆的半径越小。当 $x = 0$ 时,半径趋于无穷大,等电抗圆与实轴重合;当 $x \to \pm\infty$ 时,等电抗圆退化为 $(1,0)$ 点。由于 $\dfrac{1}{x} - \dfrac{1}{x} \triangleq 0$,等电抗圆始终经过 $(1,0)$ 点并与实轴 $\Gamma_i = 0$ 相切。等电抗圆的示意图如图 2.18 所示,实轴上半部为感抗性质,下半部为容抗性质。结合图 2.17,可知短路点为 $(-1,0)$,开路点为 $(1,0)$。

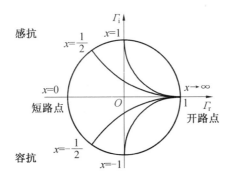

图 2.18　等电抗圆的示意图

根据上述分析,等电阻圆和等电抗圆的主要特性总结见表 2.2。

表 2.2　等电阻圆与等电抗圆的主要特性总结

特性	等电阻圆	等电抗圆
圆方程	$\left(\Gamma_r - \dfrac{r}{1+r}\right)^2 + \Gamma_i^2 = \left(\dfrac{1}{1+r}\right)^2$	$(\Gamma_r - 1)^2 + \left(\Gamma_i - \dfrac{1}{x}\right)^2 = \left(\dfrac{1}{x}\right)^2$
圆心	$\left(\dfrac{r}{r+1}, 0\right)$	$\left(1, \dfrac{1}{x}\right)$
圆心所处直线	实轴 $\Gamma_i = 0$	$\Gamma_r = 1$
半径	$\dfrac{1}{r+1}$	$\left|\dfrac{1}{x}\right|$
圆相切直线	$\Gamma_r = 1$	实轴 $\Gamma_i = 0$

至此,将上述的反射系数圆、等电阻圆、等电抗圆画到一起,就构成了完整的阻抗圆图,即史密斯圆图。在实际使用时,为了使圆图更简洁,一般并不画出反射系数圆。史密斯圆图详见附录 1,供读者学习使用。本节对史密斯圆图进行进一步分析。

3. 标定驻波比

上述阻抗圆图中只得到了输入阻抗与反射系数之间的关系,但传输线的工作状态参量还包括驻波比 ρ,下面讨论其如何求解。将式(2.4.33)归一化,可得

$$r_{\max} = \dfrac{R_{\max}}{Z_0} = \dfrac{Z_0 \rho}{Z_0} = \rho \tag{2.6.11}$$

即传输线电压波腹点的归一化输入阻抗(电阻)r 的取值,就是该状态下传输线的驻波比。

根据式(2.6.9)分析可知,由于阻抗圆图上从(0,0)点到(1,0)点,归一化输入阻抗从1(对应Z_0,匹配点)变大至∞,阻抗圆图上实轴的正半轴代表着电压波腹点。因此,传输线上的驻波比ρ对应于反射系数圆旋转至实轴正半轴Γ_r后所对应的r值。具体而言,如图2.19所示,如果想求出史密斯圆图上任一点A的驻波比ρ,首先求出经过该点的等反射系数圆与实轴正半轴的交点B,然后读出该点的归一化电阻r值,即驻波比ρ的取值。

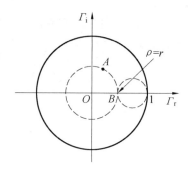

图2.19 阻抗圆图求解驻波比示意图

由于驻波比ρ对应于$\Gamma_i = 0$且$\Gamma_r > 0$时的r值,因此由式(2.6.9)可得

$$\left(\Gamma_r - \frac{r}{1+r}\right)^2 = \left(\frac{1}{1+r}\right)^2$$

取$\Gamma_r \neq 1$,可得

$$\frac{r}{1+r} - \Gamma_r = \frac{1}{1+r}$$

$$r - \Gamma_r - r\Gamma_r = 1$$

$$\rho = r_{\max} = \frac{1+\Gamma_r}{1-\Gamma_r} \tag{2.6.12}$$

式(2.6.12)的结论与式(2.3.24)一致,证明了上述推导过程是闭环的。

4. 等导纳圆

将式(2.6.7)整理可得归一化输入阻抗为

$$\overline{Z_{in}(z)} = \frac{1+\Gamma(z)}{1-\Gamma(z)} = r + jx \tag{2.6.13}$$

同理,可以得到归一化输入导纳为

$$\overline{Y_{in}(z)} = \frac{1-\Gamma(z)}{1+\Gamma(z)} = g + jb \tag{2.6.14}$$

式中,g为归一化电导;b为归一化电纳。

如果将式(2.6.14)中的$\Gamma(z)$用$-\Gamma(z)$代替,$r + jx$等于$g + jb$,就可以用同一个阻抗圆图来表示导纳。另外,对反射系数进行处理,可得

$$-\Gamma(z) = e^{j\pi}\Gamma(z) \tag{2.6.15}$$

所以,阻抗圆图绕着原点旋转180°,就可以得到导纳圆图。例如,在图2.20中,已知某一归一化阻抗位于C点,将其旋转180°到达D点,D点代表了归一化导纳在导纳圆图上的位置,D点处的读数即为C点归一化阻抗所对应的归一化导纳的值。在上述过程中并未对圆图进行任何修正,且保留了圆图上所有已经标注好的数字。因此,用同一张圆图既可以表示阻抗圆图,也可以表示导纳圆图,它们之间相差了180°。

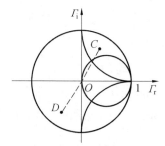

图2.20 归一化阻抗与归一化导纳

由上述变换过程可知,整个阻抗圆图未做任何修正,直接将归一化电阻 r 变成归一化电导 g,归一化电抗 x 变成归一化电纳 b,即可得到导纳圆图。在此过程中,阻抗圆图的开路点变成导纳圆图的短路点,阻抗圆图的短路点变成导纳圆图的开路点,而匹配点$(0,0)$不变。

5. 总结

根据上述内容,将阻抗圆图和导纳圆图上重要的点和线进行标注,如图2.21所示。

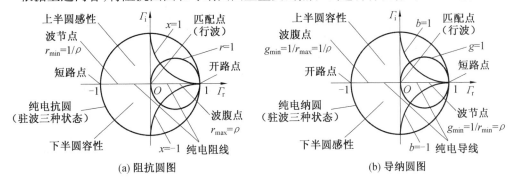

图 2.21　阻抗圆图与导纳圆图示意图

结合图2.21,对阻抗圆图的特性进行整理,具体如下。

(1) 上半圆内电抗 $x > 0$ 呈感性,下半圆内电抗 $x < 0$ 呈容性。

(2) 实轴上的点为纯电阻,左半轴上的点为电压波节点,其上的刻度既代表 r_{min},又代表行波系数 K;右半轴上的点为电压波腹点,其上的刻度既代表 r_{max},又代表驻波比 ρ。

(3) 圆图旋转一周为 $\lambda/2$。

(4) $|\Gamma| = 1$ 的单位圆上的点为纯电抗点。

(5) 实轴左端点$(-1,0)$为短路点,右端点$(1,0)$为开路点,中心点$(0,0)$为匹配点。

(6) 在传输线上由负载向信源方向移动时,对应圆图上顺时针旋转;反之,由信源向负载方向移动时,对应圆图上逆时针旋转。

结合图2.21,对导纳圆图的特性进行整理,具体如下。

(1) 上半圆内电纳 $b > 0$ 呈容性,下半圆内电纳 $b < 0$ 呈感性。

(2) 实轴上的点为纯电导,左半轴上的点为电压波腹点,其上的刻度既代表 $g_{min} = 1/r_{max}$,又代表行波系数 K;右半轴上的点为电压波节点,其上的刻度既代表 $g_{max} = 1/r_{min}$,又代表驻波比 ρ。

(3) 圆图旋转一周为 $\lambda/2$。

(4) $|\Gamma| = 1$ 的单位圆上的点为纯电纳点。

(5) 实轴左端点$(-1,0)$为开路点,右端点$(1,0)$为短路点,中心点$(0,0)$为匹配点。

(6) 在传输线上由负载向信源方向移动时,对应圆图上顺时针旋转;反之,由信源向负载方向移动时,对应圆图上逆时针旋转。

2.6.3　Smith 软件

虽然史密斯圆图能够用图解法实现微波传输研究及工程设计,但由于需要在纸质的圆图上通过圆规作图实现,较为麻烦且精度较低。针对这一问题,瑞士伯尔尼应用科技大学的 Fritz Dellsperger 教授开发了 Smith 软件,可以在电脑上通过软件实现基于史密斯圆图的工程设计,便捷、高效、精确;另外,Smith 软件也非常适用于微波技术课程,加深对传输线理论的理解。具体信息详见:https://www.fritz.dellsperger.net/smith.html,扫描二维码(附件2.3)获取 Smith 软件安装包。图 2.22 给出了 Smith V4.1 版本的运行界面。

Smith 软件使用时与史密斯圆图略有不同,由于计算机运行较为方便,其阻抗并不需要进行归一化,而是在程序运行时预先设定特性阻抗和工作频率。另外,Smith 软件只能顺时针旋转,不能逆时针旋转。读者在学习传输线理论和史密斯圆图时,可以自行使用 Smith 软件进行对比设计,会对传输线理论的工作机理有更深入的理解。

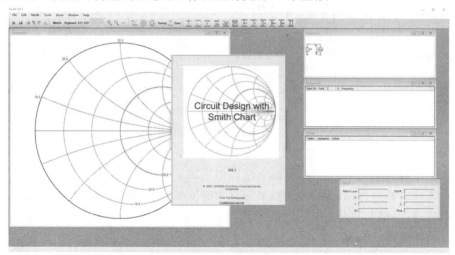

图 2.22 Smith V4.1 版本的运行界面

2.6.4 史密斯圆图的主要功能

史密斯圆图的主要功能包括以下几类。

(1) 已知归一化阻抗 $\bar{Z}$,求归一化导纳 $\bar{Y}$(或逆问题)。

(2) 已知归一化阻抗 $\bar{Z}$,求反射系数 Γ 和驻波比 ρ(或逆问题)。

(3) 已知归一化负载阻抗 $\bar{Z}_l$ 和线长 l,求归一化输入阻抗 $\bar{Z}_{in}$(或逆问题)。

(4) 已知驻波比 ρ 和 z_{max} 或 z_{min},求归一化负载阻抗 $\bar{Z}_l$(或逆问题)。

(5) 阻抗匹配综合设计(2.7 节具体介绍)。

本节通过例题来具体讲解上述功能。为了学习方便,均通过 Smith 软件来演示,其中工作频率均设置为 $f = 300$ MHz,波长 $\lambda = 1$ m。

例 2.5 已知阻抗 $Z = 30 + j40$ Ω,$Z_0 = 50$ Ω,求导纳 Y。

解 如图 2.23 所示,设置 $Z_0 = 50$ Ω,在 Smith 软件阻抗圆图上找到 $Z = 30 + j40$ Ω 点(DP1),然后通过串联传输线旋转 180°,到达 TP2 点,读数为 $30 - j40$ Ω。由于 Smith 软件是通过非归一化的阻抗进行计算,同时 $Z_0 = 1/Y_0$,因此该阻抗对应的导纳值为 $Y = \dfrac{30 - j40}{50} \times \dfrac{1}{50} = 0.012 - j0.016$ S。

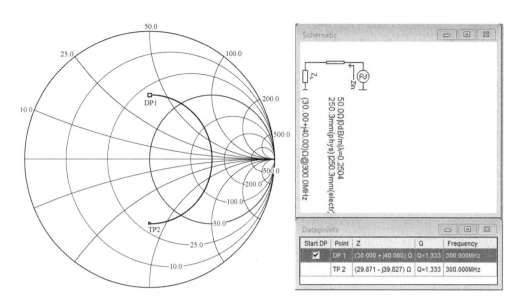

图 2.23 例 2.5 的 Smith 软件设计图

例 2.6 已知无耗传输线特性阻抗 $Z_0 = 75\ \Omega$,某点的输入阻抗为 $Z = 50 + j50\ \Omega$,求反射系数的模值和驻波比。

解 如图 2.24 所示,设置 $Z_0 = 75\ \Omega$,在 Smith 软件阻抗圆图上找到 $Z = 50 + j50\ \Omega$ 点 (DP1),然后通过串联传输线旋转至与横轴正半轴的交点,到达 TP2 点,读数为 181.5 Ω。对其进行归一化,可得到驻波比,即 $\rho = r_{\max} = R_{\max}/Z_0 = 2.42$,然后根据驻波比和终端反射系数模值的关系,可以得到反射系数的模值为 0.425。

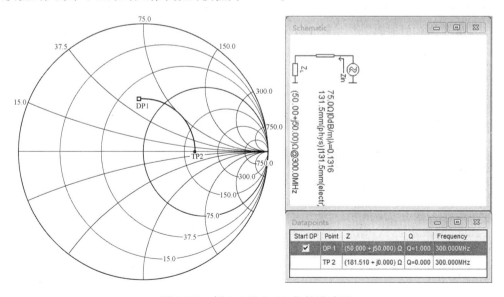

图 2.24 例 2.6 的 Smith 软件设计图

例 2.7 已知无耗均匀传输线的特性阻抗 $Z_0 = 50\ \Omega$,假设传输线的负载阻抗为 $Z_l = 40 - j30\ \Omega$,求距离负载 0.2λ 处的输入阻抗。

解 如图 2.25 所示,设置 $Z_0 = 50\ \Omega$,在 Smith 软件阻抗圆图上找到 $Z_l = 40 - j30\ \Omega$ 点

(DP1)，由于从负载向信源方向找输入阻抗，通过串联传输线顺时针旋转 0.2λ，到达 TP2 点，读数为 $29.617 + j18.026\ \Omega$，即为距离负载 0.2λ 处的输入阻抗。

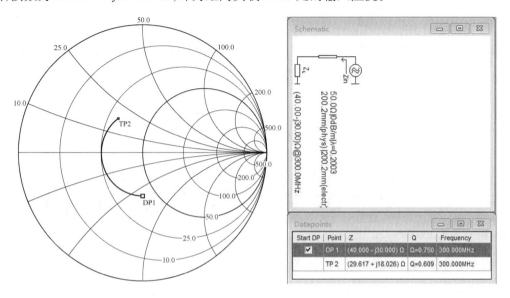

图 2.25　例 2.7 的 Smith 软件设计图

例 2.8　已知无耗均匀传输线的特性阻抗 $Z_0 = 50\ \Omega$，测得传输线上的驻波比为 $\rho = 5$，电压波节点出现在 $z_{\min} = \lambda/3$ 处，求负载阻抗。

解　如图 2.26 所示，设置 $Z_0 = 50\ \Omega$，可以求得电压波节点的输入阻抗为 $Z_{\text{in}} = R_{\min} = Z_0/\rho = 10\ \Omega$，在 Smith 软件阻抗圆图上找到该点（DP1）。由于需要从电压波节点找负载，需要逆时针旋转，但 Smith 软件只能顺时针旋转。由于史密斯圆图旋转一周对应 $\lambda/2$，因此逆时针旋转 $\lambda/3$ 等于顺时针旋转 $\lambda/2 - \lambda/3 = \lambda/6$。所以，从 DP1 点出发，通过串联传输线顺时针旋转 $\lambda/6$，到达 TP2 点，读数为 $35.797 + j74.336\ \Omega$，即为传输线的负载阻抗。

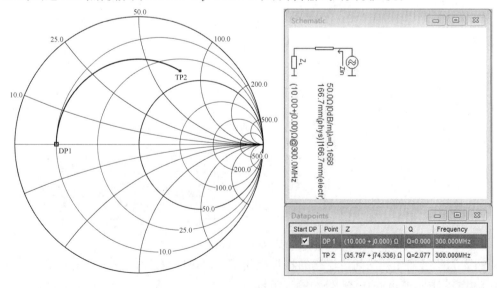

图 2.26　例 2.8 的 Smith 软件设计图

上述例题涉及了史密斯圆图软件的具体使用方法与主要功能,基本可以解决上述章节中大部分的问题,避免了复杂的数值计算。Smith 软件在工程中简单、方便,同时也对读者学习微波传输线理论帮助很大,建议读者自行学习使用。2.7 节中将会通过 Smith 软件进一步演示阻抗匹配的设计。

2.7 阻抗匹配

微波工程的核心工作是微波的匹配,因为在微波传输时,通常希望提高微波功率的利用率,也就是微波的功率尽可能被负载所吸收或沿着后续的微波系统传播而没有反射,这需要通过阻抗匹配来实现。因此,本节在传输线方程、状态参数、状态分析、损耗与效率以及史密斯圆图等基础上,系统地介绍传输线阻抗匹配的具体思路与方法。

2.7.1 微波传输线的三种匹配状态

阻抗匹配从宏观的角度可以大致分成三种,即负载阻抗匹配、源阻抗匹配和共轭阻抗匹配,分别从负载、信源以及传输线的整体出发,进行阻抗匹配。

1. 负载阻抗匹配

传输线最重要的一种阻抗匹配形式是负载阻抗匹配,此时,针对传输线的负载进行具体设计,通过将传输线的负载匹配至与特性阻抗相同,使反射系数为 0,即

$$Z_l = Z_0, \quad \Gamma_l = 0 \qquad (2.7.1)$$

进而传输线上只有入射波而没有反射波,微波的功率完全被负载吸收或沿着后续系统以行波的形式继续传输下去。

进行负载阻抗匹配的目的,首先是尽可能减小反射波的成分,使传输线上微波功率利用率尽可能高;其次,如果负载不匹配,传输线的反射波较大,回到信源时会造成电路的损伤。本节后续内容主要介绍如何对负载进行阻抗匹配。如果仅通过传输线的设计很难保证负载匹配,也可以通过在负载端加上专用的阻抗匹配器来实现,具体细节将在第 6 章进行介绍。

2. 源阻抗匹配

如果传输线的负载不匹配,会出现反射波回到信源的现象。为了避免反射波通过信源再次反射,需要对信源进行阻抗匹配设计,通过设计使信源内阻等于传输线的特性阻抗,这样反射波的功率将完全被信源内阻所吸收,进而消除二次反射,保证有效传输,即

$$Z_g = Z_0, \quad \Gamma_g = 0 \qquad (2.7.2)$$

对于源阻抗匹配来说,如果不方便使信源内阻匹配至传输线的特性阻抗,也可以加入去耦衰减器或隔离器,通过吸收负载回来的反射波进行匹配,具体细节将在第 6 章进行介绍。由于传输线微波传输的第一次反射是在负载处产生,因此,对于微波工程来说,人们更关注的是负载阻抗匹配,也就是将反射波直接消除在负载处而不是信源,这也是本节学习的重点。

3. 共轭阻抗匹配

负载阻抗匹配和源阻抗匹配均是站在局部的角度来进行阻抗匹配,如果从整个传输线的整体考虑,使网络总传输功率最大,需要同时兼顾负载阻抗匹配和源阻抗匹配,这就是共轭阻抗匹配。首先给出最大功率输出定理。

定理 如图 2.27 所示的无耗均匀传输线,若满足

$$Z_{\text{in}} = Z_{\text{g}}^* \tag{2.7.3}$$

则信源达到最大功率输出(负载得到的传输功率最大),即

$$P_{\max} = \frac{1}{2} \frac{|E_{\text{g}}|^2}{2R_{\text{g}}} \frac{1}{2} = \frac{|E_{\text{g}}|^2}{8R_{\text{g}}} \tag{2.7.4}$$

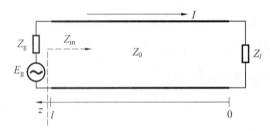

图 2.27 最大功率输出定理示意图

证明 根据欧姆定律,可知

$$I = \frac{E_{\text{g}}}{Z_{\text{g}} + Z_{\text{in}}} \tag{2.7.5}$$

因为 $Z_{\text{g}} = R_{\text{g}} + jX_{\text{g}}$,$Z_{\text{in}} = R_{\text{in}} + jX_{\text{in}}$,所以信源的输出功率,即负载 Z_l 上的实功率可以表示为

$$P = \frac{1}{2}\text{Re}[U_{\text{in}}I^*] = \frac{1}{2}\text{Re}[Z_{\text{in}} \cdot I \cdot I^*]$$

$$= \frac{1}{2}\text{Re}[Z_{\text{in}} \cdot |I|^2]$$

$$= \frac{1}{2} \frac{|E_{\text{g}}|^2}{|Z_{\text{g}} + Z_{\text{in}}|^2}\text{Re}[Z_{\text{in}}]$$

$$= \frac{1}{2} \frac{|E_{\text{g}}|^2 R_{\text{in}}}{(R_{\text{g}} + R_{\text{in}})^2 + (X_{\text{g}} + X_{\text{in}})^2} \tag{2.7.6}$$

需要最大化 P,则希望分母最小,因此有

$$X_{\text{g}} = -X_{\text{in}} \tag{2.7.7}$$

式(2.7.6)变为

$$P = \frac{1}{2} \frac{|E_{\text{g}}|^2 R_{\text{in}}}{(R_{\text{g}} + R_{\text{in}})^2} \tag{2.7.8}$$

为了求 P 的最大值,将式(2.7.8)对 R_{in} 求微分,可得

$$\frac{dP}{dR_{\text{in}}} = \frac{(R_{\text{g}} + R_{\text{in}})^2 - 2(R_{\text{g}} + R_{\text{in}})R_{\text{in}}}{(R_{\text{g}} + R_{\text{in}})^4}$$

$$= \frac{(R_{\text{g}} + R_{\text{in}})(R_{\text{g}} - R_{\text{in}})}{(R_{\text{g}} + R_{\text{in}})^4}$$

$$= 0 \tag{2.7.9}$$

由此可得

$$R_g = R_{in} \qquad (2.7.10)$$

由式(2.7.7)和式(2.7.10),可以得到 $Z_{in} = Z_g^*$,此时有

$$P_{max} = \frac{1}{2} \frac{|E_g|^2 R_g}{(2R_g)^2} = \frac{1}{2} \frac{|E_g|^2}{4R_g}$$

对上述最大功率输出定理进一步分析可知,由于信源内阻 Z_g 和信源处的输入阻抗 Z_{in} 互为共轭,如果将信源内阻 Z_g 和信源处的输入阻抗 Z_{in} 串联后统一看成信源电动势 E_g 的负载,虚部相消后,该传输线可以简化为信源电动势 E_g 外接 $Z_g + Z_{in} = 2R_g$ 的电阻。根据电路理论,此时信源电动势 E_g 输出的总功率(包括 Z_g 上的)为

$$P_{max1} = \frac{1}{2} \frac{|E_g|^2}{2R_g} \qquad (2.7.11)$$

由于该功率平均分配在信源内阻 Z_g 和信源处输入阻抗 Z_{in} 上,因此,信源的输出功率(不包括 Z_g 上的)为

$$P_{max} = \frac{1}{2} P_{max1} = \frac{1}{2} \frac{|E_g|^2}{4R_g} \qquad (2.7.12)$$

该结论与上述定理一致,这也是最大功率输出定理形象、合理的解释。

由最大功率输出定理可知,当从信源处向负载看过去的输入阻抗等于信源内阻的共轭时,信源有最大的输出功率,该功率均被负载所吸收。因此,共轭阻抗匹配是将负载阻抗匹配与源阻抗匹配统一,从传输线的整体来最大化传输功率。

当 Z_g、Z_0 和 Z_l 均为实数时,式(2.7.1)的负载阻抗匹配与式(2.7.2)的源阻抗匹配相结合,等效于共轭阻抗匹配。由此可知,负载阻抗匹配和源阻抗匹配分别是共轭阻抗匹配的两种特殊形式,如图 2.28 所示。

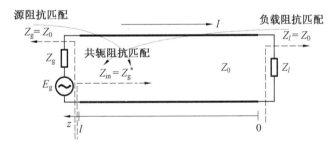

图 2.28 负载阻抗匹配、源阻抗匹配与共轭阻抗匹配关系示意图

2.7.2 四分之一波长阻抗变换法

由图 2.28 分析可知,传输线的阻抗匹配主要是通过共轭阻抗匹配实现信源功率的最大输出,被负载所吸收,进而实现高效稳定的传输。尤其是在传输线无耗或是损耗较低的情况下,可以通过负载阻抗匹配和源阻抗匹配分别实现负载和信源处无反射。在实际系统中,首先可以通过负载阻抗匹配确保没有反射波回到信源;即使是负载处存在反射,也可以通过隔离器或者去耦衰减器吸收反射波的功率,实现信源阻抗匹配。因此,本节重点讨论负载阻抗匹配方法,介绍一种简便易行的负载匹配方法,即四分之一波长阻抗变换法。

1. 终端接纯电阻负载

对于终端接纯电阻 R_l 且特性阻抗为 Z_0 的无耗均匀传输线,如果 $R_l \neq Z_0$,则传输线不匹配,发生反射。为了进行阻抗匹配,需要在传输线和负载之间加接一段长度为 $\lambda/4$、特性阻抗为 Z_{01} 的传输线来实现两者之间的匹配,如图 2.29 所示。如果传输线匹配,需要求加接的传输线的特性阻抗 Z_{01} 的大小。

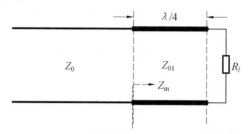

图 2.29　终端接纯电阻的四分之一波长阻抗变换法

将 $z = \lambda/4$ 代入式(2.3.15)中,同时考虑加接的传输线的特性阻抗为 Z_{01},可得

$$Z_{in}\left(\frac{\lambda}{4}\right) = Z_{01}\frac{Z_l + jZ_{01}\tan\beta\frac{\lambda}{4}}{Z_{01} + jZ_l\tan\beta\frac{\lambda}{4}} = \frac{Z_{01}^2}{Z_l} = \frac{Z_{01}^2}{R_l} \tag{2.7.13}$$

为了实现前一段传输线与后一段传输线间的匹配,需要满足

$$Z_{in}\left(\frac{\lambda}{4}\right) = Z_0 \tag{2.7.14}$$

联合整理式(2.7.13)和式(2.7.14),可得

$$\frac{Z_{01}^2}{R_l} = Z_0 \tag{2.7.15}$$

因此可以得到

$$Z_{01} = \sqrt{Z_0 R_l} \tag{2.7.16}$$

即通过在特性阻抗为 Z_0 的传输线与纯电阻负载 R_l 之间串接一个长度为 $\lambda/4$、特性阻抗为 Z_{01} 的传输线,便可实现负载阻抗匹配。

2. 终端接非纯电阻负载

如果特性阻抗为 Z_0 的无耗均匀传输线终端接非纯电阻负载 $Z_l = R_l + jXl$,则传输线不匹配,发生反射。此时,图 2.29 中的终端接纯电阻的四分之一波长阻抗匹配法不再适用,如图 2.30 所示。在此种情况下,应该根据式(2.4.31)或式(2.4.33)找到距离负载点 l_1 的位置,使该点为电压波腹点或波节点,输入阻抗为纯电阻 R_x,其值为 $R_{max} = Z_0\rho$ 或 $R_{min} = Z_0/\rho$,再按照图 2.29 中的终端纯电阻四分之一波长阻抗变换法求解,在距离负载 l_1 处加接一段长度为 $\lambda/4$、特性阻抗为 Z_{01} 的传输线来实现匹配。此时,Z_{01} 可以表示为

$$Z_{01} = \sqrt{Z_0 R_x} = \sqrt{Z_0 R_{max}} \text{ 或 } \sqrt{Z_0 R_{min}} = Z_0\sqrt{\rho} \text{ 或 } Z_0/\sqrt{\rho} \tag{2.7.17}$$

尽管四分之一波长阻抗变换法非常简便,但是其长度为 $\lambda/4$,也就是取决于工作频率。只有在该中心频点处,该方法才能匹配,在其他频点处匹配性能变差,因此,四分之一波长阻抗变换法是窄带的。

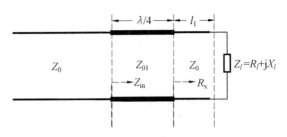

图 2.30 终端接非纯电阻的四分之一波长阻抗变换法

例 2.9 一根特性阻抗为 50 Ω 的无耗均匀传输线,终端接 30 + j40 Ω 的负载。如果通过四分之一波长阻抗变换法进行阻抗匹配,试求加接传输线的位置 l_1 以及传输线的特性阻抗 Z_{01}。

解 终端反射系数为

$$\Gamma_l = \frac{Z_l - Z_0}{Z_l + Z_0} = \frac{30 + j40 - 50}{30 + j40 + 50} = \frac{1}{2} e^{j\frac{\pi}{2}}$$

驻波比为

$$\rho = \frac{1 + |\Gamma_l|}{1 - |\Gamma_l|} = \frac{1 + 1/2}{1 - 1/2} = 3$$

第一电压波腹点处加接特性阻抗 Z_{01} 的传输线,可得

$$l_1 = z_{\max} = \frac{\lambda}{4\pi} \phi_l + \frac{n}{2} \lambda = \frac{\lambda}{4\pi} \times \frac{\pi}{2} = \frac{\lambda}{8}$$

此时

$$Z_{01} = Z_0 \sqrt{\rho} = 86.6 \ \Omega$$

或者,也可以找到第一电压波节点处加接特性阻抗 Z_{01} 的传输线,可得

$$l_1 = z_{\min} = \frac{\lambda}{8} + \frac{\lambda}{4} = \frac{3\lambda}{8}$$

此时

$$Z_{01} = Z_0 / \sqrt{\rho} = 28.9 \ \Omega$$

2.7.3 枝节调配器

枝节调配器是通过在距离负载一段距离的某个位置上串联或并联短路或开路传输线(枝节)实现的,分为单枝节调配器、双枝节调配器和多枝节调配器。本节仅对单枝节调配器进行分析介绍。另外,由于微波有辐射,理想的终端开路无法实现,因此,本节仅考虑短路枝节。

1. 串联单枝节调配器

如图 2.31 所示的传输线,由于终端负载 $Z_l \neq Z_0$,因此传输线不匹配,需要在距离负载 l_1 处串联一个长度为 l_2、终端短路特性阻抗为 Z_0 的传输线,实现阻抗匹配。此时,仅需求 l_1 和 l_2 的长度。

根据驻波状态分析,终端短路传输线的输入阻抗为纯电抗。由于串联枝节上为驻波状态,其输入阻抗为纯电抗,因此,串联单枝节调配器的具体思路为:首

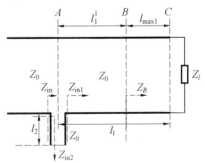

图 2.31 串联单枝节调配器示意图

先,通过长度 l_1 的传输线将输入阻抗的实部匹配为 Z_0(电阻匹配),同时会引入虚部;通过合理选择串联枝节的长度 l_2,将长度 l_1 的传输线引入的虚部抵消(电抗匹配),进而实现匹配。具体的匹配思路如下。

(1) 找波腹点/波节点。

根据 Z_l 可以求出传输线终端反射系数为 $|\Gamma_l|e^{j\phi_l}$,假设传输线的波长为 λ,驻波比为 ρ。找到距离负载的第一电压波腹点或波节点,此处以波腹点为例。由式(2.4.31)和式(2.4.33)可以求出波腹点的具体位置和该点的输入阻抗分别为

$$l_{\max 1} = \frac{\lambda}{4\pi}\phi_l + \frac{n}{2}\lambda \tag{2.7.18}$$

$$Z_B = Z_0 \rho \tag{2.7.19}$$

(2) 电阻匹配。

根据图 2.31 中的比例关系,有

$$l_1 = l_1^1 + l_{\max 1} \tag{2.7.20}$$

此时,通过长度为 l_1^1 的特性阻抗 Z_0 的传输线,在波腹点的基础上实现实部(电阻)匹配。

将式(2.7.19)代入式(2.3.15),可以得到从串联枝节 A 点处向负载看过去主传输线的输入阻抗为

$$Z_{\text{in}1} = Z_0 \frac{Z_l + jZ_0 \tan\beta z}{Z_0 + jZ_l \tan\beta z} = Z_0 \frac{Z_B + jZ_0 \tan\beta l_1^1}{Z_0 + jZ_B \tan\beta l_1^1} = R_1 + jX_1 \tag{2.7.21}$$

由于通过该长度为 l_1^1 的主传输线实现实部的匹配,因此需要满足

$$R_1 = Z_0 \tag{2.7.22}$$

(3) 电抗匹配。

在上述步骤的基础上,需要通过串联枝节,将式(2.7.21)的虚部匹配掉,根据终端短路传输线的输入阻抗表达式,可以得到从主传输线与枝节的交界处向枝节看过去的输入阻抗为

$$Z_{\text{in}2} = jZ_0 \tan\beta l_2 \tag{2.7.23}$$

串联枝节之后,为了实现匹配,从主传输线枝节前向负载看过去的总输入阻抗为

$$Z_{\text{in}} = Z_{\text{in}1} + Z_{\text{in}2} = R_1 + j(X_1 + Z_0 \tan\beta l_2) = Z_0 \tag{2.7.24}$$

其中的实部匹配已经通过式(2.7.22)完成了。因此,为了消掉虚部,需要满足

$$X_1 = -Z_0 \tan\beta l_2 \tag{2.7.25}$$

(4) 求解过程。

将式(2.7.19)代入式(2.7.21),并整理可得

$$\begin{aligned} Z_{\text{in}1} &= Z_0 \frac{Z_B + jZ_0 \tan\beta l_1^1}{Z_0 + jZ_B \tan\beta l_1^1} \\ &= Z_0 \frac{\rho(1 + \tan^2 \beta l_1^1) + j(1 - \rho^2)\tan\beta l_1^1}{1 + \rho^2 \tan^2 \beta l_1^1} \\ &= R_1 + jX_1 \end{aligned} \tag{2.7.26}$$

结合式(2.7.22),可得

$$Z_0 \frac{\rho(1 + \tan^2 \beta l_1^1)}{1 + \rho^2 \tan^2 \beta l_1^1} = R_1 = Z_0 \tag{2.7.27}$$

由此可得

$$(\rho^2 - \rho)\tan^2\beta l_1^1 = \rho - 1$$

$$\tan\beta l_1^1 = \pm\frac{1}{\sqrt{\rho}} \tag{2.7.28}$$

然后,结合式(2.7.25),可得

$$Z_0\frac{(1-\rho^2)\tan\beta l_1^1}{1+\rho^2\tan^2\beta l_1^1} = -Z_0\tan\beta l_2 \tag{2.7.29}$$

将式(2.7.28)代入式(2.7.29),可得

$$\tan\beta l_2 = \frac{(\rho^2-1)\tan\beta l_1^1}{1+\rho^2\tan^2\beta l_1^1} = \pm\frac{(\rho-1)(\rho+1)/\sqrt{\rho}}{\rho+1} = \pm\frac{\rho-1}{\sqrt{\rho}} \tag{2.7.30}$$

因此,根据式(2.7.28)和式(2.7.30),可以得到以下两组解:

$$\begin{cases} l_1^1 = \frac{\lambda}{2\pi}\arctan\frac{1}{\sqrt{\rho}} \\ l_2 = \frac{\lambda}{2\pi}\arctan\frac{\rho-1}{\sqrt{\rho}} \end{cases} \tag{2.7.31}$$

$$\begin{cases} l_1^1 = \frac{\lambda}{2\pi}\arctan\left(-\frac{1}{\sqrt{\rho}}\right) \\ l_2 = \frac{\lambda}{4} + \frac{\lambda}{2\pi}\arctan\frac{\sqrt{\rho}}{\rho-1} \end{cases} \tag{2.7.32}$$

其中第二组解是为了保证 l_2 为正,同时根据输入阻抗的二分之一波长重复性可得

$$l_2 = -\frac{\lambda}{2\pi}\arctan\frac{\rho-1}{\sqrt{\rho}} + \frac{\lambda}{2}$$

$$= -\frac{\lambda}{2\pi}\left(\frac{\pi}{2} - \arctan\frac{\sqrt{\rho}}{\rho-1}\right) + \frac{\lambda}{2}$$

$$= \frac{\lambda}{4} + \frac{\lambda}{2\pi}\arctan\frac{\sqrt{\rho}}{\rho-1} \tag{2.7.33}$$

实际枝节的位置可以根据 $l_1 = l_1^1 + l_{\text{max1}}$ 求出。

另外,式(2.7.31)和式(2.7.32)中两组解的含义以及相互关系,将用例 2.10 中史密斯圆图的方法进行具体介绍。

例 2.10 一根特性阻抗为 50 Ω 的无耗均匀传输线,终端接 40 + j30 Ω 的负载,工作频率为 300 MHz。如果采用串联短路单枝节调配法进行阻抗匹配,试用公式法和史密斯圆图两种方法求枝节的位置和长度。

解 方法 1,公式法:根据工作频率为 300 MHz,可以求得波长为 1 m。
终端反射系数为

$$\Gamma_l = \frac{Z_l - Z_0}{Z_l + Z_0} = \frac{40 + j30 - 50}{40 + j30 + 50} = \frac{1}{3}e^{j\frac{\pi}{2}}$$

驻波比为

$$\rho = \frac{1+|\Gamma_l|}{1-|\Gamma_l|} = \frac{1+1/3}{1-1/3} = 2$$

第一电压波腹点位置为

$$l_{\max 1} = \frac{\lambda}{4\pi}\phi_l + \frac{n}{2}\lambda = \frac{\lambda}{4\pi}\frac{\pi}{2} = \frac{\lambda}{8}$$

由式（2.7.31）和式（2.7.32），可以得到两组解为

$$\begin{cases} l_1 = l_1^1 + l_{\max 1} = \frac{\lambda}{2\pi}\arctan\frac{1}{\sqrt{\rho}} + 0.125\lambda = 0.223\lambda = 0.223(\text{m}) \\ l_2 = \frac{\lambda}{2\pi}\arctan\frac{\rho-1}{\sqrt{\rho}} = 0.098\lambda = 0.098(\text{m}) \end{cases}$$

$$\begin{cases} l_1 = l_1^1 + l_{\max 1} = -\frac{\lambda}{2\pi}\arctan\frac{1}{\sqrt{\rho}} + 0.125\lambda = 0.027\lambda = 0.027(\text{m}) \\ l_2 = \frac{\lambda}{4} + \frac{\lambda}{2\pi}\arctan\frac{\sqrt{\rho}}{\rho-1} = 0.402\lambda = 0.402(\text{m}) \end{cases}$$

方法2，史密斯圆图法：在史密斯圆图中设置 $Z_0 = 50\ \Omega$，工作频率 $f = 300$ MHz。在Smith软件的阻抗圆图上找到 $Z_l = 40 + \text{j}30\ \Omega$ 点(DP1)，如图2.32所示。首先需要对实部进行匹配，通过串联传输线顺时针旋转至与 $R = 50\ \Omega$ 的等电阻圆下方的交点(TP2)，通过图2.32中的读数，可以得到 l_1 为223 mm，这与公式法中的第一组解一致。同时，通过读数可以得到此时的输入阻抗为 $50 - \text{j}35.43\ \Omega$。

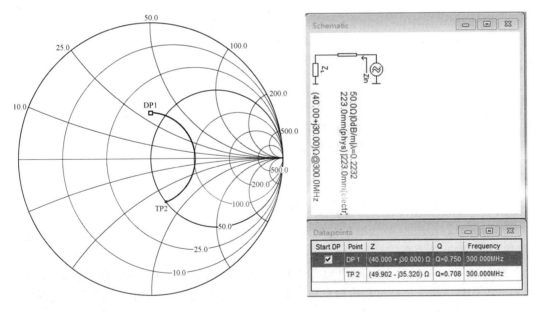

图2.32 例2.10的Smith软件设计图1

为了将输入阻抗 $50 - \text{j}35.43\ \Omega$ 中的虚部消掉，需要在此处再串联一个短路传输线。首先，在Smith软件阻抗圆图中找到终端短路点(DP1)，如图2.33所示。然后通过串联传输线旋转至阻抗虚部等于 $\text{j}35.43\ \Omega$ 的点(TP2)将输入阻抗中的虚部消掉，通过图2.33中的读数可以得到 l_2 为98 mm。上述过程对应的是公式法中的第一组解，求解结果也在误差允许的范围内与其相一致。

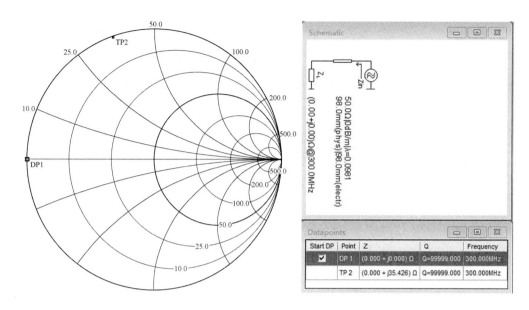

图 2.33 例 2.10 的 Smith 软件设计图 2

在 Smith 软件阻抗圆图上找到 $Z_l = 40 + j30\ \Omega$ 点（DP1），如图 2.34 所示。首先对实部进行匹配，通过串联传输线顺时针旋转至与 $R = 50\ \Omega$ 的等电阻圆上方的交点（TP2），通过图 2.34 读数，可以得到 l_1 为 27 mm，这与公式法中的第二组解一致。同时，通过读数可以得到此时的输入阻抗为 $50 + j35.354\ \Omega$。

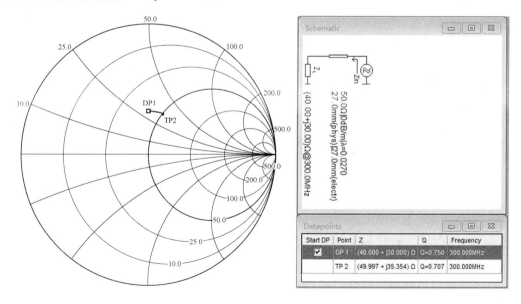

图 2.34 例 2.10 的 Smith 软件设计图 3

为了将输入阻抗 $50 + j35.354\ \Omega$ 中的虚部消掉，需要串联短路传输线。首先，在 Smith 软件阻抗圆图中找到终端短路点（DP1），如图 2.35 所示。然后通过串联传输线旋转至阻抗虚部等于 $-j35.354\ \Omega$ 的点（TP2）将输入阻抗中的虚部消掉，通过图 2.35 中的读数可以得到 l_2 为 402 mm。上述过程对应的是公式法中的第二组解。

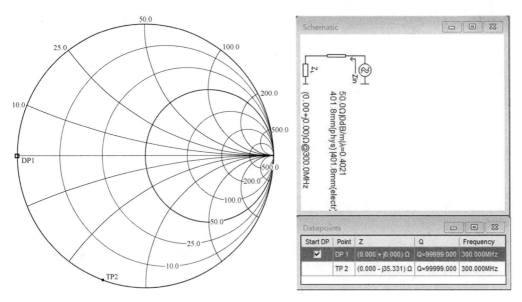

图 2.35 例 2.10 的 Smith 软件设计图 4

思考:如何通过史密斯圆图体会串联单枝节匹配?

首先在图 2.36 中从负载点 A 绕着原点顺时针找到波腹点 B,此时经历的长度为 l_{max1}。为了实现实部匹配,从 B 点向前或者向后找到与 $R=50\ \Omega(r=1\ \Omega)$ 的等电阻圆的交点 C 或者 D,如果是 C 对应 l_2^1 为正,如果是 D 对应 l_2^1 为负。因此,存在如式(2.7.31) 和式(2.7.32) 的两组解,对应 $R=50\ \Omega$ 电阻圆的两个交点。

分析虚部匹配,首先分别画出经过 C 和 D 的等电抗圆与反射系数等于 1 的单位圆的交点 E 和 F,然后从短路点 G 绕着原点顺时针旋转到 E 点和 F 点,所经过的距离 l_2 分别对应着 D 和 C 的两组串联枝节的长度(注意顺序,因为要消掉虚部)。通过图 2.36 可以看出,两组 l_2 解的和为 $\lambda/2$,可以通过式(2.7.31) 和式(2.7.32) 推导验证:

$$\frac{\lambda}{2\pi}\arctan\frac{\rho-1}{\sqrt{\rho}}+\frac{\lambda}{4}+\frac{\lambda}{2\pi}\arctan\frac{\sqrt{\rho}}{\rho-1}=\frac{\lambda}{4}+\frac{\lambda}{2\pi}\left(\arctan\frac{\rho-1}{\sqrt{\rho}}+\arctan\frac{\sqrt{\rho}}{\rho-1}\right)$$

$$=\frac{\lambda}{4}+\frac{\lambda}{2\pi}\frac{\pi}{2}=\frac{\lambda}{2}$$

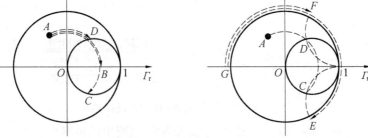

图 2.36 串联单枝节实部匹配和虚部匹配的含义

2. 并联单枝节调配器

同样可以通过并联单枝节调配实现阻抗匹配,如图 2.37 所示。由于终端负载 $Z_l \neq 1/Y_0$,Y_0 是传输线的特性导纳,因此传输线不匹配,需要在距离负载 l_1 处并联一个长度为 l_2 的终端短路、特性导纳为 Y_0 的传输线,实现导纳匹配。此时,仅需求 l_1 和 l_2 的长度。

根据驻波状态分析,终端短路传输线的输入导纳为纯电纳。由于并联枝节上为驻波状态,其输入导纳为纯电纳。因此,并联单枝节调配器的具体思路为:首先,通过长度 l_1 的传输线将输入导纳的实部匹配为 Y_0(电导匹配),同时会引入虚部;通过合理选择并联枝节的长度 l_2,将长度 l_1 的传输线引入的虚部抵消(电纳匹配),进而实现匹配。具体的匹配思路如下。

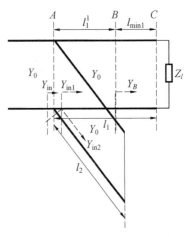

图 2.37 并联单枝节调配器示意图

(1) 找波腹点/波节点。

根据 Z_l 可以求出传输线终端反射系数为 $|\Gamma_l| e^{j\phi_l}$,假设传输线的波长为 λ,驻波比为 ρ。找到距离负载的第一电压波腹点或波节点,此处以波节点为例。由式(2.4.34)和式(2.4.35)可以求出波节点的具体位置和该点的输入导纳分别为

$$z_{\min} = \frac{\lambda}{4\pi}\phi_l + (2n \pm 1)\frac{\lambda}{4} \tag{2.7.34}$$

$$Y_B = \frac{1}{Z_0/\rho} = Y_0\rho \tag{2.7.35}$$

(2) 电导匹配。

根据图 2.37 中的比例关系,有

$$l_1 = l_1^1 + l_{\min 1} \tag{2.7.36}$$

此时,通过长度为 l_1^1 的特性阻抗 Z_0 的传输线,在波腹点的基础上实现实部(电导)匹配。

将式(2.7.35)代入式(2.3.15),可以得到从串联枝节 A 点处向负载看过去主传输线的输入导纳为

$$\begin{aligned}
Y_{\text{in}1} &= \frac{1}{Z_{\text{in}1}} = \frac{1}{Z_0}\frac{Z_0 + jZ_l\tan\beta z}{Z_l + jZ_0\tan\beta z} \\
&= Y_0\frac{\frac{1}{Y_0} + j\frac{1}{Y_l}\tan\beta z}{\frac{1}{Y_l} + j\frac{1}{Y_0}\tan\beta z} \\
&= Y_0\frac{Y_l + jY_0\tan\beta z}{Y_0 + jY_l\tan\beta z} \\
&= Y_0\frac{Y_B + jY_0\tan\beta l_1^1}{Y_0 + jY_B\tan\beta l_1^1} \\
&= G_1 + jB_1
\end{aligned} \tag{2.7.37}$$

由于通过该长度为 l_1^1 的主传输线实现实部的匹配,因此需要满足

$$G_1 = Y_0 \quad (2.7.38)$$

(3) 电纳匹配。

在上述步骤的基础上,需要通过并联枝节,将式(2.7.37)的虚部匹配掉,根据终端短路传输线的输入阻抗表达式,可以得到从主传输线与枝节的交界处向枝节看过去的输入导纳为

$$Y_{in2} = 1/Z_{in2} = -\frac{jY_0}{\tan\beta l_2} \quad (2.7.39)$$

并联枝节之后,为了实现匹配,从主传输线枝节前向负载看过去的总输入导纳为

$$Y_{in} = Y_{in1} + Y_{in2} = G_1 + j\left(B_1 - \frac{Y_0}{\tan\beta l_2}\right) = Y_0 \quad (2.7.40)$$

其中的实部匹配已经通过式(2.7.38)完成了。因此,为了消掉虚部,需要满足

$$B_1 = \frac{Y_0}{\tan\beta l_2} \quad (2.7.41)$$

(4) 求解过程。

将式(2.7.35)代入式(2.7.37),并整理可得

$$Y_{in1} = Y_0\frac{Y_B + jY_0\tan\beta l_1^1}{Y_0 + jY_B\tan\beta l_1^1} = Y_0\frac{\rho(1 + \tan^2\beta l_1^1) + j(1 - \rho^2)\tan\beta l_1^1}{1 + \rho^2\tan^2\beta l_1^1} = G_1 + jB_1$$

$$(2.7.42)$$

结合式(2.7.38),可得

$$Y_0\frac{\rho(1 + \tan^2\beta l_1^1)}{1 + \rho^2\tan^2\beta l_1^1} = G_1 = Y_0 \quad (2.7.43)$$

由此可得

$$(\rho^2 - \rho)\tan^2\beta l_1^1 = \rho - 1$$

$$\tan\beta l_1^1 = \pm\frac{1}{\sqrt{\rho}} \quad (2.7.44)$$

然后,结合式(2.7.41),可得

$$Y_0\frac{(1 - \rho^2)\tan\beta l_1^1}{1 + \rho^2\tan^2\beta l_1^1} = \frac{Y_0}{\tan\beta l_2} \quad (2.7.45)$$

将式(2.7.44)代入式(2.7.45),可得

$$\tan\beta l_2 = \frac{1 + \rho^2\tan^2\beta l_1^1}{(1 - \rho^2)\tan\beta l_1^1} = \pm\frac{1 + \rho}{(1 - \rho)(1 + \rho)/\sqrt{\rho}} = \pm\frac{\sqrt{\rho}}{1 - \rho} \quad (2.7.46)$$

因此,根据式(2.7.44)和式(2.7.46),可以得到以下两组解:

$$\begin{cases} l_1^1 = \frac{\lambda}{2\pi}\arctan\frac{1}{\sqrt{\rho}} \\ l_2 = \frac{\lambda}{4} + \frac{\lambda}{2\pi}\arctan\frac{\rho - 1}{\sqrt{\rho}} \end{cases} \quad (2.7.47)$$

$$\begin{cases} l_1^1 = \frac{\lambda}{2\pi}\arctan\left(-\frac{1}{\sqrt{\rho}}\right) \\ l_2 = \frac{\lambda}{2\pi}\arctan\frac{\sqrt{\rho}}{\rho - 1} \end{cases} \quad (2.7.48)$$

其中第一组解是为了保证 l_2 为正,同时根据输入阻抗的二分之一波长重复性可得

$$l_2 = -\frac{\lambda}{2\pi}\arctan\frac{\sqrt{\rho}}{\rho-1} + \frac{\lambda}{2}$$

$$= -\frac{\lambda}{2\pi}\left(\frac{\pi}{2} - \arctan\frac{\rho-1}{\sqrt{\rho}}\right) + \frac{\lambda}{2}$$

$$= \frac{\lambda}{4} + \frac{\lambda}{2\pi}\arctan\frac{\rho-1}{\sqrt{\rho}} \quad (2.7.49)$$

实际枝节的位置可以根据 $l_1 = l_1^1 + l_{\text{min}1}$ 求出。

例 2.11 一根特性阻抗为 50 Ω 的无耗均匀传输线,终端接 40 + j30 Ω 的负载,工作频率为 300 MHz。如果采用并联短路单枝节调配法进行阻抗匹配,试用公式法和史密斯圆图法求枝节的位置和长度。

解 方法 1,公式法:根据工作频率为 300 MHz,可以求得波长为 1 m。
终端反射系数为

$$\Gamma_l = \frac{Z_l - Z_0}{Z_l + Z_0} = \frac{40 + j30 - 50}{40 + j30 + 50} = \frac{1}{3}e^{j\frac{\pi}{2}}$$

驻波比为

$$\rho = \frac{1 + |\Gamma_l|}{1 - |\Gamma_l|} = \frac{1 + 1/3}{1 - 1/3} = 2$$

第一电压波节点位置为

$$l_{\text{min}1} = \frac{\lambda}{4\pi}\phi_l + (2n \pm 1)\frac{\lambda}{4} = \frac{\lambda}{4\pi}\frac{\pi}{2} + \frac{\lambda}{4} = \frac{3\lambda}{8}$$

由式(2.7.45)和式(2.7.46),可以得到两组解为

$$\begin{cases} l_1 = l_1^1 + l_{\text{min}1} = \frac{\lambda}{2\pi}\arctan\frac{1}{\sqrt{\rho}} + 0.375\lambda = 0.473\lambda = 0.473(\text{m}) \\ l_2 = \frac{\lambda}{4} + \frac{\lambda}{2\pi}\arctan\frac{\rho-1}{\sqrt{\rho}} = 0.348(\text{m}) \end{cases}$$

$$\begin{cases} l_1 = l_1^1 + l_{\text{min}1} = \frac{\lambda}{2\pi}\arctan\left(-\frac{1}{\sqrt{\rho}}\right) + 0.375\lambda = 0.277\lambda = 0.277(\text{m}) \\ l_2 = \frac{\lambda}{2\pi}\arctan\frac{\sqrt{\rho}}{\rho-1} = 0.152\lambda = 0.152(\text{m}) \end{cases}$$

方法 2,史密斯圆图法:在史密斯圆图中设置 $Z_0 = 50$ Ω,工作频率 $f = 300$ MHz。在 Smith 软件的导纳圆图上找到 $Z_l = 40 + j30$ Ω 点(DP1),如图 2.38 所示。首先需要对实部进行匹配,通过串联传输线顺时针旋转至与 $G = 20$ mS 的等电导圆上方的交点(TP2),通过图 2.38 中的读数,可以得到 l_1 为 0.473 m,这与公式法中的第一组解一致。同时,通过读数可以得到此时的输入导纳为 20 − j14.08 mS。

为了将输入导纳 20 − j14.08 mS 中的虚部消掉,需要在此处再并联一个短路传输线。首先,在 Smith 软件导纳圆图中找到终端短路点(DP1),如图 2.39 所示。然后通过并联传输线旋转至导纳虚部等于 j14.08 mS 的点(TP2)将输入导纳中的虚部消掉,通过图 2.39 中的读数可以得到 l_2 为 0.348 m。上述过程对应的是公式法中的第一组解,求解结果也在误差

允许的范围内与其相一致。

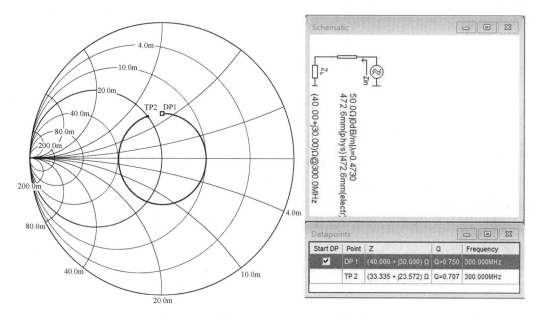

图 2.38　例 2.11 的 Smith 软件设计图 1

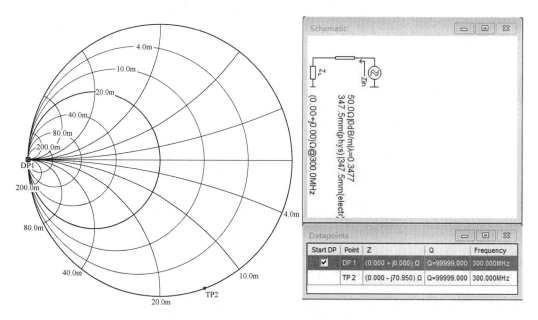

图 2.39　例 2.11 的 Smith 软件设计图 2

在 Smith 软件上找到 $Z_l = 40 + j30\ \Omega$ 点(DP1)，如图 2.40 所示。首先对实部进行匹配，通过串联传输线顺时针旋转至与 $G = 20\ mS$ 的等电导圆下方的交点(TP2)，通过图 2.40 读数，可以得到 l_1 为 0.277 m，这与公式法中的第二组解一致。同时，通过读数可以得到此时的输入导纳为 $20 + j14.08\ mS$。

为了将输入导纳 $20 + j14.08\ mS$ 中的虚部消掉，需要并联短路传输线。首先，在 Smith 软件导纳圆图中找到终端短路点(DP1)，如图 2.41 所示。然后通过并联传输线旋转至导纳

虚部等于 $-j14.08$ mS 的点(TP2)将输入导纳中的虚部消掉,通过图 2.41 中的读数可以得到 l_2 为 0.152 m。上述过程对应的是公式法中的第二组解。

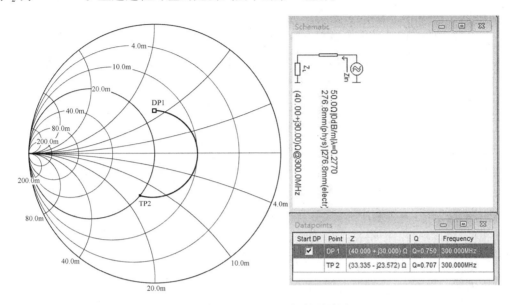

图 2.40　例 2.11 的 Smith 软件设计图 3

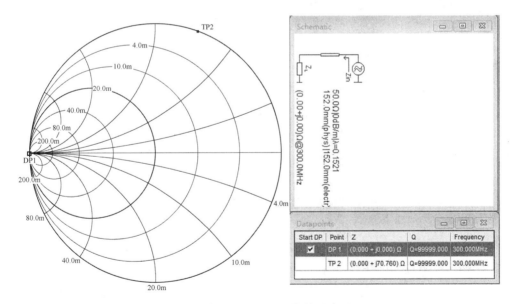

图 2.41　例 2.11 的 Smith 软件设计图 4

同样地,式(2.7.45)和式(2.7.46)中两组解的含义以及相互关系,可以由史密斯圆图的方法进行解释,与串联枝节调配法类似,此处不再赘述。

上述单枝节调配法的结果与波长 λ 相关,因此同样取决于工作频率。只有在该中心频点处,该方法才能匹配,在其他频点处匹配性能变差,因此,单枝节调配法也是窄带的。实际工程中,往往采用双枝节调配器和多枝节调配器提高工作带宽,由于涉及内容较为复杂,本书不做介绍。

2.8　本章小结

本章采用路分析法解决了微波双导体传输线的共性问题,通过入射波和反射波概括了传输线的一切可能性,两者之间的具体比例则取决于边界条件。首先,引出了均匀传输线方程,并推导出其通解形式。为了进一步求解,根据终端、始端和源阻抗等不同的边界条件,具体求解传输线方程。之后介绍了传输线的特性参数与状态参量,工作特性参数是传输线的固有状态,不随着边界条件的改变而改变,具体包括特性阻抗、传输常数、相速、波长等;状态参量由传输线的工作状态决定,随着边界条件的变化而变化,主要包括输入阻抗、反射系数、驻波比等。通过对状态参量的分析,可以将传输线的工作状态分为行波、驻波和行驻波三种,本章也着重对这三种工作状态进行了具体分析,包括输入阻抗、传输功率以及波腹点和波节点的位置等。在工程中,通常假设传输线无耗,但理想的无耗传输线并不存在。因此,本章也针对有耗传输线,分析了传输线的功率、传输效率以及损耗,并给出了回波损耗和插入损耗的概念。本章还引入了传输线分析与设计的重要工具——史密斯圆图,介绍了史密斯圆图的核心思想、基本构成及使用方法,尤其是为了适应计算机的发展,着重介绍了 Smith 软件及其使用方法。最后,本章着重介绍了微波工程的核心工作阻抗匹配,包括四分之一波长阻抗变换法和枝节调配法,并采用 Smith 软件,辅助阻抗匹配的设计。

本章习题

2.1　试证明无耗均匀传输线上任意相距 $\lambda/4$ 的两点处输入阻抗的乘积等于传输线特性阻抗的平方。

2.2　对于某一特性阻抗为 50 Ω 的无耗均匀传输线终端接 R_l = 75 Ω 的负载,四周为空气介质,工作频率为 f = 3 GHz。试求:(1) 终端反射系数 $\varGamma_l$。(2) 距离负载 2 cm、2.5 cm、5 cm 处的输入阻抗和反射系数。

2.3　对于某一特性阻抗为 Z_0 的无耗传输线的驻波比为 ρ,第一电压波腹点与负载的距离为 l_{max1},试推导终端负载 Z_l 的表达式。

2.4　某一无耗均匀传输线特性阻抗 Z_0 = 50 Ω,终端接有 Z_l = 20 Ω 的负载,四周为空气介质,工作频率为 f = 300 MHz。(1) 如果线长为 0.25 m,试求终端反射系数、驻波比、输入端的反射系数和输入阻抗。(2) 如果线长为 0.3 m,再求输入端的反射系数和输入阻抗。

2.5　某一无耗均匀传输线特性阻抗 Z_0 = 75 Ω,如果终端负载为 Z_l = 25 + j50 Ω,求第一电流波腹点的位置和第一电流波节点的位置。

2.6　试求:(1) 无耗传输线回波损耗为 −3 dB 时的驻波比。(2) 当驻波比等于 9 时,求插入损耗。

2.7　某无耗传输线如题 2.7 图所示,试画出 AB 段和 BC 段沿线各点电压、电流和输入阻抗的振幅分布图。

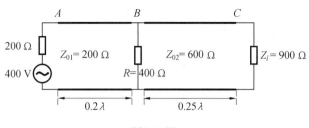

题 2.7 图

2.8 某一特性阻抗 $Z_0 = 75\ \Omega$ 的无耗传输线如题 2.8 图所示,终端接有 $Z_l = 100 + \text{j}25\ \Omega$ 的负载,采用四分之一波长阻抗变换器实现阻抗匹配,试求四分之一波长阻抗变换器的特性阻抗 Z_{01} 及终端的距离 l。

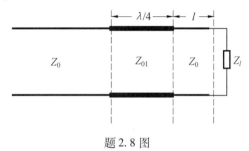

题 2.8 图

2.9 某一特性阻抗 $Z_0 = 50\ \Omega$ 的无耗均匀传输线如题 2.9 图所示,终端接有负载阻抗 $Z_l = 25 - \text{j}75\ \Omega$ 时,可以在终端并联一段短路线再通过四分之一波长阻抗变换器实现匹配,或在四分之一波长阻抗变换器前并联一段短路线实现匹配。试求这两种情况下四分之一波长阻抗变换器的特性阻抗 Z_{01} 及并联短路线的长度 l。

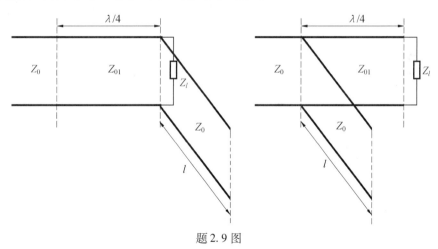

题 2.9 图

2.10 在某一特性阻抗为 $Z_0 = 50\ \Omega$ 的无耗均匀传输线上测得电压的最大幅值为 2 V,最小幅值为 0.5 V,第一电压波节点的位置为 0.2λ。如果用并联短路枝节进行匹配,求枝节的位置和长度。

2.11 某一无耗均匀传输线,特性阻抗 $Z_0 = 75\ \Omega$,负载阻抗 $Z_l = 25 - \text{j}50\ \Omega$,工作波长 $\lambda = 20$ cm。如果用串联短路枝节进行匹配,试通过公式法和 Smith 软件求解枝节的位置和长度。

2.12 某一无耗均匀传输线，特性阻抗 $Z_0 = 50~\Omega$，终端接 $Z_l = 30 + \text{j}45~\Omega$ 的负载，工作频率 $f = 6$ GHz。如果采用并联短路枝节进行匹配，试通过公式法和 Smith 软件求解枝节的位置和长度。

第3章

规则金属波导

3.1 概　　述

1893年,亥维赛(Heaviside)考虑微波在封闭空管中传播的可能性,但他很快放弃了,因为他相信必须用两根导体来传输电磁能量。约瑟夫·约翰·汤姆孙(Joseph John Thomson)第一个提出波导的概念。1894年奥利弗·洛奇(Oliver Lodge)第一个用实验证明了波导。1897年罗德·瑞利(Lord Rayleigh)第一个完成了在空心金属圆柱形波导中传播模式的数学分析。

罗德·瑞利于1897年建立了金属波导管内电磁波传播的理论,他纠正了亥维赛关于没有内导体的金属空管内不能传播电磁波的错误理论,又指出在金属空管内存在着各种电磁波模式的可能性,并引入了截止波长的概念。但此后40年中,在波导理论和实践方面均未获得实质性的进展。直到1936年,AT&T公司的索思沃思(George C. Southworth)和MIT的巴罗(W. L. Barrow)等人发表了有关波导传输模式的激励和测量方面的文章以后,波导的理论、实验和应用才有了重大的发展,并日趋完善。

> **历史**:波导理论的奠基人 —— 瑞利
>
> 瑞利(Lord Rayleigh,1842—1919年),英国物理学家,1879年在剑桥大学三一学院任教,1908年任剑桥大学校长。瑞利在物理学领域有多方面贡献,1893年发现氩,为此获得1904年诺贝尔物理学奖;关于由媒质不均匀性和起伏造成光的散射,瑞利是最早的研究者;他发现波长短的光学散射较多,据此可解释气体和液体的颜色(例如,天空、海洋为何呈蔚蓝色);他在1877—1878年发表《声学原理》一书;对电的绝对单位进行过研究;瑞利建立了早期的波导理论,19世纪末他就研究了波导的可能性及基本理论。

规则波导(waveguide)是指截面形状、尺寸及内部介质分布状况沿轴线均不变化的无限长直波导。矩形波导和圆波导是最常用的波导,其横截面形状是矩形和圆形,如图3.1所示。波导具有结构简单、牢固、损耗小、功率容量大等优点,但其使用频带较窄,这一点不如同轴线和微带线。

图 3.1 矩形波导和圆波导

3.2　导波原理

3.2.1　规则波导内的微波

低频传输线的能量主要封闭在导线内部,随着频率升高,能量在导线之间的开放空间进行传输,这是由封闭结构到开放结构的第一过程。当其他人或物靠近双导线时会对能量产生较大影响,这是开放结构造成的。由于传输线具有 $\lambda_g/4$ 阻抗变换性,短路终端经 $\lambda_g/4$ 可以变为开路,如果在双导线两侧连续加对称的 $\lambda_g/4$ 枝节,便可构成封闭电路,如图 3.2 所示。这次封闭的不是导线内部,而是空间内部,从而使能量在内部传输,这是由开放结构到封闭结构的第二过程,如图 3.3 所示。这种做法使微波能量既在空间传输,又是封闭的。

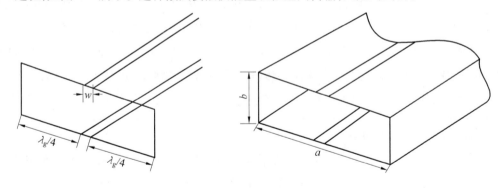

图 3.2　从双导线到矩形波导

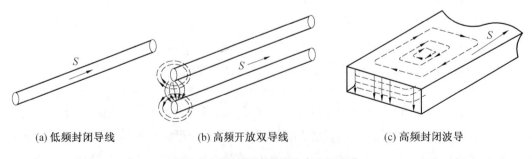

图 3.3　微波导波系统的产生和变化

第3章 规则金属波导

对于双导线采用等效电路的方法进行分析,而讨论规则波导采用的是"场"方法,即从麦克斯韦方程出发,利用边界条件导出波导传输线中电磁场服从的规律,从而了解波导中的模式及场结构(即横向问题)以及这些模式沿波导轴向的基本传输特性(即纵向问题)。

对由均匀介质填充的金属波导管,设 z 轴与波导的轴线重合,如图3.4所示。波导的边界和尺寸沿轴向不变称为规则金属波导。并假设以下几种情况。

(1) 波导管内填充的介质是均匀、线性、各向同性的。

(2) 波导管内无自由电荷和传导电流存在。

(3) 波导管内的场是时谐场。

(4) 波在波导管内沿 $+z$ 方向传输,且波导无限长,不存在反射。

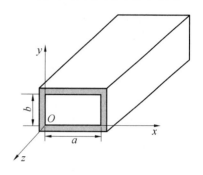

图3.4 矩形金属波导

(5) 波导管内四壁是理想导体,满足边界条件:
$$\begin{cases} \boldsymbol{n} \times \boldsymbol{E} = 0 \\ \boldsymbol{n} \cdot \boldsymbol{H} = 0 \end{cases}$$

写出无源 $\boldsymbol{J}=0$ 区域的麦克斯韦方程组:
$$\begin{cases} \nabla \times \boldsymbol{H} = \mathrm{j}\omega\varepsilon\boldsymbol{E} \\ \nabla \times \boldsymbol{E} = -\mathrm{j}\omega\mu\boldsymbol{H} \\ \nabla \cdot \boldsymbol{E} = 0 \\ \nabla \cdot \boldsymbol{H} = 0 \end{cases} \tag{3.2.1}$$

对式(3.2.1)中第二式两边取旋度,并根据双旋度恒等式,可得
$$\nabla \times \nabla \times \boldsymbol{E} = \nabla(\nabla \cdot \boldsymbol{E}) - \nabla^2 \boldsymbol{E} = -\mathrm{j}\omega\mu \nabla \times \boldsymbol{H} = \omega^2\mu\varepsilon\boldsymbol{E} = k^2\boldsymbol{E}$$

由此得到支配方程,即时谐场无源空间波动方程,也称为亥姆霍兹方程:
$$\begin{cases} \nabla^2 \boldsymbol{E} + k^2 \boldsymbol{E} = 0 \\ \nabla^2 \boldsymbol{H} + k^2 \boldsymbol{H} = 0 \end{cases} \tag{3.2.2}$$

式中,$k^2 = \omega^2\mu\varepsilon$。所以,金属波导管内部的电场和磁场满足矢量亥姆霍兹方程,一般采用纵向分量法求解,其流程图如图3.5所示。

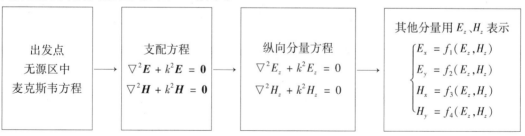

图3.5 纵向分量法流程图

本节将从支配方程出发,得到纵向分量方程以及纵向与横向分量间的关系。

1. 纵向分量方程

将电场和磁场分解为横向分量和纵向分量,即
$$\begin{cases} \boldsymbol{E} = \boldsymbol{E}_t + \boldsymbol{a}_z E_z \\ \boldsymbol{H} = \boldsymbol{H}_t + \boldsymbol{a}_z H_z \end{cases} \tag{3.2.3}$$

式中，a_z 表示单位方向矢量；下标 t 表示横向坐标，即在直角坐标中代表 (x,y)，在圆柱坐标系中代表 (ρ,ϕ)。

横向分量可以表示为

$$\begin{cases} \boldsymbol{E}_t = \boldsymbol{E}_x + \boldsymbol{E}_y \\ \boldsymbol{H}_t = \boldsymbol{H}_x + \boldsymbol{H}_y \end{cases}$$

$$\begin{cases} \boldsymbol{E}_t = \boldsymbol{E}_\rho + \boldsymbol{E}_\phi \\ \boldsymbol{H}_t = \boldsymbol{H}_\rho + \boldsymbol{H}_\phi \end{cases}$$

将式(3.2.3)代入式(3.2.2)，整理后可得

$$\begin{cases} \nabla^2 E_z + k^2 E_z = 0 \\ \nabla^2 E_t + k^2 E_t = 0 \\ \nabla^2 H_z + k^2 H_z = 0 \\ \nabla^2 H_t + k^2 H_t = 0 \end{cases} \tag{3.2.4}$$

将三维拉普拉斯算子分解为

$$\nabla^2 = \nabla_t^2 + \frac{\partial^2}{\partial z^2} \tag{3.2.5}$$

直角坐标系和圆柱坐标系为

$$\begin{cases} \nabla_{t(x,y)}^2 = \dfrac{\partial^2}{\partial x^2} + \dfrac{\partial^2}{\partial y^2} \\ \nabla_{t(\rho,\varphi)}^2 = \dfrac{1}{\rho}\dfrac{\partial}{\partial \rho}\left(\rho\dfrac{\partial}{\partial \rho}\right) + \dfrac{1}{\rho^2}\dfrac{\partial^2}{\partial \varphi^2} = \dfrac{\partial^2}{\partial \rho^2} + \dfrac{1}{\rho}\dfrac{\partial}{\partial \rho} + \dfrac{1}{\rho^2}\dfrac{\partial^2}{\partial \varphi^2} \end{cases}$$

在直角坐标系中，利用分离变量法，令

$$E_z(x,y,z) = E_z(x,y)Z(z) \tag{3.2.6}$$

将式(3.2.6)代入式(3.2.4)，得

$$\left(\nabla_t^2 + \frac{\partial^2}{\partial z^2}\right) E_z(x,y) Z(z) + k^2 E_z(x,y) Z(z) = 0$$

$$-\frac{(\nabla_t^2 + k^2) E_z(x,y)}{E_z(x,y)} = \frac{\dfrac{\mathrm{d}^2}{\mathrm{d}z^2} Z(z)}{Z(z)} \tag{3.2.7}$$

式(3.2.7)左边是横向坐标 (x,y) 的函数，与 z 无关；右边是 z 的函数，与 (x,y) 无关。式(3.2.7)成立的条件是等号左右均为一常数，设该常数为 γ^2，则

$$\begin{cases} \nabla_t^2 E_z(x,y) + (k^2 + \gamma^2) E_z(x,y) = 0 \\ \dfrac{\mathrm{d}^2}{\mathrm{d}z^2} Z(z) - \gamma^2 Z(z) = 0 \end{cases} \tag{3.2.8}$$

式(3.2.8)中第二式的形式与传输线方程相同，其通解为

$$Z(z) = A_+ \mathrm{e}^{-\gamma z} + A_- \mathrm{e}^{+\gamma z} \tag{3.2.9}$$

若规则金属波导为无限长，即没有反射，则 $A_- = 0$，即纵向电场 $E_z(x,y,z)$ 的纵向分量 $Z(z)$ 应满足的解的形式为

$$Z(z) = A_+ \mathrm{e}^{-\gamma z} \tag{3.2.10}$$

式中，A_+ 为待定常数。

对无耗波导 $\gamma = j\beta$，而 β 为相移常数，则

$$E_z(x,y,z) = E_z(x,y)Z(z) = E_z(x,y)A_+ e^{-j\beta z} \qquad (3.2.11)$$

为了数学上的简单，令 $E_{0z}(x,y) = A_+ E_z(x,y)$，则纵向电场可表达为

$$E_z(x,y,z) = E_{0z}(x,y) e^{-j\beta z} \qquad (3.2.12)$$

同理，纵向磁场也可表达为

$$H_z(x,y,z) = H_{0z}(x,y) e^{-j\beta z} \qquad (3.2.13)$$

2. 横向分量用纵向分量表示

由式(3.2.8)，则 $E_{0z}(x,y)$ 和 $H_{0z}(x,y)$ 满足以下方程：

$$\begin{cases} \nabla_t^2 E_{0z}(x,y) + k_c^2 E_{0z}(x,y) = 0 \\ \nabla_t^2 H_{0z}(x,y) + k_c^2 H_{0z}(x,y) = 0 \end{cases} \qquad (3.2.14)$$

式中，$k_c^2 = k^2 + \gamma^2 = k^2 - \beta^2$ 为传输系统的本征值。

由麦克斯韦方程，无源区电场和磁场应满足的方程为

$$\begin{cases} \nabla \times \boldsymbol{E} = -j\omega\mu \boldsymbol{H} \\ \nabla \times \boldsymbol{H} = j\omega\varepsilon \boldsymbol{E} \end{cases} \qquad (3.2.15)$$

将其中第一项用直角坐标展开：

$$\nabla \times \boldsymbol{E} = \begin{vmatrix} \boldsymbol{a}_x & \boldsymbol{a}_y & \boldsymbol{a}_z \\ \dfrac{\partial}{\partial x} & \dfrac{\partial}{\partial y} & \dfrac{\partial}{\partial z} \\ E_x & E_y & E_z \end{vmatrix}$$

$$= \boldsymbol{a}_x \left(\dfrac{\partial E_z}{\partial y} - \dfrac{\partial E_y}{\partial z} \right) + \boldsymbol{a}_y \left(\dfrac{\partial E_x}{\partial z} - \dfrac{\partial E_z}{\partial x} \right) + \boldsymbol{a}_z \left(\dfrac{\partial E_y}{\partial x} - \dfrac{\partial E_x}{\partial y} \right)$$

$$= -j\omega\mu (\boldsymbol{a}_x H_x + \boldsymbol{a}_y H_y + \boldsymbol{a}_z H_z) \qquad (3.2.16)$$

则

$$\begin{cases} \dfrac{\partial E_z}{\partial y} - \dfrac{\partial E_y}{\partial z} = -j\omega\mu H_x & (3.2.17a) \\[6pt] \dfrac{\partial E_x}{\partial z} - \dfrac{\partial E_z}{\partial x} = -j\omega\mu H_y & (3.2.17b) \\[6pt] \dfrac{\partial E_y}{\partial x} - \dfrac{\partial E_x}{\partial y} = -j\omega\mu H_z & (3.2.17c) \end{cases}$$

类似地，将式(3.2.15)中的第二项展开并处理，可以得到

$$\begin{cases} \dfrac{\partial H_z}{\partial y} - \dfrac{\partial H_y}{\partial z} = j\omega\varepsilon E_x & (3.2.18a) \\[6pt] \dfrac{\partial H_x}{\partial z} - \dfrac{\partial H_z}{\partial x} = j\omega\varepsilon E_y & (3.2.18b) \\[6pt] \dfrac{\partial H_y}{\partial x} - \dfrac{\partial H_x}{\partial y} = j\omega\varepsilon E_z & (3.2.18c) \end{cases}$$

由式(3.2.12)和式(3.2.6)可以得到

$$\begin{cases} \dfrac{\partial}{\partial z}\boldsymbol{E}(x,y,z) = \boldsymbol{E}(x,y)\dfrac{\mathrm{d}}{\mathrm{d}z}Z(z) = -\mathrm{j}\beta\boldsymbol{E}(x,y) \\ \dfrac{\partial}{\partial z}\boldsymbol{H}(x,y,z) = \boldsymbol{H}(x,y)\dfrac{\mathrm{d}}{\mathrm{d}z}Z(z) = -\mathrm{j}\beta\boldsymbol{H}(x,y) \end{cases} \quad (3.2.19)$$

则式(3.2.17)和式(3.2.18)可以进一步化简为

$$\begin{cases} \dfrac{\partial E_z}{\partial y} + \mathrm{j}\beta E_y = -\mathrm{j}\omega\mu H_x \end{cases} \quad (3.2.17\mathrm{a})$$

$$\begin{cases} -\mathrm{j}\beta E_x - \dfrac{\partial E_z}{\partial x} = -\mathrm{j}\omega\mu H_y \end{cases} \quad (3.2.17\mathrm{b})$$

$$\begin{cases} \dfrac{\partial E_y}{\partial x} - \dfrac{\partial E_x}{\partial y} = -\mathrm{j}\omega\mu H_z \end{cases} \quad (3.2.17\mathrm{c})$$

$$\begin{cases} \dfrac{\partial H_z}{\partial y} + \mathrm{j}\beta H_y = \mathrm{j}\omega\varepsilon E_x \end{cases} \quad (3.2.18\mathrm{a})$$

$$\begin{cases} -\mathrm{j}\beta H_x - \dfrac{\partial H_z}{\partial x} = \mathrm{j}\omega\varepsilon E_y \end{cases} \quad (3.2.18\mathrm{b})$$

$$\begin{cases} \dfrac{\partial H_y}{\partial x} - \dfrac{\partial H_x}{\partial y} = \mathrm{j}\omega\varepsilon E_z \end{cases} \quad (3.2.18\mathrm{c})$$

联合式(3.2.17a)和式(3.2.18b)求解,得到 H_x 和 E_y,求解过程如下:

$$\begin{cases} \dfrac{\partial E_z}{\partial y} + \mathrm{j}\beta E_y = -\mathrm{j}\omega\mu H_x \\ -\mathrm{j}\beta H_x - \dfrac{\partial H_z}{\partial x} = \mathrm{j}\omega\varepsilon E_y \end{cases} \Rightarrow \begin{cases} \mathrm{j}\beta E_y + \mathrm{j}\omega\mu H_x = -\dfrac{\partial E_z}{\partial y} \\ \mathrm{j}\omega\varepsilon E_y + \mathrm{j}\beta H_x = -\dfrac{\partial H_z}{\partial x} \end{cases} \quad (3.2.20)$$

$$D = \begin{vmatrix} \mathrm{j}\beta & \mathrm{j}\omega\mu \\ \mathrm{j}\omega\varepsilon & \mathrm{j}\beta \end{vmatrix} = -\beta^2 + \omega^2\mu\varepsilon = k_c^2$$

$$D_1 = \begin{vmatrix} -\dfrac{\partial E_z}{\partial y} & \mathrm{j}\omega\mu \\ -\dfrac{\partial H_z}{\partial x} & \mathrm{j}\beta \end{vmatrix} = -\mathrm{j}\beta\dfrac{\partial E_z}{\partial y} + \mathrm{j}\omega\mu\dfrac{\partial H_z}{\partial x}$$

$$D_2 = \begin{vmatrix} \mathrm{j}\beta & -\dfrac{\partial E_z}{\partial y} \\ \mathrm{j}\omega\varepsilon & -\dfrac{\partial H_z}{\partial x} \end{vmatrix} = \mathrm{j}\omega\varepsilon\dfrac{\partial E_z}{\partial y} - \mathrm{j}\beta\dfrac{\partial H_z}{\partial x}$$

$$\begin{cases} E_y = \dfrac{D_1}{D} = \dfrac{\mathrm{j}}{k_c^2}\left(-\beta\dfrac{\partial E_z}{\partial y} + \omega\mu\dfrac{\partial H_z}{\partial x}\right) \\ H_x = \dfrac{D_2}{D} = \dfrac{\mathrm{j}}{k_c^2}\left(\omega\varepsilon\dfrac{\partial E_z}{\partial y} - \beta\dfrac{\partial H_z}{\partial x}\right) \end{cases} \quad (3.2.21)$$

类似地,联合式(3.2.17b)和式(3.2.18a)求解,得到 H_y 和 E_x,求解过程如下:

$$\begin{cases} -\mathrm{j}\beta E_x - \dfrac{\partial E_z}{\partial x} = -\mathrm{j}\omega\mu H_y \\ \dfrac{\partial H_z}{\partial y} + \mathrm{j}\beta H_y = \mathrm{j}\omega\varepsilon E_x \end{cases} \Rightarrow \begin{cases} \mathrm{j}\beta E_x - \mathrm{j}\omega\mu H_y = -\dfrac{\partial E_z}{\partial x} \\ \mathrm{j}\omega\varepsilon E_x - \mathrm{j}\beta H_y = \dfrac{\partial H_z}{\partial y} \end{cases} \quad (3.2.22)$$

$$D = \begin{vmatrix} \mathrm{j}\beta & -\mathrm{j}\omega\mu \\ \mathrm{j}\omega\varepsilon & \mathrm{j}\beta \end{vmatrix} = \beta^2 - \omega^2\mu\varepsilon = -k_c^2$$

$$D_1 = \begin{vmatrix} -\dfrac{\partial E_z}{\partial x} & -\mathrm{j}\omega\mu \\ \dfrac{\partial H_z}{\partial x} & -\mathrm{j}\beta \end{vmatrix} = \mathrm{j}\beta\dfrac{\partial E_z}{\partial x} + \mathrm{j}\omega\mu\dfrac{\partial H_z}{\partial y}$$

$$D_2 = \begin{vmatrix} \mathrm{j}\beta & -\dfrac{\partial E_z}{\partial x} \\ \mathrm{j}\omega\varepsilon & \dfrac{\partial H_z}{\partial y} \end{vmatrix} = \mathrm{j}\omega\varepsilon\dfrac{\partial E_z}{\partial x} + \mathrm{j}\beta\dfrac{\partial H_z}{\partial y}$$

$$\begin{cases} E_x = \dfrac{D_1}{D} = -\dfrac{\mathrm{j}}{k_c^2}\left(\beta\dfrac{\partial E_z}{\partial x} + \omega\mu\dfrac{\partial H_z}{\partial y}\right) \\ H_y = \dfrac{D_2}{D} = -\dfrac{\mathrm{j}}{k_c^2}\left(\omega\varepsilon\dfrac{\partial E_z}{\partial x} + \beta\dfrac{\partial H_z}{\partial y}\right) \end{cases} \tag{3.2.23}$$

联合式(3.2.21)和式(3.2.23),可将横向分量用纵向分量表示出来,即

$$\begin{cases} E_x = -\dfrac{\mathrm{j}}{k_c^2}\left(\omega\mu\dfrac{\partial H_z}{\partial y} + \beta\dfrac{\partial E_z}{\partial x}\right) \\ E_y = \dfrac{\mathrm{j}}{k_c^2}\left(\omega\mu\dfrac{\partial H_z}{\partial x} - \beta\dfrac{\partial E_z}{\partial y}\right) \\ H_x = \dfrac{\mathrm{j}}{k_c^2}\left(-\beta\dfrac{\partial H_z}{\partial x} + \omega\varepsilon\dfrac{\partial E_z}{\partial y}\right) \\ H_y = -\dfrac{\mathrm{j}}{k_c^2}\left(\beta\dfrac{\partial H_z}{\partial y} + \omega\varepsilon\dfrac{\partial E_z}{\partial x}\right) \end{cases} \tag{3.2.24}$$

式(3.2.24)较为烦琐,可以进一步写成简洁的矩阵形式为

$$\begin{bmatrix} E_x \\ E_y \\ H_x \\ H_y \end{bmatrix} = \dfrac{1}{k_c^2}\begin{bmatrix} -\mathrm{j}\beta & 0 & 0 & -\mathrm{j}\omega\mu \\ 0 & -\mathrm{j}\beta & \mathrm{j}\omega\mu & 0 \\ 0 & \mathrm{j}\omega\varepsilon & -\mathrm{j}\beta & 0 \\ -\mathrm{j}\omega\varepsilon & 0 & 0 & -\mathrm{j}\beta \end{bmatrix}\begin{bmatrix} \dfrac{\partial E_z}{\partial x} \\ \dfrac{\partial E_z}{\partial y} \\ \dfrac{\partial H_z}{\partial x} \\ \dfrac{\partial H_z}{\partial y} \end{bmatrix} \tag{3.2.25}$$

在规则波导中,场的纵向分量满足标量齐次波动方程,结合相应的边界条件,即可求得纵向分量 E_z 和 H_z,而场的横向分量即可由纵向分量求得;既满足上述方程又满足边界条件的解有许多,每一个解对应一个波型也称之为模式,不同的模式具有不同的传输特性;k_c 是微分方程式(3.2.11)在特定边界条件下的特征值,它是一个与波导系统的横截面形状、尺寸及传输模式有关的参量。由于当相移常数 $\beta = 0$ 时,意味着波导系统不再传播,也称为截止,此时 $k_c = k$,故将 k_c 称为截止波数(cutoff wave number)。

3.2.2 传输特性

描述波导传输特性的主要参数有相移常数 β、截止波数 k_c、相速 v_p、群速 v_g、波导波长 λ_g、波阻抗 Z 及传输功率 P。

1. 相移常数和截止波数

在波导内填充均匀媒质 μ、ε 中,波数 $k = 2\pi/\lambda = 2\pi f/v = \omega\sqrt{\mu\varepsilon}$ 与电磁波的频率成正比,与波导内微波传输速度 v 成反比。假设波导传输损耗 $\alpha = 0$,由式(3.2.14)可知

$$k_c^2 = k^2 + \gamma^2 = k^2 - \beta^2$$

则相移常数 β 和 k 的关系式为

$$\beta = \sqrt{k^2 - k_c^2} = k\sqrt{1 - \frac{k_c^2}{k^2}} \qquad (3.2.26)$$

2. 相速、群速与波导波长

电磁波在波导中传播,其等相位面移动速率称为相速。假设 P_1 点相位为 $\omega t_1 - \beta z_1 + \varphi_0$,等相位点 P_1 移动到点 P_2,P_2 点相位为 $\omega t_2 - \beta z_2 + \varphi_0$,则 $v_p = (z_2 - z_1)/(t_2 - t_1) = \omega/\beta$,有

$$v_p = \frac{\omega}{\beta} = \frac{\omega}{k}\frac{1}{\sqrt{1 - k_c^2/k^2}} = \frac{f \cdot \lambda}{\sqrt{1 - k_c^2/k^2}} = \frac{c/\sqrt{\mu_r \varepsilon_r}}{\sqrt{1 - k_c^2/k^2}} \qquad (3.2.27)$$

式中,c 为真空中的光速;μ_r、ε_r 为相对介电常数、相对磁导率。

对导行波来说 $k > k_c$,故 $v_p > c/\sqrt{\mu_r \varepsilon_r}$,即规则波导中波的传播速度比无界空间媒质中波的传播速度快。

导行波的波长称为波导波长 λ_g,它与波数的关系为

$$\lambda_g = \frac{2\pi}{\beta} = \frac{2\pi}{k}\frac{1}{\sqrt{1 - k_c^2/k^2}} = \frac{\lambda}{\sqrt{1 - k_c^2/k^2}} > \lambda \qquad (3.2.28)$$

对导行波来说 $k > k_c$,故规则波导中波的波导波长比无界空间媒质中的波长长。

另外,将相移常数 β 及相速 v_p 随频率 ω 的变化关系称为色散关系,它描述了波导系统的频率特性。当存在色散特性时,相速 v_p 已不能很好地描述波的传播速度,一般引入群速的概念。通常在波导中传输的不是单频而是占有一个频带的波群,把由许多频率组成的波群(波包)的速度称为群速,记为 v_g,它表征了波能量的传播速度。当 k_c 为常数时,对式(3.2.26)求导,导行波的群速为

$$v_g = \frac{d\omega}{d\beta} = \frac{1}{d\beta/d\omega} = \frac{c}{\sqrt{\mu_r \varepsilon_r}}\sqrt{1 - k_c^2/k^2} \qquad (3.2.29)$$

3. 波阻抗

波导传输的某个模式对应的横向电场和横向磁场之比定义为波阻抗,即

$$Z = \frac{E_t}{H_t} \qquad (3.2.30)$$

4. 传输功率

由坡印亭定理,波导中某个模式的传输功率为

$$P = \iint_s \boldsymbol{S} \cdot \mathrm{d}\boldsymbol{\sigma} = \iint_s \frac{1}{2}\mathrm{Re}[\boldsymbol{E}_t \times \boldsymbol{H}_t^*] \cdot \hat{z}\mathrm{d}x\mathrm{d}y$$

$$= \frac{1}{2Z}\iint_s |\boldsymbol{E}_t|^2 \mathrm{d}x\mathrm{d}y = \frac{Z}{2}\iint_s |\boldsymbol{H}_t|^2 \mathrm{d}x\mathrm{d}y \tag{3.2.31}$$

式中,Z 为该传输模式的波阻抗;$\boldsymbol{S} = \frac{1}{2}\mathrm{Re}[\boldsymbol{E}_t \times \boldsymbol{H}_t^*]$ 为坡印亭矢量。

3.2.3 导行波的分类

由传输线引导,能沿一定方向传播的电磁波称为导行波。传输线结构不同,所传输的电磁波的特性就不同,根据截止波数 k_c 的不同,可将导行波分为 TEM 波、TE 波和 TM 波。

1. $k_c^2 = 0$

截止波数 $k_c^2 = 0$ 意味着任意频率均能在此类传输线上传输。根据式(3.2.24),必有 $E_z = 0$ 和 $H_z = 0$,否则 E_x、E_y、H_x、H_y 将出现无穷大。此时,导行波既无纵向电场,又无纵向磁场,只有横向电场和磁场,故称为横电磁(transverse electric magnetic,TEM)波。对于 TEM 波,$\beta = k$,故相速、波长及波阻抗和无界空间均匀媒质中相同,其分析方法用第 2 章的传输线方程进行分析。

无界理想媒质中均匀平面波的波阻抗如下:

$$Z_{\mathrm{TEM}} = \sqrt{\frac{\mu}{\varepsilon}} = \frac{120\pi}{\sqrt{\varepsilon_r}} \tag{3.2.32}$$

式中,ε_r 为相对介电常数。

2. $k_c^2 > 0$

根据式(3.2.24),E_z 和 H_z 不能同时为零,否则,所有场量必然全为零。一般情况下,只要 E_z 和 H_z 中有一个不为零,即可满足边界条件。若 $\alpha = 0$,$\gamma = \mathrm{j}\beta$,$k_c^2 = k^2 + (\mathrm{j}\beta)^2 > 0$,即 $k_c < k$,此时分为两种情形。

(1) TM(transverse magnetic) 波。

将 $H_z = 0$、$E_z \neq 0$ 的波称为横磁波,简称 TM 波,由于只有纵向电场,故又称为 E 波。此时,满足的边界条件应为:在波导内壁上,电场的切向分量为 0,即

$$E_z|_S = 0 \tag{3.2.33}$$

式中,S 表示波导周界。

由波阻抗定义得 TM 波的波阻抗为

$$Z_{\mathrm{TM}} = \frac{E_x}{H_y} = -\frac{E_y}{H_x} = \frac{E_t}{H_t} = \frac{\beta}{\omega\varepsilon} = \sqrt{\frac{\mu}{\varepsilon}}\sqrt{1 - k_c^2/k^2} \tag{3.2.34}$$

(2) TE(transverse electric) 波。

将 $E_z = 0$ 而 $H_z \neq 0$ 的波称为横电波,简称 TE 波,由于只有纵向磁场,故又称为 H 波。此时,满足的边界条件应为:在波导内壁上,磁场的法向导数为 0,即

$$\left.\frac{\partial H_z}{\partial n}\right|_S = 0 \tag{3.2.35}$$

式中,S 表示波导周界;n 为边界法向单位矢量。

由波阻抗定义得 TE 波的波阻抗为

$$Z_{\text{TE}} = -\frac{E_y}{H_x} = \frac{E_x}{H_y} = \frac{E_t}{H_t} = \frac{\omega\mu}{\beta} = \sqrt{\frac{\mu}{\varepsilon}}\frac{1}{\sqrt{1-k_c^2/k^2}} \quad (3.2.36)$$

无论是 TM 波还是 TE 波,根据式(3.2.27),其相速 $v_p = \omega/\beta > c/\sqrt{\mu_r\varepsilon_r}$,均比无界媒质空间中的速度快,故称为快波。

> **思考**:TE 和 TM 的波阻抗与 TEM 的波阻抗有什么关系?
>
> 根据式(3.2.32)、式(3.2.34) 和式(3.2.36),可得
>
> $$Z_{\text{TE}} = \sqrt{\frac{\mu}{\varepsilon}}\frac{1}{\sqrt{1-k_c^2/k^2}} = \frac{Z_{\text{TEM}}}{\sqrt{1-k_c^2/k^2}} > Z_{\text{TEM}}$$
>
> $$Z_{\text{TM}} = \sqrt{\frac{\mu}{\varepsilon}}\sqrt{1-k_c^2/k^2} = Z_{\text{TEM}}\sqrt{1-k_c^2/k^2} < Z_{\text{TEM}}$$
>
> TE 波阻抗大于 TEM 波阻抗,而 TM 波阻抗小于 TEM 波阻抗。当 TE 波和 TM 波截止波数相等时,$Z_{\text{TE}} \cdot Z_{\text{TM}} = Z_{\text{TEM}}^2$。

3. $k_c^2 < 0$

当 $k_c^2 < 0$,此时 $\beta = \sqrt{k^2-k_c^2} > k$,而相速 $v_p = \omega/\beta < c/\sqrt{\mu_r\varepsilon_r}$,即相速比无界媒质空间的速度要慢,故称为慢波。在由光滑导体壁构成的导波系统,不可能存在这种情形,只有当某种阻抗壁存在时,才有这种可能。

根据截止波数 k_c 的不同,三种情况总结见表 3.1。

表 3.1 三种情况总结

导行波分类	$k_c^2 = 0$	$k_c^2 > 0$	$k_c^2 < 0$
工作模式	TEM	TE 或 TM	—
典型导波结构	双导体传输线	金属波导	表面波导
相速	v	快波 $> v$	慢波 $< v$

3.3 矩形波导

在矩形波导中存在 TE 模和 TM 模两种模式,矩形波导中不可能存在 TEM 模。设矩形波导的宽边尺寸为 a,窄边尺寸为 b,建立图 3.4 所示的坐标系。

> **思考**:为什么空心波导管中不能存在 TEM 波?
>
> 如果空心波导管内存在 TEM 波,则要求磁场应完全在波导的横截面内,而且是闭合回线。由麦克斯韦方程组可知,回线上磁场的环路积分应等于与回路交链的轴向电流。此处是空心波导,不存在轴向的传导电流,故必要求有轴向的位移电流。由位移电流的定义式 $J_d = \frac{\partial D}{\partial t}$ 可知,此时必有轴向变化的电场存在,这与 TEM 波电场、磁场仅存在于垂直于传播方向的横截面内的命题是完全矛盾的,所以空心波导管中不能存在 TEM 波。

3.3.1 矩形波导中的场计算

1. TE 波

式(3.2.25)已经用纵向分量表示了横向分量,因此,只需要根据边界条件求解出纵向分量,就可以得到 TE 波的场分布。

此时 $E_z = 0$, $H_z(x,y,z) = H_{0z}(x,y)\mathrm{e}^{-\mathrm{j}\beta z} \neq 0$,且满足

$$\nabla_t^2 H_{0z}(x,y) + k_c^2 H_{0z}(x,y) = 0 \tag{3.3.1}$$

直角坐标系中 $\nabla_t^2 = \dfrac{\partial^2}{\partial x^2} + \dfrac{\partial^2}{\partial y^2}$,式(3.3.1)可写为

$$\left(\frac{\partial^2}{\partial x^2} + \frac{\partial^2}{\partial y^2}\right) H_{0z}(x,y) + k_c^2 H_{0z}(x,y) = 0 \tag{3.3.2}$$

应用分离变量法,令

$$H_{0z}(x,y) = X(x)Y(y) \tag{3.3.3}$$

代入式(3.2.2),并除以 $X(x)Y(y)$,得

$$-\frac{1}{X(x)}\frac{\mathrm{d}^2 X(x)}{\mathrm{d}x^2} - \frac{1}{Y(y)}\frac{\mathrm{d}^2 Y(y)}{\mathrm{d}y^2} = k_c^2$$

要使上式成立,上式左边每项必须均为常数,设分别为 k_x^2 和 k_y^2,则有

$$\begin{cases} \dfrac{\mathrm{d}^2 X(x)}{\mathrm{d}x^2} + k_x^2 X(x) = 0 \\ \dfrac{\mathrm{d}^2 Y(y)}{\mathrm{d}y^2} + k_y^2 Y(y) = 0 \\ k_x^2 + k_y^2 = k_c^2 \end{cases} \tag{3.3.4}$$

式(3.3.4)二阶微分方程,可以求得通解形式为

$$\begin{cases} X(x) = A_1 \cos k_x x + A_2 \sin k_x x \\ Y(y) = B_1 \cos k_y y + B_2 \sin k_y y \end{cases}$$

因此,$H_{0z}(x,y)$ 的通解为

$$H_{0z}(x,y) = (A_1 \cos k_x x + A_2 \sin k_x x)(B_1 \cos k_y y + B_2 \sin k_y y) \tag{3.3.5}$$

式中,A_1、A_2、B_1、B_2 为待定系数,由边界条件确定。由式(3.2.35)可知,H_z 应满足的边界条件为

$$\begin{cases} \left.\dfrac{\partial H_z}{\partial x}\right|_{x=0} = \left.\dfrac{\partial H_z}{\partial x}\right|_{x=a} = 0 \\ \left.\dfrac{\partial H_z}{\partial y}\right|_{y=0} = \left.\dfrac{\partial H_z}{\partial y}\right|_{y=b} = 0 \end{cases} \tag{3.3.6}$$

将式(3.3.5)代入式(3.3.6),可得

$$\frac{\partial H_{0z}(x,y)}{\partial x} = k_x(-A_1 \sin k_x x + A_2 \cos k_x x)(B_1 \cos k_y y + B_2 \sin k_y y)$$

$x = 0$ 时

$$k_x A_2(B_1 \cos k_y y + B_2 \sin k_y y) = 0 \Rightarrow A_2 = 0$$

$x = a$ 时

$$-A_1 k_x \sin k_x a (B_1 \cos k_y y + B_2 \sin k_y y) = 0 \Rightarrow \sin k_x a = 0 \Rightarrow k_x a = m\pi \Rightarrow k_x = \frac{m\pi}{a}$$

所以

$$\left.\frac{\partial H_z}{\partial x}\right|_{x=0} = \left.\frac{\partial H_z}{\partial x}\right|_{x=a} = 0 \Rightarrow A_2 = 0; k_x = \frac{m\pi}{a}$$

同理可得

$$\left.\frac{\partial H_z}{\partial y}\right|_{y=0} = \left.\frac{\partial H_z}{\partial y}\right|_{y=b} = 0 \Rightarrow B_2 = 0; k_y = \frac{n\pi}{b}$$

$$\begin{cases} A_2 = 0, & k_x = \frac{m\pi}{a} \\ B_2 = 0, & k_y = \frac{n\pi}{b} \end{cases} \tag{3.3.7}$$

于是,矩形波导 TE 波纵向磁场的基本解为

$$H_z = A_1 B_1 \cos\left(\frac{m\pi}{a}x\right) \cos\left(\frac{n\pi}{b}y\right) e^{-j\beta z} \tag{3.3.8}$$

式中,m、$n = 0,1,2,\cdots$,m 和 n 不能同时为 0。

令 H_{mn} 为模式振幅常数,故 $H_z(x,y,z)$ 通解为

$$H_z = \sum_{m=0}^{\infty} \sum_{n=0}^{\infty} H_{mn} \cos\left(\frac{m\pi}{a}x\right) \cos\left(\frac{n\pi}{b}y\right) e^{-j\beta z} \tag{3.3.9}$$

对于 TE 波,式(3.2.25)可以改写成

$$\begin{bmatrix} E_x \\ E_y \\ H_x \\ H_y \end{bmatrix} = \frac{1}{k_c^2} \begin{bmatrix} -j\beta & 0 & 0 & -j\omega\mu \\ 0 & -j\beta & j\omega\mu & 0 \\ 0 & j\omega\varepsilon & -j\beta & 0 \\ -j\omega\varepsilon & 0 & 0 & -j\beta \end{bmatrix} \begin{bmatrix} 0 \\ 0 \\ \frac{\partial H_z}{\partial x} \\ \frac{\partial H_z}{\partial y} \end{bmatrix}$$

将式(3.3.9)代入上式,则 TE 波其他场分量可以表示为

$$\begin{cases} E_x(x,y,z) = -\frac{j}{k_c^2}\omega\mu \frac{\partial H_z}{\partial y} = \sum_{m=0}^{\infty} \sum_{n=0}^{\infty} \frac{j\omega\mu}{k_c^2} \frac{n\pi}{b} H_{mn} \cos\left(\frac{m\pi}{a}x\right) \sin\left(\frac{n\pi}{b}y\right) e^{-j\beta z} \\ E_y(x,y,z) = \frac{j}{k_c^2}\omega\mu \frac{\partial H_z}{\partial x} = \sum_{m=0}^{\infty} \sum_{n=0}^{\infty} \frac{-j\omega\mu}{k_c^2} \frac{m\pi}{a} H_{mn} \sin\left(\frac{m\pi}{a}x\right) \cos\left(\frac{n\pi}{b}y\right) e^{-j\beta z} \\ E_z = 0 \\ H_x(x,y,z) = -\frac{j\beta}{k_c^2} \frac{\partial H_z}{\partial x} = \sum_{m=0}^{\infty} \sum_{n=0}^{\infty} \frac{j\beta}{k_c^2} \frac{m\pi}{a} H_{mn} \sin\left(\frac{m\pi}{a}x\right) \cos\left(\frac{n\pi}{b}y\right) e^{-j\beta z} \\ H_y(x,y,z) = -\frac{j\beta}{k_c^2} \frac{\partial H_z}{\partial y} = \sum_{m=0}^{\infty} \sum_{n=0}^{\infty} \frac{j\beta}{k_c^2} \frac{n\pi}{b} H_{mn} \cos\left(\frac{m\pi}{a}x\right) \sin\left(\frac{n\pi}{b}y\right) e^{-j\beta z} \\ H_z = \sum_{m=0}^{\infty} \sum_{n=0}^{\infty} H_{mn} \cos\left(\frac{m\pi}{a}x\right) \cos\left(\frac{n\pi}{b}y\right) e^{-j\beta z} \end{cases} \tag{3.3.10}$$

式中,H_{mn} 为模式振幅常数。这说明既满足方程又满足边界条件的解有很多,将每一个解称为一个传播模式。k_c 为矩形波导 TE 波的截止波数,显然,它与波导尺寸、传输波型有关:

$$k_c = \sqrt{k_x^2 + k_y^2} = \sqrt{\left(\frac{m\pi}{a}\right)^2 + \left(\frac{n\pi}{b}\right)^2}, \quad m、n = 0,1,2,\cdots$$

式中，m 和 n 分别代表 TE 波沿 x 方向和 y 方向分布的半波（驻波）个数，一组 m、n 对应一种 TE 波，称作 TE_{mn} 模，但 m 和 n 不能同时为零，否则，根据式(3.3.10)场分量全部为零。上述 TE 波的通解形式体现波导中的本征模思想有以下两种。

(1) 完备性。波导中的微波能且仅能由上述模式线性叠加而成。

(2) 正交性。各个模式间无耦合。

矩形波导能够存在 TE_{m0} 模、TE_{0n} 模及 $TE_{mn}(m、n \neq 0)$ 模，其中，TE_{10} 模是最低次模（k_c 最小），其余称为高次模（high-order mode）。因为 m 和 n 不能同时为 0，且 $a > b$，所以，$m = 1$，$n = 0$ 时，k_c 最小，此时 $k_c = \pi/a$。

因此，由上述思考可知，微波技术的理论是闭环的，同一个结果可以从不同的角度推导得到。

思考：还可以怎么推导得到式(3.3.6)的边界条件？

由于 TE 波，根据式(3.2.25)可得

$$\begin{bmatrix} E_x \\ E_y \\ H_x \\ H_y \end{bmatrix} \xlongequal{E_z = 0} \frac{1}{k_c^2} \begin{bmatrix} -j\beta & 0 & 0 & -j\omega\mu \\ 0 & -j\beta & j\omega\mu & 0 \\ 0 & j\omega\varepsilon & -j\beta & 0 \\ -j\omega\varepsilon & 0 & 0 & -j\beta \end{bmatrix} \begin{bmatrix} 0 \\ 0 \\ \dfrac{\partial H_z}{\partial x} \\ \dfrac{\partial H_z}{\partial y} \end{bmatrix}$$

可得

$$\begin{cases} E_x = -\dfrac{j\omega\mu}{k_c^2} \cdot \dfrac{\partial H_z}{\partial y} \\ E_y = -\dfrac{j\omega\mu}{k_c^2} \cdot \dfrac{\partial H_z}{\partial x} \end{cases}$$

根据导体的切向电场为零，可以得到与式(3.3.6)相同的边界条件。

思考：为什么式(3.2.17)和式(3.2.18)中的式(3.2.17c)和式(3.2.18c)没有用到？

虽然在用纵向分量表示横向分量的过程中，并未用到式(3.2.17c)和式(3.2.18c)，但是可以用这两个条件验证求解是正确的。以式(3.2.17c)为例，根据式(3.3.10)的通解形式，可以计算：

$$\begin{aligned} \frac{\partial E_y}{\partial x} - \frac{\partial E_x}{\partial y} &= -\frac{j\omega\mu}{k_c^2} \left(\frac{m\pi}{a}\right)^2 H_{mn} \cos\left(\frac{m\pi}{a}x\right) \cos\left(\frac{n\pi}{b}y\right) e^{-j\beta z} \\ &\quad - \frac{j\omega\mu}{k_c^2} \left(\frac{n\pi}{b}\right)^2 H_{mn} \cos\left(\frac{m\pi}{a}x\right) \cos\left(\frac{n\pi}{b}y\right) e^{-j\beta z} \\ &= -\frac{j\omega\mu}{k_c^2} \left[\left(\frac{m\pi}{a}\right)^2 + \left(\frac{n\pi}{b}\right)^2\right] H_{mn} \cos\left(\frac{m\pi}{a}x\right) \cos\left(\frac{n\pi}{b}y\right) e^{-j\beta z} \\ &= -j\omega\mu H_{mn} \cos\left(\frac{m\pi}{a}x\right) \cos\left(\frac{n\pi}{b}y\right) e^{-j\beta z} = -j\omega\mu H_z \end{aligned}$$

这与式(3.2.17c)一致。

因此，微波技术的理论是闭环的，读者可以试着从多个角度进行推导。

例 3.1 已知横截面为 $a \times b$ 的矩形波导内的纵向场分量为

$$E_z = 0$$

$$H_z = H_0 \cos\left(\frac{\pi}{a}x\right) \cos\left(\frac{\pi}{b}y\right) \mathrm{e}^{-\mathrm{j}\beta z}$$

式中,H_0 为常量;$\beta = \sqrt{k^2 - k_c^2}$;$k = \omega\sqrt{\mu_0 \varepsilon_0}$;$k_c = \sqrt{\left(\dfrac{\pi}{a}\right)^2 + \left(\dfrac{\pi}{b}\right)^2}$。

试求波导内场的其他分量及传输模式。

解 由 k_c 可知,$m=1, n=1$,由横向场分量的表达式(3.2.24)可得,其传输模式为 TE_{11} 波:

$$\begin{cases} E_x = \dfrac{\mathrm{j}\omega\mu}{k_c^2} \dfrac{\pi}{b} H_0 \cos\left(\dfrac{\pi}{a}x\right) \sin\left(\dfrac{\pi}{b}y\right) \mathrm{e}^{-\mathrm{j}\beta z} \\[2mm] E_y = -\dfrac{\mathrm{j}\omega\mu}{k_c^2} \dfrac{\pi}{a} H_0 \sin\left(\dfrac{\pi}{a}x\right) \cos\left(\dfrac{\pi}{b}y\right) \mathrm{e}^{-\mathrm{j}\beta z} \\[2mm] H_x = \dfrac{\mathrm{j}\beta}{k_c^2} \dfrac{\pi}{a} H_0 \sin\left(\dfrac{\pi}{a}x\right) \cos\left(\dfrac{\pi}{b}y\right) \mathrm{e}^{-\mathrm{j}\beta z} \\[2mm] H_y = \dfrac{\mathrm{j}\beta}{k_c^2} \dfrac{\pi}{b} H_0 \cos\left(\dfrac{\pi}{a}x\right) \sin\left(\dfrac{\pi}{b}y\right) \mathrm{e}^{-\mathrm{j}\beta z} \end{cases}$$

2. TM 波

对于 TM 波,$H_z = 0$,$E_z(x,y,z) = E_{0z}(x,y)\mathrm{e}^{-\mathrm{j}\beta z}$。此时,满足

$$\left(\frac{\partial^2}{\partial x^2} + \frac{\partial^2}{\partial y^2}\right) E_{0z}(x,y) + k_c^2 E_{0z}(x,y) = 0 \tag{3.3.11}$$

令 $E_{0z}(x,y) = X(x)Y(y)$,类似地,可得

$$E_{0z}(x,y) = (A_1 \cos k_x x + A_2 \sin k_x x)(B_1 \cos k_y y + B_2 \sin k_y y) \tag{3.3.12}$$

由式(3.2.32),导体表面切向电场为零,因此根据边界条件求解得到

$$E_z(0,y) = E_z(a,y) = 0 \Rightarrow A_1 = 0; k_x a = m\pi; m = 1, 2, \cdots$$

$$E_z(x,0) = E_z(x,b) = 0 \Rightarrow B_1 = 0; k_y b = n\pi; n = 1, 2, \cdots$$

即

$$\begin{cases} k_x = \dfrac{m\pi}{a}, & m = 1, 2, \cdots \\[2mm] k_y = \dfrac{n\pi}{b}, & n = 1, 2, \cdots \end{cases} \tag{3.3.13}$$

因此,可以得到纵向分量的表达式为

$$E_{0z}(x,y) = A_2 B_2 \sin\left(\frac{m\pi}{a}x\right) \sin\left(\frac{n\pi}{b}y\right) \tag{3.3.14}$$

进而得到纵向分量的基本解为

$$E_z(x,y,z) = E_{0z}(x,y)\mathrm{e}^{-\mathrm{j}\beta z} = A_2 B_2 \sin\left(\frac{m\pi}{a}x\right) \sin\left(\frac{n\pi}{b}y\right) \mathrm{e}^{-\mathrm{j}\beta z}$$

$$= E_{mn} \sin\left(\frac{m\pi}{a}x\right) \sin\left(\frac{n\pi}{b}y\right) \mathrm{e}^{-\mathrm{j}\beta z}$$

因此有通解为

$$E_z(x,y,z) = \sum_{m=1}^{\infty}\sum_{n=1}^{\infty} E_{mn}\sin\left(\frac{m\pi}{a}x\right)\sin\left(\frac{n\pi}{b}y\right)e^{-j\beta z} \quad (3.3.15)$$

对于 TM 波,根据式(3.2.25),可得

$$\begin{bmatrix} E_x \\ E_y \\ H_x \\ H_y \end{bmatrix} = \frac{1}{k_c^2}\begin{bmatrix} -j\beta & 0 & 0 & -j\omega\mu \\ 0 & -j\beta & j\omega\mu & 0 \\ 0 & j\omega\varepsilon & -j\beta & 0 \\ -j\omega\varepsilon & 0 & 0 & -j\beta \end{bmatrix}\begin{bmatrix} \partial E_z/\partial x \\ \partial E_z/\partial y \\ 0 \\ 0 \end{bmatrix}$$

将式(3.3.15)代入上式,则 TM 波其他场分量可以表示为

$$\begin{cases} E_x(x,y,z) = -\dfrac{j\beta}{k_c^2}\dfrac{\partial E_z}{\partial x} = \sum_{m=1}^{\infty}\sum_{n=1}^{\infty}\dfrac{-j\beta}{k_c^2}\dfrac{m\pi}{a}E_{mn}\cos\left(\dfrac{m\pi}{a}x\right)\sin\left(\dfrac{n\pi}{b}y\right)e^{-j\beta z} \\ E_y(x,y,z) = -\dfrac{j\beta}{k_c^2}\omega\mu\dfrac{\partial E_z}{\partial y} = \sum_{m=1}^{\infty}\sum_{n=1}^{\infty}\dfrac{-j\beta}{k_c^2}\dfrac{n\pi}{b}E_{mn}\sin\left(\dfrac{m\pi}{a}x\right)\cos\left(\dfrac{n\pi}{b}y\right)e^{-j\beta z} \\ E_z(x,y,z) = \sum_{m=1}^{\infty}\sum_{n=1}^{\infty}E_{mn}\sin\left(\dfrac{m\pi}{a}x\right)\sin\left(\dfrac{n\pi}{b}y\right)e^{-j\beta z} \\ H_x(x,y,z) = \dfrac{j\omega\varepsilon}{k_c^2}\dfrac{\partial E_z}{\partial y} = \sum_{m=1}^{\infty}\sum_{n=1}^{\infty}\dfrac{j\omega\varepsilon}{k_c^2}\dfrac{n\pi}{b}E_{mn}\sin\left(\dfrac{m\pi}{a}x\right)\cos\left(\dfrac{n\pi}{b}y\right)e^{-j\beta z} \\ H_y(x,y,z) = \dfrac{-j\omega\varepsilon}{k_c^2}\dfrac{\partial E_z}{\partial x} = \sum_{m=1}^{\infty}\sum_{n=1}^{\infty}\dfrac{-j\omega\varepsilon}{k_c^2}\dfrac{m\pi}{a}E_{mn}\cos\left(\dfrac{m\pi}{a}x\right)\sin\left(\dfrac{n\pi}{b}y\right)e^{-j\beta z} \\ H_z(x,y,z) = 0 \end{cases} \quad (3.3.16)$$

k_c 为矩形波导 TM 波的截止波数,它与波导尺寸、传输波型有关,其表达式为

$$k_c = \sqrt{k_x^2 + k_y^2} = \sqrt{\left(\frac{m\pi}{a}\right)^2 + \left(\frac{n\pi}{b}\right)^2}, \quad m=1,2,\cdots; n=1,2,\cdots$$

若 m、n 任一为零,则电场磁场全为零,因此 m 和 n 均不为零。TM_{11} 模是矩形波导中 TM 波的最低次模,其他均为高次模。

综上所述,矩形波导内存在许多模式的波,TE 波是所有 TE_{mn} 模式场的总和,而 TM 波是所有 TM_{mn} 模式场的总和。

3.3.2 矩形波导的传输特性

1. 截止波数与截止波长

由式(3.2.2)和式(3.2.26)可知,$k_c^2 = k^2 + \gamma^2 = \omega^2\mu\varepsilon + \gamma^2$,其中,$\gamma = \alpha + j\beta$ 为传播常数,$k = 2\pi/\lambda$ 为自由空间的波数。当 $k_c = k$ 时,$\gamma = 0$,此时波不能在波导中传输,称为截止,因此,k_c 为截止波数,它仅取决于波导结构尺寸和传播模式。由式(3.3.10)和式(3.3.16)可知,矩形波导 TE_{mn} 和 TM_{mn} 模的截止波数均为

$$k_c = \sqrt{k_x^2 + k_y^2} = \sqrt{\left(\frac{m\pi}{a}\right)^2 + \left(\frac{n\pi}{b}\right)^2} \quad (3.3.17)$$

对应截止波长为

$$\lambda_{cTE_{mn}} = \lambda_{cTM_{mn}} = \frac{2\pi}{k_{cmn}} = \frac{2}{\sqrt{(m/a)^2 + (n/b)^2}} \quad (3.3.18)$$

对应截止频率为

$$f_{cTE_{mn}} = f_{cTM_{mn}} = \frac{v}{\lambda_{cmn}} = \frac{v}{2}\sqrt{\left(\frac{m}{a}\right)^2 + \left(\frac{n}{b}\right)^2} \tag{3.3.19}$$

式中，v 为介质中的波速，$v^2 = 1/\mu\varepsilon$。

若 $\alpha = 0$，波导中的相移常数为

$$\beta = k\sqrt{1 - k_c^2/k^2} = \frac{2\pi}{\lambda}\sqrt{1 - \left(\frac{2\pi}{\lambda_c}\right)^2 \bigg/ \left(\frac{2\pi}{\lambda}\right)^2} = \frac{2\pi}{\lambda}\sqrt{1 - \left(\frac{\lambda}{\lambda_c}\right)^2} \tag{3.3.20}$$

式中，$\lambda = 2\pi/k$ 为工作波长。

(1) 截止模(cutoff mode)。当工作波长 λ 大于某个模的截止波长 λ_c 时($f \leq f_c$)，$\beta^2 \leq 0$，即 $\beta = \pm j|\beta|$，随距离变化因子 $e^{-j\beta z} = e^{-|\beta|z}$，即此模离开信源后迅速衰减，在波导中不能传输，如图 3.6(a) 所示。

(2) 传导模(propagation mode)。当工作波长 λ 小于某个模的截止波长 λ_c 时($f > f_c$)，$\beta^2 > 0$，此模可在波导中传输，故称为传导模，如图 3.6(b) 所示。

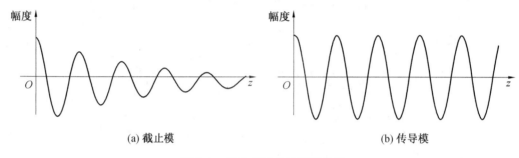

图 3.6 截止模和传导模示意图

因此，波导中传输的波是若干个传导模和无穷多个截止模的线性叠加。对于某一个模式在波导中是否能够传输，取决于波的频率(k) 以及波导的尺寸(k_c)。

对相同的 m 和 n，TE_{mn} 模和 TM_{mn} 模具有相同的截止波长，又称为简并模(degenerating mode)，虽然它们场分布不同，但具有相同的传输特性。一个模能否在波导中传输取决于波导结构尺寸和工作波长(或频率)。当 $m = 1$、$n = 0$ 时，$\lambda_{cTE_{10}} = 2a$；当 $m = 2$、$n = 0$ 时，$\lambda_{cTE_{20}} = a$；当 $m = 0$、$n = 1$ 时，$\lambda_{cTE_{01}} = 2b$。

标准波导 BJ - 32 波导尺寸：$a \times b = 72.14 \text{ mm} \times 34.04 \text{ mm}$，其各模式截止波长分布如图 3.7 所示。

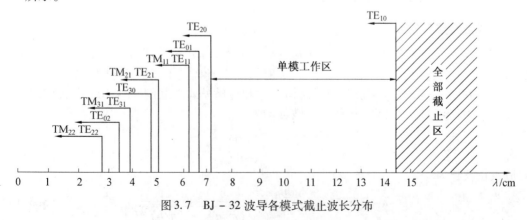

图 3.7 BJ - 32 波导各模式截止波长分布

思考:矩形波导保证单模传输的条件是什么?

由上述分析,矩形波导中为保证单一的 TE_{10} 模传输,波导尺寸需满足:

$$\lambda_{cTE_{20}} < \lambda < \lambda_{cTE_{10}}$$
$$\lambda_{cTE_{01}} < \lambda$$

即

$$a < \lambda < 2a$$
$$2b < \lambda$$

例 3.2 已知矩形波导中 TM 模的纵向电场:

$$E_z = E_0 \sin\frac{\pi}{3}x \sin\frac{\pi}{3}y \cos\left(\omega t - \frac{\sqrt{2}}{3}\pi z\right)$$

式中,x、y、z 的单位为 cm。

(1) 求截止波长与波导波长。
(2) 如果此模式为 TM_{21} 波,求波导尺寸。

解 (1) 由 E_z 的表示式可知

$$k_x = k_y = \frac{\pi}{3}, \quad \beta = \frac{\sqrt{2}}{3}\pi$$

所以

$$k_c = \sqrt{k_x^2 + k_y^2} = \frac{\sqrt{2}}{3}\pi$$

于是

$$\lambda_c = \frac{2\pi}{k_c} = 3\sqrt{2} \text{ (cm)}$$
$$\lambda_g = \frac{2\pi}{\beta} = 3\sqrt{2} \text{ (cm)}$$

(2) 若此模为 TM_{21} 波,则有

$$\frac{m\pi}{a} = \frac{2\pi}{a} = \frac{\pi}{3}, \quad \frac{n\pi}{b} = \frac{\pi}{b} = \frac{\pi}{3}$$

即 $a = 6$ cm, $b = 3$ cm。

2. 相速、能速和群速

波的相速是指传输的等相位面沿波导轴向移动的速度,记为 v_p。

一般情况下,可以认为波导系统是无耗的,于是有 $\gamma = j\beta$,式(3.2.26)可以写成

$$\beta^2 = \omega^2\mu\varepsilon - k_c^2 \tag{3.3.21}$$

根据相速的定义

$$v_p = \frac{\omega}{\beta} \tag{3.3.22}$$

由式(3.3.21)得

$$\frac{\beta^2}{\omega^2} = \mu\varepsilon - \frac{k_c^2}{\omega^2} = \frac{1}{v^2} - \frac{(2\pi/\lambda_c)^2}{(2\pi f)^2} = \frac{1 - (\lambda/\lambda_c)^2}{v^2}$$

将上式开方后代入式(3.3.22),得到

$$v_p = \frac{v}{\sqrt{1 - \left(\frac{\lambda}{\lambda_c}\right)^2}} \quad (3.3.23)$$

式中,v、λ 和 λ_c 分别为介质中的光速、波长和截止波长。

随着选用模式的不同,即 λ_c 不同,有不同的相速度 v_p,例如 TE_{10} 波的相速为

$$v_p = \frac{v}{\sqrt{1 - \left(\frac{\lambda}{2a}\right)^2}}$$

由此可见,波导中传输模式的相速总是大于同一媒介中的光速,即 $v_p > v$。

能速是指单一频率下波的能量沿波导轴向传播的速度,记为 v_e,但通常在波导中传输的不是单频而是占有一个频带的波群,把由许多频率组成的波群(波包)的速度称为群速,记为 v_g。理论证明,当频带较窄时,$v_e = v_g$。

根据定义

$$v_g = v_e = \frac{d\omega}{d\beta} = \frac{1}{\frac{d\beta}{d\omega}}$$

而 $\beta = (\omega^2\mu\varepsilon - k_c^2)^{1/2}$,则有

$$\frac{d\beta}{d\omega} = \frac{d(\omega^2\mu\varepsilon - k_c^2)^{1/2}}{d\omega} = \frac{\omega\mu\varepsilon}{\sqrt{\omega^2\mu\varepsilon - k_c^2}}$$

$$= \frac{2\pi f}{v^2\sqrt{(2\pi f)^2/v^2 - (2\pi/\lambda_c)^2}}$$

$$= \frac{v/\lambda}{v^2\sqrt{(v/\lambda)^2/v^2 - (1/\lambda_c)^2}}$$

$$= \frac{v/\lambda}{v^2\sqrt{(1/\lambda)^2 - (1/\lambda_c)^2}}$$

$$= \frac{v_p}{v^2} \quad (3.3.24)$$

得到

$$v_g = v_e = v\sqrt{1 - \left(\frac{\lambda}{\lambda_c}\right)^2} \quad (3.3.25)$$

对于主模 TE_{10},$\lambda_c = 2a$,故其群速度表达式为

$$v_g = v\sqrt{1 - \left(\frac{\lambda}{2a}\right)^2}$$

可见,波导中传播模式的能速(或群速)总是小于同一媒质的光速,即 $v_g < v$。

同时,由式(3.3.23)和式(3.3.24)可知,v_p 和 v_g 的乘积始终为一常数,即

$$v_p \cdot v_g = v^2 \quad (3.3.26)$$

而且,波导中波的传播速度 v_p 和 v_g 是频率的函数,所以说波导传输线是一个色散系统。

思考：如何理解波导中的相速大于光速？

微波在空心金属波导中曲折形传输，这是由于如果微波沿着直线传输，则传输方向为 $+z$ 方向，$\boldsymbol{E}$ 和 $\boldsymbol{H}$ 均在横截面上，因此必为 TEM 波，与空心波导管只能传输 TE 波和 TM 波相矛盾。

如图 3.8 所示，在波传输的方向上，假设 dt 时间内波在其路线上前进了 dr，因此波速可以表示为

$$v = c = \frac{dr}{dt}$$

而沿着 $+z$ 轴，等相面传输的距离为 dz，因此相速可以表示为

$$v_p = \frac{dz}{dt} = \frac{dr}{dt}\frac{1}{\sin\theta} = \frac{c}{\sqrt{1 - \left(\frac{\lambda}{\lambda_c}\right)^2}} > c$$

色散比较小时，波的能量沿着 $+z$ 轴传播的速度为

$$v_g = v_e = \frac{de}{dt} = \frac{dr}{dt}\sin\theta = c\sin\theta = c\sqrt{1 - \left(\frac{\lambda}{\lambda_c}\right)^2} < c$$

波导中的相速是可视相速，即沿着 $+z$ 方向的相速看起来快了，并不代表真实的速度快。

举一个形象的例子，用电钻往墙里钉钉子，电钻真实的转速为波速 v，电钻上斜的螺纹旋转的速度为相速 v_p，钉子进入墙体内的实际速度为群速 v_p。

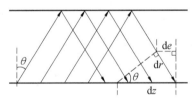

图 3.8　波导中波速、相速、群速关系示意图

3. 波导波长与工作波长

波导中某模式的波阵面在一个周期内沿轴向所走的距离，或者说是相邻相面之间的距离，称为波导波长（或称导波长或相波长），记为 λ_g。根据定义

$$\lambda_g = \frac{2\pi}{\beta}$$

$$\beta = \sqrt{\omega^2\mu\varepsilon - k_c^2} = \sqrt{\frac{(2\pi f)^2}{c^2} - k_c^2} = \sqrt{\left(\frac{2\pi}{\lambda}\right)^2 - \left(\frac{2\pi}{\lambda_c}\right)^2} = \frac{2\pi}{\lambda}\sqrt{1 - \left(\frac{\lambda}{\lambda_c}\right)^2}$$

故

$$\lambda_g = \frac{\lambda}{\sqrt{1 - \left(\frac{\lambda}{\lambda_c}\right)^2}} \tag{3.3.27}$$

式(3.3.27)是介质中的波长（工作波长）λ 与传输模式的波导波长 λ_g 和截止波长 λ_c 之间的重要关系式。

矩形波导中主模式 TE_{10} 的波导波长为

$$\lambda_g = \frac{\lambda}{\sqrt{1 - \left(\frac{\lambda}{2a}\right)^2}}$$

在波导中,波长、波数和波速的定义较多,容易混淆,其总结见表 3.2。

表 3.2　几种波长、波数和速度的总结

特性参数	波长	波数/相移常数	速度	
相位	波导波长 λ_g	相移常数 $\beta = \frac{2\pi}{\lambda_g}$	相速 $v_p = \frac{\omega}{\beta}$	群速
传输	工作波长 λ	波数 $k = \frac{2\pi}{\lambda}$	波速 $v = \frac{\omega}{k}$	$v_g = \frac{v^2}{v_p} = \frac{\omega\beta}{k^2}$
截止	截止波长 λ_c	截止波数 $k_c = \frac{2\pi}{\lambda_c}$	—	

波导中存在上述多种波长、波数和速度的原因是波在波导中曲折性传输,因此是 TE 模和 TM 模。第 2 章的双导体传输线是 TEM 波传输,只存在单一的波长、相移常数以及速度。

4. 波阻抗

波导横截面上电场强度和磁场强度的比值定义为波阻抗,记为 Z_w,得

$$Z_w = \frac{|\boldsymbol{E}_t|}{|\boldsymbol{H}_t|} = \frac{\sqrt{|\boldsymbol{E}_x|^2 + |\boldsymbol{E}_y|^2}}{\sqrt{|\boldsymbol{H}_x|^2 + |\boldsymbol{H}_y|^2}} \tag{3.3.28}$$

式中,$\boldsymbol{E}_t$ 和 $\boldsymbol{H}_t$ 为波导横截面上的电场和磁场。

本节分别描述 TE 型波和 TH 型波的波阻抗。

(1) TE 型波的波阻抗。

将 TE 型波的波阻抗记以 Z_{WH},将式(3.3.10)相关的公式代入式(3.3.28)中,得

$$Z_{WH} = \frac{\omega\mu}{\beta} \frac{\sqrt{\left(\frac{n\pi}{b}\right)^2 \cos^2\left(\frac{m\pi}{a}x\right)\sin^2\left(\frac{n\pi}{b}y\right) + \left(\frac{m\pi}{a}\right)^2 \sin^2\left(\frac{m\pi}{a}x\right)\cos^2\left(\frac{n\pi}{b}y\right)}}{\sqrt{\left(\frac{m\pi}{a}\right)^2 \sin^2\left(\frac{m\pi}{a}x\right)\cos^2\left(\frac{n\pi}{b}y\right) + \left(\frac{n\pi}{b}\right)^2 \cos^2\left(\frac{m\pi}{a}x\right)\sin^2\left(\frac{n\pi}{b}y\right)}} = \frac{\omega\mu}{\beta}$$

利用式(3.3.22)、式(3.3.23),则有

$$Z_{WH} = v\mu / \sqrt{1 - \left(\frac{\lambda}{\lambda_c}\right)^2} = \sqrt{\frac{\mu}{\varepsilon}} / \sqrt{1 - \left(\frac{\lambda}{\lambda_c}\right)^2} = \eta / \sqrt{1 - \left(\frac{\lambda}{\lambda_c}\right)^2} \tag{3.3.29}$$

式中,$\eta = \sqrt{\mu/\varepsilon}$ 为介质中的波阻抗。

再由式(3.3.27)得

$$Z_{WH} = \eta \frac{\lambda_g}{\lambda} \tag{3.3.30}$$

若波导中的介质是空气,由式(3.3.27),得

$$Z_{WH} = \eta_0 \frac{\lambda_g}{\lambda_0} = \sqrt{\frac{\mu_0}{\varepsilon_0}} \frac{\lambda_g}{\lambda_0} = \frac{120\pi}{\sqrt{1 - \left(\frac{\lambda_0}{\lambda_c}\right)^2}} \tag{3.3.31}$$

空气矩形波导中主模 TE_{10} 波的波阻抗为

$$Z_{WH} = \frac{120\pi}{\sqrt{1 - \left(\frac{\lambda_0}{2a}\right)^2}}$$

式中，$\eta = \sqrt{\mu_0/\varepsilon_0} = 120\pi\ \Omega$，称为自由空间波阻抗；$\lambda_0$ 为自由空间波长。

(2) TM 型波的波阻抗。

将 TM 型波的波阻抗记以 Z_{WE}，把式(3.3.16)相关公式代入式(3.3.28)中，得

$$Z_{WE} = \frac{\beta}{\omega\varepsilon} \frac{\sqrt{\left(\frac{m\pi}{a}\right)^2 \cos^2\left(\frac{m\pi}{a}x\right)\sin^2\left(\frac{n\pi}{b}y\right) + \left(\frac{n\pi}{b}\right)^2 \sin^2\left(\frac{m\pi}{a}x\right)\cos^2\left(\frac{n\pi}{b}y\right)}}{\sqrt{\left(\frac{n\pi}{b}\right)^2 \sin^2\left(\frac{m\pi}{a}x\right)\sin^2\left(\frac{n\pi}{b}y\right) + \left(\frac{m\pi}{a}\right)^2 \cos^2\left(\frac{m\pi}{a}x\right)\sin^2\left(\frac{n\pi}{b}y\right)}} = \frac{\beta}{\omega\varepsilon}$$

利用式(3.3.22)、式(3.3.23)，则有

$$Z_{WE} = \frac{1}{v\varepsilon}\sqrt{1 - \left(\frac{\lambda}{\lambda_c}\right)^2} = \sqrt{\frac{\mu}{\varepsilon}}\sqrt{1 - \left(\frac{\lambda}{\lambda_c}\right)^2} = \eta\sqrt{1 - \left(\frac{\lambda}{\lambda_c}\right)^2} \tag{3.3.32}$$

再由式(3.2.27)得

$$Z_{WE} = \eta\frac{\lambda}{\lambda_g} \tag{3.3.33}$$

若波导填充的是空气，则

$$Z_{WE} = \eta_0\frac{\lambda_0}{\lambda_g} = 120\pi\sqrt{1 - \left(\frac{\lambda_0}{\lambda_c}\right)^2} \tag{3.3.34}$$

3.3.3 矩形波导波型的场分布及其工作特性

场结构是根据场方程用电磁力线的疏密来表示电磁场在波导内的分布情况。之所以对场结构特别注意，是因为它在实际应用中有重大意义，如波导的激励、测量、电击穿以及研究波导中电磁波传输特性的重要参量(波长、速度、波阻抗、衰减，甚至于某些元件的制造等)，都与场结构密切相关。对于 TE 波，由于 $E_z = 0, H_z \neq 0$，电场线仅分布在横截面内，且不可能形成闭合曲线，而磁力线则是空间闭合曲线。

1. TE_{10} 模的场结构

在导行波中截止波长 λ_c 最长的导行模称为导波系统中的主模，因而能进行单模传输。矩形波导的主模为 TE_{10} 模，因为该模式具有场结构简单、稳定、频带宽和损耗小等特点，工程上主要使用 TE_{10} 模式。

将 $m = 1$、$n = 0$、$k_c = \pi/a$ 代入式(3.3.10)，得到相量表达式为

$$\begin{cases} E_x = 0 \\ E_y = -j\frac{\omega\mu a}{\pi}H_{10}\sin\left(\frac{\pi}{a}x\right)e^{-j\beta z} \\ E_z = 0 \\ H_x = j\frac{\beta a}{\pi}H_{10}\sin\left(\frac{\pi}{a}x\right)e^{-j\beta z} \\ H_y = 0 \\ H_z = H_{10}\cos\left(\frac{\pi}{a}x\right)e^{-j\beta z} \end{cases} \tag{3.3.35}$$

再考虑时间因子 $e^{j\omega t}$，可得 TE_{10} 模各场分量时域表达式为

$$\begin{cases} E_y = \dfrac{\omega\mu a}{\pi} H_{10} \sin\left(\dfrac{\pi}{a}x\right) \cos\left(\omega t - \beta z - \dfrac{\pi}{2}\right) \\ H_x = \dfrac{\beta a}{\pi} H_{10} \sin\left(\dfrac{\pi}{a}x\right) \cos\left(\omega t - \beta z + \dfrac{\pi}{2}\right) \\ H_z = H_{10} \cos\left(\dfrac{\pi}{a}x\right) \cos(\omega t - \beta z) \\ E_x = E_z = H_y = 0 \end{cases} \quad (3.3.36)$$

由此可见，场强与 y 无关，即各分量沿 y 轴均匀分布，而沿 x 方向的变化规律为

$$\begin{cases} E_y \propto \sin\left(\dfrac{\pi}{a}x\right) \\ H_x \propto \sin\left(\dfrac{\pi}{a}x\right) \\ H_z \propto \cos\left(\dfrac{\pi}{a}x\right) \end{cases} \quad (3.3.37)$$

其分布曲线如图 3.9(a) 所示，沿 z 方向的变化规律为

$$\begin{cases} E_y \propto \cos\left(\omega t - \beta z - \dfrac{\pi}{2}\right) \\ H_x \propto \cos\left(\omega t - \beta z + \dfrac{\pi}{2}\right) \\ H_z \propto \cos(\omega t - \beta z) \end{cases} \quad (3.3.38)$$

其分布曲线如图 3.9(b) 所示。波导横截面和纵剖面上的场分布如图 3.9(c) 和 3.9(d) 所示。由图可见，H_x 和 E_y 最大值在同截面上出现，电磁波沿 z 方向按行波状态变化；E_y、H_x 和 H_z 相位差为 90°，电磁波沿横向为驻波分布。

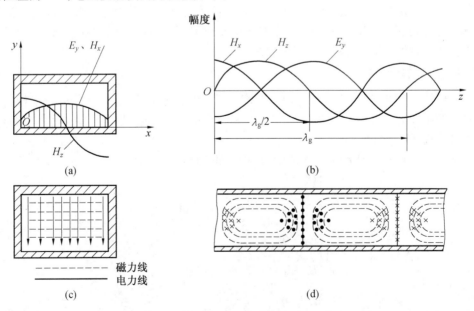

图 3.9　矩形波导 TE_{10} 模的场分布图

扫描二维码(附件3.1)获取矩形波导主模动态波形。

2. TE_{10} 模的传输特性

(1) 截止波长与相移常数。

将 $m=1$、$n=0$ 代入式(3.3.17)，得 TE_{10} 模截止波数为

$$k_c = \frac{\pi}{a} \tag{3.3.39}$$

于是截止波长为

$$\lambda_{cTE_{10}} = \frac{2\pi}{k_c} = 2a \tag{3.3.40}$$

相移常数为

$$\beta = \frac{2\pi}{\lambda}\sqrt{1-\left(\frac{\lambda}{\lambda_c}\right)^2} = \frac{2\pi}{\lambda}\sqrt{1-\left(\frac{\lambda}{2a}\right)^2} \tag{3.2.41}$$

式中，$\lambda = 2\pi/k$，为工作波长。

(2) 波导波长与波阻抗。

对 TE_{10} 模，其波导波长为

$$\lambda_g = \frac{2\pi}{\beta} = \frac{\lambda}{\sqrt{1-(\lambda/2a)^2}} \tag{3.3.42}$$

而 TE_{10} 模的波阻抗为

$$Z_{TE_{10}} = -\frac{E_y}{H_x} = \frac{\omega\mu}{\beta} = \sqrt{\frac{\mu}{\varepsilon}}\frac{1}{\sqrt{1-k_c^2/k^2}} = \frac{120\pi}{\sqrt{1-(\lambda/2a)^2}} \tag{3.3.43}$$

(3) 相速与群速。

由式(3.2.27)及式(3.2.29)可得 TE_{10} 模的相速 v_p 和群速 v_g 分别为

$$v_p = \frac{\omega}{\beta} = \frac{c}{\sqrt{1-(\lambda/2a)^2}} \tag{3.3.44}$$

$$v_g = \frac{d\omega}{d\beta} = c\sqrt{1-(\lambda/2a)^2} \tag{3.3.45}$$

式中，c 为自由空间光速。

(4) 传输功率。

由式(3.1.31)得矩形波导 TE_{10} 模的传输功率为

$$P = \frac{1}{2Z_{TE_{10}}}\iint |E_y|^2 dxdy = \frac{abE_{10}^2}{4Z_{TE_{10}}} \tag{3.3.46}$$

式中，$E_{10} = \frac{\omega\mu a}{\pi}H_{10}$，为 E_y 分量在波导宽边中心处的振幅值。

扫描二维码(附件3.2)获取推导过程。

由此，可得波导传输 TE_{10} 模时的功率容量为

$$P_{br} = \frac{abE_{10}^2}{4Z_{TE_{10}}} = \frac{abE_{br}^2}{480\pi}\sqrt{1-\left(\frac{\lambda}{2a}\right)^2} \tag{3.3.47}$$

式中，E_{br} 为击穿电场幅值。

因空气的击穿场强为 30 kV/cm，故空气矩形波导的功率容量为

$$P_{br0} = 0.6ab\sqrt{1-\left(\frac{\lambda}{2a}\right)^2} \text{ (MW)} \tag{3.3.48}$$

可见,波导尺寸越大,频率越高,则功率容量越大。当负载不匹配时,由于形成驻波,电场振幅变大,因此,功率容量会变小,则不匹配时的功率容量 P'_{br} 和匹配时的功率容量 P_{br} 的关系为

$$P'_{br} = \frac{P_{br}}{\rho} \tag{3.3.49}$$

式中,ρ 为驻波系数。

当允许传输功率不能满足要求时,可采用下述措施。

① 在不出现高次模的条件下,适当加大波导的窄边尺寸 b。
② 密闭波导,并充压缩空气或惰性气体,来提高介质的击穿强度。
③ 保持波导内壁清洁和干燥。
④ 提高行波系数,减小反射。

(5) 衰减特性。

设导行波沿 z 方向传输时的衰减常数为 α,则沿线电场、磁场按 $e^{-\alpha z}$ 的规律变化,即

$$\begin{cases} E(z) = E_0 e^{-\alpha z} \\ H(z) = H_0 e^{-\alpha z} \end{cases} \tag{3.3.50}$$

所以,传输功率按以下规律变化:

$$P = P_0 e^{-2\alpha z} \tag{3.3.51}$$

上式两边对 z 求导得

$$\frac{dP}{dz} = -2\alpha P_0 e^{-2\alpha z} = -2\alpha P \tag{3.3.52}$$

因沿线功率减少率等于传输系统单位长度上的损耗功率,即

$$P_l = -\frac{dP}{dz} (\text{W/m}) \tag{3.3.53}$$

比较式(3.2.52)和式(3.2.53)可得

$$\alpha = \frac{P_l}{2P} (\text{NP/m}) = \frac{8.686 P_l}{2P} (\text{dB/m}) \tag{3.3.54}$$

由此可求得衰减常量 α。

在计算损耗功率时,因不同的导行模有不同的电流分布,损耗也不同,根据上述分析,可推得矩形波导 TE_{10} 模的衰减常数公式为

$$\alpha_c = \frac{8.686 R_s}{120 \pi b \sqrt{1 - \left(\frac{\lambda}{2a}\right)^2}} \left[1 + 2\frac{b}{a}\left(\frac{\lambda}{2a}\right)^2\right] (\text{dB/m}) \tag{3.3.55}$$

式中,$R_s = \sqrt{\pi f \mu / \sigma}$,为导体表面电阻,它取决于导体的磁导率 μ、电导率 σ 和工作频率 f。

由式(3.3.55)可以看出以下几个方面。

① 衰减与波导的材料有关,要选导电率高的非铁磁材料,使 R_s 尽量小。
② 增大波导高度 b 能使衰减变小,但当 $b > a/2$ 时,单模工作频带变窄,故衰减与频带应综合考虑。
③ 衰减与工作频率有关,给定矩形波导尺寸,随着频率的提高先减小,出现极小点,然后稳步上升,不同 b/a 下随频率变化的衰减常数如图3.10所示。

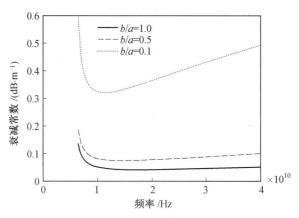

图 3.10 不同 b/a 下随频率变化的衰减常数

扫描二维码(附件 3.3)获取图 3.10 MATLAB 编程实现。

3. TE_{10} 模的内壁电流

由理想导体的边界条件可知,波导内壁的表面传导电流是由壁上磁场的切向分量所决定,$\boldsymbol{J}_s = \hat{n} \times \boldsymbol{H}_s$,电流密度大小等于磁场切向分量的大小,方向由 $\hat{n} \times \boldsymbol{H}_s$ 决定,如图 3.11 所示。本节分析 TE_{10} 模的电流分布,见表 3.3。

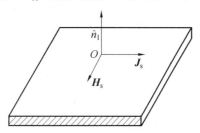

图 3.11 电流密度与磁场关系

表 3.3 TE_{10} 模的电流与磁场关系

磁场瞬时表达式	
$\begin{cases} H_x = -\dfrac{a}{\pi}\beta H_0 \sin\left(\dfrac{\pi}{a}x\right)\sin(\omega t - \beta z) \\ H_z = H_0 \cos\left(\dfrac{\pi}{a}x\right)\cos(\omega t - \beta z) \end{cases}$	
$x=0$ 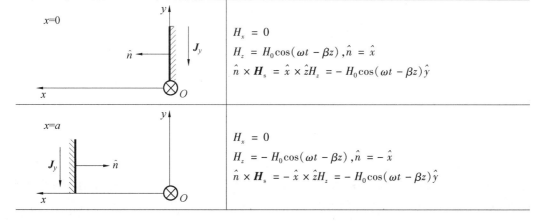	$H_x = 0$ $H_z = H_0 \cos(\omega t - \beta z), \hat{n} = \hat{x}$ $\hat{n} \times \boldsymbol{H}_s = \hat{x} \times \hat{z} H_z = -H_0 \cos(\omega t - \beta z)\hat{y}$
$x=a$	$H_x = 0$ $H_z = -H_0 \cos(\omega t - \beta z), \hat{n} = -\hat{x}$ $\hat{n} \times \boldsymbol{H}_s = -\hat{x} \times \hat{z} H_z = -H_0 \cos(\omega t - \beta z)\hat{y}$

续表 3.3

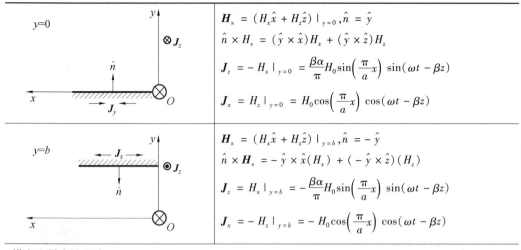

横向和纵向壁电流

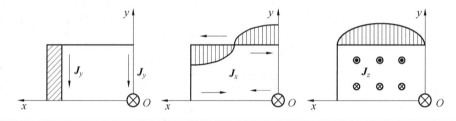

由此可见,在主波导左右两臂只有 J_y 分量电流,且大小相等,方向相同;在上下两壁,电流有 J_x 和 J_z 两个分量,在同一 x 位置处的上下两壁的电流大小相等,方向相反;每半个周期形成一个电流巢,相邻半周期的电流方向相反;同一横截面内的内壁电流是连续的,在上下电流巢处由位移电流连接起来,形成电流回路。TE_{10} 波的波导内壁电流分布如图 3.12 所示。

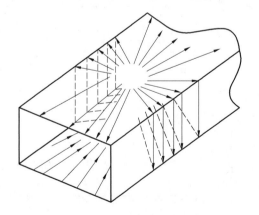

图 3.12 TE_{10} 波的波导内壁电流分布

如果沿着电流方向开一条窄缝,它不影响或极少影响场强分布,可以用来制作波导测量线、螺钉调配器等;如果窄缝切断了管壁电流,则场分布将被扰乱,会引起辐射和反射等现象,可以用来制作缝隙天线等。图 3.13 所示为不切割电流和切割电流的缝隙结构。

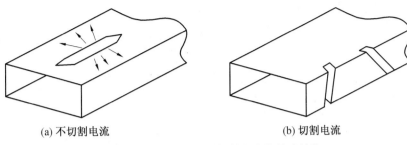

(a) 不切割电流　　　　　　(b) 切割电流

图 3.13　不切割电流和切割电流的缝隙结构

3.3.4　矩形波导尺寸选择原则

选择矩形波导尺寸应考虑以下几个因素。

1. 波导带宽问题

保证在给定频率范围内的电磁波在波导中都能以单一 TE_{10} 模传播,其他高次模都应截止。为此,应满足:

$$\begin{cases} \lambda_{cTE_{20}} < \lambda < \lambda_{cTE_{10}} \\ \lambda_{cTE_{01}} < \lambda < \lambda_{cTE_{10}} \end{cases} \tag{3.3.56}$$

将 TE_{10} 模、TE_{20} 模和 TE_{01} 模的截止波长代入上式得

$$\begin{cases} a < \lambda < 2a \\ 2b < \lambda < 2a \end{cases}$$

或写为

$$\begin{cases} \lambda/2 < a < \lambda \\ 0 < b < \lambda/2 \end{cases}$$

2. 波导功率容量问题

在传播所要求的功率时,波导不至于发生击穿。由式(3.3.47)可知,适当增加 b 可增加功率容量,故 b 应尽可能大一些。

3. 波导的衰减问题

通过波导后的微波信号功率不要损失太大。由式(3.3.55)可知,增大 b 也可使衰减变小,故 b 应尽可能大一些。

综合上述因素,矩形波导的尺寸一般选为

$$\begin{cases} a = 0.7\lambda \\ b = (0.4 - 0.5)a \end{cases} \tag{3.3.57}$$

通常将 $b = a/2$ 的波导称为标准波导;为了提高功率容量,选 $b > a/2$ 的波导,将 $b > a/2$ 的波导称为高波导;为了减小体积,减轻重量,有时也选 $b < a/2$ 的波导,将 $b < a/2$ 的波导称为扁波导。

附录 2 给出了工程上常用的各种波导的参数表以及与国外标准的对照表。

例 3.3　一横截面尺寸为 $a \times b = 20$ mm $\times 10$ mm 的矩形波导传输线中,填充 $\varepsilon_r = 9$ 和 $\mu_r = 1$ 的均匀介质,试求:

(1) 该波导传输线单模工作的频率范围。
(2) 频率为 4 GHz 的信号在该波导中传输 2 cm 时,主模的相移量是多少?
(3) 当工作频率为 6 GHz 时,波导中可能传输哪些模?

解 （1）由单模工作的条件 $a < \lambda < 2a$，可得

$$\frac{c}{2a\sqrt{\mu_r \varepsilon_r}} < f < \frac{c}{a\sqrt{\mu_r \varepsilon_r}}$$

即

$$2.5 \text{ GHz} < f < 5 \text{ GHz}$$

（2）当 $f = 4$ GHz 时，有

$$\lambda = \frac{c}{f\sqrt{\mu_r \varepsilon_r}} = 2.5 \text{ (cm)}$$

$$\lambda_g = \frac{\lambda}{\sqrt{1-(\lambda/2a)^2}} = \frac{2.5}{\sqrt{1-(2.5/4)^2}} = 3.2 \text{ (cm)}$$

传输 $l = 2$ cm 时的相移量

$$\varphi = \beta l = 2\pi l/\lambda_g = 224.82°$$

（3）当 $f = 6$ GHz 时，$\lambda = \dfrac{c}{f\sqrt{\mu_r \varepsilon_r}} = \dfrac{5}{3} = 1.67 \text{ (cm)}$。由 $\lambda < \lambda_c = 2\Big/\sqrt{\left(\dfrac{m}{a}\right)^2 + \left(\dfrac{n}{b}\right)^2}$，即 $\left(\dfrac{m}{a}\right)^2 + \left(\dfrac{n}{b}\right)^2 < \left(\dfrac{2}{\lambda}\right)^2$，可得 $m < 2.4, n < 1.2$，m 的取值为 $m = 0, 1, 2$；n 的取值为 $n = 0, 1$。

由于

$$\lambda_c(H_{21}) = \lambda_c(E_{21}) = \frac{2ab}{\sqrt{a^2 + 4b^2}} = \sqrt{2} \text{ (cm)} < \lambda$$

所以可能传输的模式为：TE_{10}、TE_{20}、TE_{01}、TE_{11}、TM_{11}。

3.4 圆 波 导

圆波导具有加工方便、损耗小及双极化特性，多用于天线馈线中，广泛应用于远距离通信，以及用圆波导作微波谐振器等。圆波导的分析方法和矩形波导一样，从无源麦克斯韦方程组出发，用纵向场表示横向场，然后根据亥姆霍兹方程求解纵向场分量，再根据边界条件确定纵向场系数，进而确定横向场表达式。

3.4.1 圆波导中的场

在如图 3.14 所示的圆柱坐标系 (ρ, φ, z) 中，仿照式(3.3.24)可得圆波导中横向场分量表达式。由麦克斯韦方程组，无源区电场满足的方程为

$$\nabla \times \boldsymbol{E} = -\mathrm{j}\omega\mu \boldsymbol{H}$$

将旋度方程展开

$$\nabla \times \boldsymbol{E}(\rho, \varphi, z) = \frac{1}{\rho} \begin{vmatrix} \boldsymbol{a}_\rho & \rho \boldsymbol{a}_\varphi & \boldsymbol{a}_z \\ \dfrac{\partial}{\partial \rho} & \dfrac{\partial}{\partial \varphi} & -\mathrm{j}\beta \\ E_\rho & \rho E_\varphi & E_z \end{vmatrix}$$

$$= -\mathrm{j}\omega\mu(\boldsymbol{a}_\rho H_\rho + \boldsymbol{a}_\varphi H_\varphi + \boldsymbol{a}_z H_z)$$

(3.4.1)

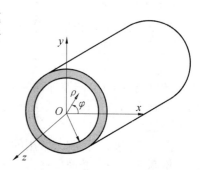

图 3.14 圆波导结构

式中,$\frac{\partial}{\partial z} = -j\beta$,因此旋度方程可进一步化简为

$$\begin{cases} \frac{1}{\rho}\frac{\partial E_z}{\partial \varphi} + j\beta E_\varphi = -j\omega\mu H_\rho \\ -j\beta E_\rho - \frac{\partial E_z}{\partial \rho} = -j\omega\mu H_\varphi \\ \frac{1}{\rho}\frac{\partial(\rho E_\varphi)}{\partial \rho} - \frac{1}{\rho}\frac{\partial E_\rho}{\partial \varphi} = -j\omega\mu H_z \end{cases} \quad (3.4.2)$$

类似地,由 $\nabla \times \boldsymbol{H} = j\omega\varepsilon \boldsymbol{E}$ 和 $\frac{\partial}{\partial z} = -j\beta$ 得到

$$\begin{cases} \frac{1}{\rho}\frac{\partial H_z}{\partial \varphi} + j\beta H_\varphi = j\omega\varepsilon E_\rho \\ -j\beta H_\rho - \frac{\partial H_z}{\partial \rho} = j\omega\varepsilon E_\varphi \\ \frac{1}{\rho}\frac{\partial(\rho H_\varphi)}{\partial \rho} - \frac{1}{\rho}\frac{\partial H_\rho}{\partial \varphi} = -j\omega\varepsilon E_z \end{cases} \quad (3.4.3)$$

可以将上面两个旋度方程分解成两组,第一组方程为

$$\begin{cases} \frac{1}{\rho}\frac{\partial H_z}{\partial \varphi} + j\beta H_\varphi = j\omega\varepsilon E_\rho \\ -j\beta E_\rho - \frac{\partial E_z}{\partial \rho} = -j\omega\mu H_\varphi \end{cases} \Rightarrow \begin{cases} j\omega\varepsilon E_\rho - j\beta H_\varphi = \frac{1}{\rho}\frac{\partial H_z}{\partial \varphi} \\ -j\beta E_\rho + j\omega\mu H_\varphi = \frac{\partial E_z}{\partial \rho} \end{cases} \quad (3.4.4)$$

求解过程如下:

$$D = \begin{vmatrix} j\omega\varepsilon & -j\beta \\ -j\beta & j\omega\mu \end{vmatrix} = -k_c^2$$

$$D_1 = \begin{vmatrix} \frac{1}{\rho}\frac{\partial H_z}{\partial \varphi} & -j\beta \\ \frac{\partial E_z}{\partial \rho} & j\omega\mu \end{vmatrix} = j\beta\frac{\partial E_z}{\partial \rho} + j\omega\mu\frac{\partial H_z}{\partial \varphi}$$

$$D_2 = \begin{vmatrix} j\omega\varepsilon & \frac{1}{\rho}\frac{\partial H_z}{\partial \varphi} \\ -j\beta & \frac{\partial E_z}{\partial \rho} \end{vmatrix} = j\omega\varepsilon\frac{\partial E_z}{\partial \rho} + \frac{j\beta}{\rho}\frac{\partial H_z}{\partial \varphi}$$

得第一组解为

$$\begin{cases} E_\rho(\rho,\varphi) = \frac{D_1}{D} = \frac{-j}{k_c^2}\left(\beta\frac{\partial E_z}{\partial \rho} + \frac{\omega\mu}{\rho}\frac{\partial H_z}{\partial \varphi}\right) \\ H_\varphi(\rho,\varphi) = \frac{D_2}{D} = \frac{-j}{k_c^2}\left(\omega\varepsilon\frac{\partial E_z}{\partial \rho} + \frac{\beta}{\rho}\frac{\partial H_z}{\partial \varphi}\right) \end{cases} \quad (3.4.5)$$

第二组方程为

$$\begin{cases} -j\beta H_\rho - \frac{\partial H_z}{\partial \rho} = j\omega\varepsilon E_\varphi \\ \frac{1}{\rho}\frac{\partial E_z}{\partial \varphi} + j\beta E_\varphi = -j\omega\mu H_\rho \end{cases} \Rightarrow \begin{cases} j\omega\varepsilon E_\varphi + j\beta H_\rho = -\frac{\partial H_z}{\partial \rho} \\ j\beta E_\varphi + j\omega\mu H_\rho = -\frac{1}{\rho}\frac{\partial E_z}{\partial \varphi} \end{cases} \quad (3.4.6)$$

求解过程如下：

$$D = \begin{vmatrix} j\omega\varepsilon & j\beta \\ j\beta & j\omega\mu \end{vmatrix} = -k_c^2$$

$$D_1 = \begin{vmatrix} -\dfrac{\partial H_z}{\partial \rho} & j\beta \\ -\dfrac{1}{\rho}\dfrac{\partial E_z}{\partial \varphi} & j\omega\mu \end{vmatrix} = \dfrac{j\beta}{\rho}\dfrac{\partial E_z}{\partial \varphi} - j\omega\mu\dfrac{\partial H_z}{\partial \rho}$$

$$D_2 = \begin{vmatrix} j\omega\varepsilon & -\dfrac{\partial H_z}{\partial \rho} \\ j\beta & -\dfrac{1}{\rho}\dfrac{\partial E_z}{\partial \varphi} \end{vmatrix} = -\dfrac{j\omega\varepsilon}{\rho}\dfrac{\partial E_z}{\partial \varphi} + j\beta\dfrac{\partial H_z}{\partial \rho}$$

得第二组解为

$$\begin{cases} H_\rho(\rho,\varphi) = \dfrac{D_1}{D} = \dfrac{-j}{k_c^2}\left(-\dfrac{\omega\varepsilon}{\rho}\dfrac{\partial E_z}{\partial \varphi} + \beta\dfrac{\partial H_z}{\partial \rho}\right) \\ E_\varphi(\rho,\varphi) = \dfrac{D_2}{D} = \dfrac{-j}{k_c^2}\left(\dfrac{\beta}{\rho}\dfrac{\partial E_z}{\partial \varphi} - \omega\mu\dfrac{\partial H_z}{\partial \rho}\right) \end{cases} \quad (3.4.7)$$

因此

$$\begin{cases} E_r = -\dfrac{1}{k_c^2}\left(j\dfrac{\omega\mu}{\rho}\dfrac{\partial H_z}{\partial \varphi} + \beta\dfrac{\partial E_z}{\partial \rho}\right) \\ E_\varphi = -\dfrac{1}{k_c^2}\left(-j\omega\mu\dfrac{\partial H_z}{\partial \rho} + \dfrac{\beta}{\rho}\dfrac{\partial E_z}{\partial \varphi}\right) \\ H_r = \dfrac{1}{k_c^2}\left(-\beta\dfrac{\partial H_z}{\partial \rho} + j\dfrac{\omega\varepsilon}{\rho}\dfrac{\partial E_z}{\partial \varphi}\right) \\ H_\varphi = -\dfrac{1}{k_c^2}\left(-\beta\dfrac{\partial H_z}{\partial \rho} + j\omega\varepsilon\dfrac{\partial E_z}{\partial \varphi}\right) \end{cases} \quad (3.4.8)$$

把全部横向分量用矩阵形式表示为

$$\begin{bmatrix} E_\rho \\ E_\varphi \\ H_\rho \\ H_\varphi \end{bmatrix} = \dfrac{1}{k_c^2} \begin{bmatrix} -j\beta & 0 & 0 & -j\omega\mu \\ 0 & -j\beta & j\omega\mu & 0 \\ 0 & j\omega\varepsilon & -j\beta & 0 \\ -j\omega\varepsilon & 0 & 0 & -j\beta \end{bmatrix} \begin{bmatrix} \dfrac{\partial E_z}{\partial \rho} \\ \dfrac{1}{\rho}\dfrac{\partial E_z}{\partial \varphi} \\ \dfrac{\partial H_z}{\partial \rho} \\ \dfrac{1}{\rho}\dfrac{\partial H_z}{\partial \varphi} \end{bmatrix} \quad (3.4.9)$$

纵向场分量 E_z 和 H_z 所满足的波动方程为

$$\begin{cases} \left(\dfrac{\partial^2}{\partial \rho^2} + \dfrac{1}{\rho}\dfrac{\partial}{\partial \rho} + \dfrac{1}{\rho^2}\dfrac{\partial^2}{\partial \varphi^2}\right) E_z + k_c^2 E_z = 0 \\ \left(\dfrac{\partial^2}{\partial \rho^2} + \dfrac{1}{\rho}\dfrac{\partial}{\partial \rho} + \dfrac{1}{\rho^2}\dfrac{\partial^2}{\partial \varphi^2}\right) H_z + k_c^2 H_z = 0 \end{cases} \quad (3.4.10)$$

与矩形波导一样，圆波导也分 TE(H) 波和 TM(E) 波两种，本节分别求出各自的场方程。

1. TE 波

（1）纵向场求解。

TE 波中 $E_z = 0$，$H_z = H_{Oz}(\rho,\varphi)\mathrm{e}^{-\mathrm{j}\beta z}$，且满足齐次亥姆霍兹方程：
$$\nabla_t^2 H_z(\rho,\varphi) + k_c^2 H_z(\rho,\varphi) = 0$$

圆柱坐标系中
$$\nabla_t^2 = \frac{\partial^2}{\partial \rho^2} + \frac{1}{\rho}\frac{\partial}{\partial \rho} + \frac{1}{\rho^2}\frac{\partial^2}{\partial \varphi^2}$$

上式可写为
$$\left(\frac{\partial^2}{\partial \rho^2} + \frac{1}{\rho}\frac{\partial}{\partial \rho} + \frac{1}{\rho^2}\frac{\partial^2}{\partial \varphi^2}\right) H_{Oz}(\rho,\varphi) + k_c^2 H_{Oz}(\rho,\varphi) = 0 \quad (3.4.11)$$

应用分离变量法，令
$$H_{Oz}(\rho,\varphi) = R(\rho)\Phi(\varphi) \quad (3.4.12)$$

代入式（3.4.11），并除以 $R(\rho)\Phi(\varphi)/\rho^2$ 得
$$\frac{1}{R(\rho)}\left[\rho^2\frac{\mathrm{d}^2 R(\rho)}{\mathrm{d}\rho^2} + \rho\frac{\mathrm{d}R(\rho)}{\mathrm{d}\rho} + \rho^2 k_c^2 R(\rho)\right] = -\frac{1}{\Phi(\varphi)}\frac{\mathrm{d}^2 \Phi(\varphi)}{\mathrm{d}\varphi^2}$$

要使上式成立，上式两边项必须均为常数，设该常数为 m^2，则
$$\rho^2\frac{\mathrm{d}^2 R(\rho)}{\mathrm{d}\rho^2} + \rho\frac{\mathrm{d}R(\rho)}{\mathrm{d}\rho} + (\rho^2 k_c^2 - m^2) R(\rho) = 0 \quad (3.4.13\mathrm{a})$$

$$\frac{\mathrm{d}^2 \Phi(\varphi)}{\mathrm{d}\varphi^2} + m^2 \Phi(\varphi) = 0 \quad (3.4.13\mathrm{b})$$

该式通解为
$$R(\rho) = A_1 \mathrm{J}_m(k_c\rho) + A_2 \mathrm{N}_m(k_c\rho) \quad (3.4.14)$$

式中，$\mathrm{J}_m(x)$、$\mathrm{N}_m(x)$ 分别为第一类和第二类 m 阶贝塞尔（Bessel）函数。

式（3.4.13b）的通解为
$$\Phi(\varphi) = B_1\cos m\varphi + B_2\sin m\varphi = B\begin{pmatrix}\cos m\varphi \\ \sin m\varphi\end{pmatrix} \quad (3.4.15)$$

式（3.4.15）中后一种表示形式是考虑圆波导的轴对称性，因此，场的极化方向具有不确定性，使导行波的场分布在 φ 方向存在 $\cos m\varphi$ 和 $\sin m\varphi$ 两种可能的分布，他们独立存在，相互正交，截止波长相同，构成同一导行模的极化简并模。

由于 $\rho = 0$ 时，$\mathrm{N}_m(k_c\rho) = -\infty$，故式（3.4.14）中必然有 $A_2 = 0$，于是 $H_{Oz}(\rho,\varphi)$ 通解为
$$H_{Oz}(\rho,\varphi) = A_1 B \mathrm{J}_m(k_c\rho)\begin{pmatrix}\cos m\varphi \\ \sin m\varphi\end{pmatrix} \quad (3.4.16)$$

由边界条件 $\left.\dfrac{\partial H_{Oz}}{\partial \rho}\right|_{\rho = a} = 0$ 以及式（3.4.16）得 $\mathrm{J}'_m(k_c a) = 0$。

设 m 阶第一类贝塞尔函数的一阶导数 $\mathrm{J}'_m(x) = 0$ 的第 n 个根为 μ_{mn}，则有
$$k_c a = \mu_{mn} \text{ 或 } k_c = \mu_{mn}/a, \quad n = 1, 2, \cdots \quad (3.4.17)$$

于是，圆波导中 TE 模纵向磁场 $H_z(\rho,\varphi,z)$ 基本解为
$$H_z(\rho,\varphi,z) = A_1 B \mathrm{J}_m\left(\frac{\mu_{mn}}{a}\rho\right)\begin{pmatrix}\cos m\varphi \\ \sin m\varphi\end{pmatrix}\mathrm{e}^{-\mathrm{j}\beta z}, \quad m = 0,1,2,\cdots;n = 1,2,\cdots \quad (3.4.18)$$

令模式振幅 $H_{mn} = A_1 B$，则 $H_z(\rho,\varphi,z)$ 通解为

$$H_z(\rho,\varphi,z) = \sum_{m=0}^{\infty}\sum_{n=1}^{\infty} H_{mn} \mathrm{J}_m\left(\frac{\mu_{mn}}{a}\rho\right)\begin{pmatrix}\cos m\varphi \\ \sin m\varphi\end{pmatrix}\mathrm{e}^{-\mathrm{j}\beta z} \qquad (3.4.19)$$

表 3.4 列出了 TE_{mn} 模式的 μ_{mn} 值与相应的截止波长 λ_c。

表 3.4　圆波导中 TE_{mn} 模式的截止波长

波型	μ_{mn}	λ_c	波型	μ_{mn}	λ_c
TE_{11}	1.841	$3.41a$	TE_{12}	5.332	$1.18a$
TE_{21}	3.054	$2.06a$	TE_{22}	6.705	$0.94a$
TE_{01}	3.832	$1.64a$	TE_{02}	7.016	$0.80a$
TE_{31}	4.201	$1.50a$	TE_{13}	8.536	$0.74a$

（2）横向分量用纵向分量表示。

由式（3.4.9）及 TE 波中 $E_z = 0$ 得到

$$\begin{bmatrix}E_\rho \\ E_\varphi \\ H_\rho \\ H_\varphi\end{bmatrix} = \frac{1}{k_c^2}\begin{bmatrix}-\mathrm{j}\beta & 0 & 0 & -\mathrm{j}\omega\mu \\ 0 & -\mathrm{j}\beta & \mathrm{j}\omega\mu & 0 \\ 0 & \mathrm{j}\omega\varepsilon & -\mathrm{j}\beta & 0 \\ -\mathrm{j}\omega\varepsilon & 0 & 0 & -\mathrm{j}\beta\end{bmatrix}\begin{bmatrix}0 \\ 0 \\ \dfrac{\partial H_z}{\partial \rho} \\ \dfrac{1}{\rho}\dfrac{\partial H_z}{\partial \varphi}\end{bmatrix} \qquad (3.4.20)$$

$$\begin{cases} E_\rho(\rho,\varphi) = \dfrac{-\mathrm{j}}{k_c^2}\dfrac{\omega\mu}{\rho}\dfrac{\partial H_z}{\partial \varphi} \\[4pt] E_\varphi(\rho,\varphi) = \dfrac{\mathrm{j}}{k_c^2}\omega\mu\dfrac{\partial H_z}{\partial \rho} \\[4pt] H_\rho(\rho,\varphi) = \dfrac{-\mathrm{j}}{k_c^2}\beta\dfrac{\partial H_z}{\partial \rho} \\[4pt] H_\varphi(\rho,\varphi) = \dfrac{-\mathrm{j}}{k_c^2}\dfrac{\beta}{\rho}\dfrac{\partial H_z}{\partial \varphi}\end{cases} \qquad (3.4.21)$$

可求得其他场分量：

$$\begin{cases} E_\rho(\rho,\varphi,z) = \sum_{m=0}^{\infty}\sum_{n=1}^{\infty}\dfrac{\mathrm{j}\omega\mu m a^2}{\mu_{mn}^2 \rho}H_{mn}\mathrm{J}_m\left(\dfrac{\mu_{mn}}{a}\rho\right)\begin{pmatrix}+\sin m\varphi \\ -\cos m\varphi\end{pmatrix}\mathrm{e}^{-\mathrm{j}\beta z} \\[6pt] E_\varphi(\rho,\varphi,z) = \sum_{m=0}^{\infty}\sum_{n=1}^{\infty}\dfrac{\mathrm{j}\omega\mu a}{\mu_{mn}}H_{mn}\mathrm{J}'_m\left(\dfrac{\mu_{mn}}{a}\rho\right)\begin{pmatrix}\cos m\varphi \\ \sin m\varphi\end{pmatrix}\mathrm{e}^{-\mathrm{j}\beta z} \\[6pt] E_z(\rho,\varphi,z) = 0 \\[6pt] H_\rho(\rho,\varphi,z) = \sum_{m=0}^{\infty}\sum_{n=1}^{\infty}\dfrac{-\mathrm{j}\beta a}{\mu_{mn}}H_{mn}\mathrm{J}'_m\left(\dfrac{\mu_{mn}}{a}\rho\right)\begin{pmatrix}\cos m\varphi \\ \sin m\varphi\end{pmatrix}\mathrm{e}^{-\mathrm{j}\beta z} \\[6pt] H_\varphi(\rho,\varphi,z) = \sum_{m=0}^{\infty}\sum_{n=1}^{\infty}\dfrac{\mathrm{j}\beta m a^2}{\mu_{mn}^2 \rho}H_{mn}\mathrm{J}_m\left(\dfrac{\mu_{mn}}{a}\rho\right)\begin{pmatrix}+\sin m\varphi \\ -\cos m\varphi\end{pmatrix}\mathrm{e}^{-\mathrm{j}\beta z} \\[6pt] H_z(\rho,\varphi,z) = \sum_{m=0}^{\infty}\sum_{n=1}^{\infty}H_{mn}\mathrm{J}_m\left(\dfrac{\mu_{mn}}{a}\rho\right)\begin{pmatrix}\cos m\varphi \\ \sin m\varphi\end{pmatrix}\mathrm{e}^{-\mathrm{j}\beta z}\end{cases} \qquad (3.4.22)$$

可见，圆波导中同样存在无穷多种 TE 模，不同的 m 和 n 代表不同的模式，记为 TE_{mn}，m 表示场沿圆周分布的整波数，n 表示场沿半径分布的最大值个数。

2. TM 波

通过与 TE 波相同的分析，可求得 TM 波纵向电场 $E_z(\rho,\varphi,z)$ 的通解。TM 波中 $H_z = 0$，$E_z = E_{0z}(\rho,\varphi)\mathrm{e}^{-\mathrm{j}\beta z}$，$E_{0z}(\rho,\varphi)$ 通解为

$$E_{0z}(\rho,\varphi) = A_1 B \mathrm{J}_m(k_c \rho) \begin{pmatrix} \cos m\varphi \\ \sin m\varphi \end{pmatrix} \tag{3.4.23}$$

由边界条件 $E_{0z}|_{\rho=a} = 0$ 得 $\mathrm{J}_m(k_c a) = 0$。

设 m 阶第一类贝塞尔函数 $\mathrm{J}_m(x)$ 的第 n 个根为 υ_{mn}，则有

$$k_c a = \upsilon_{mn} \text{ 或 } k_c = \frac{\upsilon_{mn}}{a}, \quad n = 1, 2, \cdots \tag{3.4.24}$$

得到

$$E_z(\rho,\varphi,z) = \sum_{m=0}^{\infty} \sum_{n=1}^{\infty} E_{mn} \mathrm{J}_m\left(\frac{\upsilon_{mn}}{a}\rho\right) \begin{pmatrix} \cos m\varphi \\ \sin m\varphi \end{pmatrix} \mathrm{e}^{-\mathrm{j}\beta z} \tag{3.4.25}$$

式中，υ_{mn} 是 m 阶第一类贝塞尔函数 $\mathrm{J}_m(x)$ 的第 n 个根，且 $k_{c\mathrm{TM}_{mn}} = \upsilon_{mn}/a$，于是可求得其他场分量：

$$\begin{bmatrix} E_\rho \\ E_\varphi \\ H_\rho \\ H_\varphi \end{bmatrix} = \frac{1}{k_c^2} \begin{bmatrix} -\mathrm{j}\beta & 0 & 0 & -\mathrm{j}\omega\mu \\ 0 & -\mathrm{j}\beta & \mathrm{j}\omega\mu & 0 \\ 0 & \mathrm{j}\omega\varepsilon & -\mathrm{j}\beta & 0 \\ -\mathrm{j}\omega\varepsilon & 0 & 0 & -\mathrm{j}\beta \end{bmatrix} \begin{bmatrix} \dfrac{\partial E_z}{\partial \rho} \\ \dfrac{1}{\rho}\dfrac{\partial E_z}{\partial \varphi} \\ 0 \\ 0 \end{bmatrix} \tag{3.4.26}$$

$$\begin{cases} E_\rho(\rho,\varphi) = \dfrac{-\mathrm{j}\beta}{k_c^2} \dfrac{\partial E_z}{\partial \rho} \\ E_\varphi(\rho,\varphi) = \dfrac{-\mathrm{j}\beta}{k_c^2 \rho} \dfrac{\partial E_z}{\partial \varphi} \\ H_\rho(\rho,\varphi) = \dfrac{\mathrm{j}\omega\beta}{k_c^2 \rho} \dfrac{\partial E_z}{\partial \varphi} \\ H_\varphi(\rho,\varphi) = \dfrac{-\mathrm{j}\omega\varepsilon}{k_c^2} \dfrac{\partial E_z}{\partial \rho} \end{cases} \tag{3.4.27}$$

$$\begin{cases} E_\rho(\rho,\varphi,z) = \sum\limits_{m=0}^{\infty}\sum\limits_{n=1}^{\infty} \dfrac{-\mathrm{j}\beta a}{\upsilon_{mn}} E_{mn} \mathrm{J}'_m\left(\dfrac{\upsilon_{mn}}{a}\rho\right) \begin{pmatrix} \cos m\varphi \\ \sin m\varphi \end{pmatrix} \mathrm{e}^{-\mathrm{j}\beta z} \\ E_\varphi(\rho,\varphi,z) = \sum\limits_{m=0}^{\infty}\sum\limits_{n=1}^{\infty} \dfrac{\mathrm{j}\beta m a^2}{\upsilon_{mn}^2 \rho} E_{mn} \mathrm{J}_m\left(\dfrac{\upsilon_{mn}}{a}\rho\right) \begin{pmatrix} +\sin m\varphi \\ -\cos m\varphi \end{pmatrix} \mathrm{e}^{-\mathrm{j}\beta z} \\ E_z(\rho,\varphi,z) = \sum\limits_{m=0}^{\infty}\sum\limits_{n=1}^{\infty} E_{mn} \mathrm{J}_m\left(\dfrac{\upsilon_{mn}}{a}\rho\right) \begin{pmatrix} \cos m\varphi \\ \sin m\varphi \end{pmatrix} \mathrm{e}^{-\mathrm{j}\beta z} \\ H_\rho(\rho,\varphi,z) = \sum\limits_{m=0}^{\infty}\sum\limits_{n=1}^{\infty} \dfrac{-\mathrm{j}\omega\varepsilon m a^2}{\upsilon_{mn}^2 \rho} E_{mn} \mathrm{J}_m\left(\dfrac{\upsilon_{mn}}{a}\rho\right) \begin{pmatrix} +\sin m\varphi \\ -\cos m\varphi \end{pmatrix} \mathrm{e}^{-\mathrm{j}\beta z} \\ H_\varphi(\rho,\varphi,z) = \sum\limits_{m=0}^{\infty}\sum\limits_{n=1}^{\infty} \dfrac{-\mathrm{j}\omega\varepsilon a}{\upsilon_{mn}} E_{mn} \mathrm{J}'_m\left(\dfrac{\upsilon_{mn}}{a}\rho\right) \begin{pmatrix} \sin m\varphi \\ \cos m\varphi \end{pmatrix} \mathrm{e}^{-\mathrm{j}\beta z} \\ H_z(\rho,\varphi,z) = 0 \end{cases} \tag{3.4.28}$$

表 3.5 列出了 TM 波不同模式的截止波长。

表 3.5　圆波导中 TM_{mn} 模式的截止波长

波型	v_{mn}	λ_c	波型	v_{mn}	λ_c
TM_{01}	2.404 83	2.61a	TM_{12}	7.016	0.90a
TM_{11}	3.832	1.64a	TM_{22}	8.417	0.75a
TM_{21}	5.135	1.22a	TM_{03}	8.650	0.72a
TM_{02}	5.520	1.14a	TM_{13}	10.170	0.62a

从表中可知,圆波导中同样存在着无穷多种 TM 模,波形指数 m 和 n 的意义与 TE 模的相同。$\cos m\varphi$ 称为偶对称极化波,$\sin m\varphi$ 称为奇对称极化波。

3.4.2　圆波导的传输特性

(1) 圆波导中同样存在着无穷多种 TE_{mn} 和 TM_{mn} 波型,由于 $\mu_{m0} = 0, v_{m0} = 0$,即不存在 TE_{m0} 和 TM_{m0} 波。

(2) 波型指数 m 和 n 的含义。

从场方程可以看出,不论 TE_{mn} 和 TM_{mn} 波,其场沿圆周 φ 和沿半径 ρ 方向皆呈驻波分布。场沿 φ 方向按三角函数规律分布,m 表示场沿圆周分布的整波数;场沿 ρ 方向按贝塞尔函数或其导数的规律分布,n 表示场沿半径方向分布的最大值个数。

(3) 简并模。

圆波导中波型的简并有两种。一种称为极化简并,由于圆波导具有轴对称性,对 $m \neq 0$ 的任意非圆对称模式,横向电磁场可以有任意的极化方向而截止波数相同,任意极化的电磁波可以看出是偶对称极化波 $\cos m\varphi$ 和奇对称极化波 $\sin m\varphi$ 的线性组合;从场方程中看出场分量沿圆周 φ 方向的分布存在着 $\sin m\varphi$ 和 $\cos m\varphi$ 两种可能性,对于同一个 m、n 值,在同一类型波(TE_{mn} 或 TM_{mn})中有着极化面相互垂直的两种场分布形式,这种现象称为极化简并,圆波导中除 TE_{0n} 和 TM_{0n} 外都存在极化简并。另一种简并则是在不同类型波之间存在的,称为模式简并,如 TE_{0n} 和 TM_{1n} 之间有简并,因为 $\lambda_{cTE_{0n}} = \lambda_{cTM_{1n}}$;由于贝塞尔函数具有 $J_0'(x) = -J_1(x)$ 的性质,所以一阶贝塞尔函数的根和零阶贝塞尔函数导数的根相等,即 $\mu_{0n} = v_{1n}$,故 $\lambda_{cTE_{0n}} = \lambda_{cTM_{1n}}$。

(4) 圆波导中最低型 TM 波是 TE_{11} 波,而最低型 TE 波是 TM_{01} 波。因 $\lambda_{cTE_{11}} > \lambda_{cTM_{01}}$,故圆波导中的主模是 TE_{11} 波。

图 3.15 所示为圆波导的截止模式分布图,由图可见,当圆波导半径 a 已定,工作波长 λ 在 2.61a ~ 3.41a 范围时,波导中只能传输 TE_{11} 波;当 $\lambda < 2.61a$ 时,则可传输 TE_{11} 和 TM_{01} 两种波;如要传输 TE_{01} 波,则 λ 应小于 1.64a,但此时波导中同时还存在 TE_{11}、TM_{01}、TE_{21}、TM_{11} 四个模式的波型。

(5) 圆波导的特性参数。

① 截止波长和截止频率。

由上述分析可知,圆波导中可以存在无穷多个 TE 波和 TM 波,但并非所有波型都能在任意频率下传输,要受到截止频率或截止波长的限制,这一点和矩形波导是一样的。

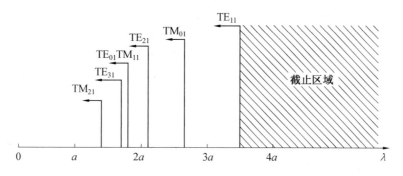

图 3.15 圆波导的截止模式分布图

由上节求得截止波长为

$$\lambda_{cTE_{mn}} = \frac{2\pi}{k_{cTE_{mn}}} = \frac{2\pi a}{\mu_{mn}} \quad (3.4.29)$$

$$\lambda_{cTM_{mn}} = \frac{2\pi}{k_{cTM_{mn}}} = \frac{2\pi a}{v_{mn}} \quad (3.4.30)$$

根据 $f_c = v/\lambda_c$ 的关系可求得截止频率为

$$f_{cTE_{mn}} = \frac{v\mu_{mn}}{2\pi a} \quad (3.4.31)$$

$$f_{cTM_{mn}} = \frac{v v_{mn}}{2\pi a} \quad (3.4.32)$$

只有当 $\lambda < \lambda_c$ 或 $f > f_c$ 时,该波型才能传输。

② 传播常数。

当圆波导是由良导体制成时,可认为损耗很小,可以忽略不计。于是

$$\alpha = 0$$

$$\beta = \sqrt{k^2 - k_c^2} = \sqrt{\omega^2 \mu\varepsilon - k_c^2}$$

对 TE 型波,将式(3.4.17)和式(3.4.24)代入上式,得

$$\beta_{TE_{mn}} = \sqrt{k^2 - k_c^2} = k\sqrt{1 - \left(\frac{\lambda}{\lambda_c}\right)^2} = \sqrt{k^2 - \left(\frac{\mu_{mn}}{a}\right)^2} \quad (3.4.33)$$

$$\beta_{TM_{mn}} = \sqrt{k^2 - k_c^2} = k\sqrt{1 - \left(\frac{\lambda}{\lambda_c}\right)^2} = \sqrt{k^2 - \left(\frac{v_{mn}}{a}\right)^2} \quad (3.4.34)$$

式中,$k = \omega\sqrt{\mu\varepsilon}$。

③ 波导波长。

波导波长为

$$\lambda_g = \frac{2\pi}{\beta} = \frac{\lambda}{\sqrt{1 - \left(\frac{\lambda}{\lambda_c}\right)^2}}$$

对 TE 波和 TM 波,只要将它们各自的传播常数或截止波长代入上式,即可求得各自的波导波长。

④ 相速和群速。

相速为

$$v_\mathrm{p} = \frac{\omega}{\beta} = \frac{v}{\sqrt{1 - \left(\frac{\lambda}{\lambda_\mathrm{c}}\right)^2}}$$

群速为

$$v_\mathrm{g} = \frac{\mathrm{d}\omega}{\mathrm{d}\beta} = \sqrt{1 - \left(\frac{\lambda}{\lambda_\mathrm{c}}\right)^2}$$

对 TE 波和 TM 波，只要将它们各自的截止波长代入上式，即可求得各自的相速和群速。和矩形波导一样，圆波导中的相速和群速的乘积仍满足下列关系：

$$v_\mathrm{p} \cdot v_\mathrm{g} = v^2$$

⑤ 波阻抗。

根据式(3.4.22)，对 TE 波有

$$Z_\mathrm{TE} = \frac{E_\rho}{H_\varphi} = \frac{\omega\mu}{\beta_{\mathrm{TE}_{mn}}} = \frac{\sqrt{\frac{\mu}{\varepsilon}}}{\sqrt{1 - \left(\frac{\lambda}{\lambda_\mathrm{c}}\right)^2}} \tag{3.4.35}$$

根据式(3.4.28)，对 TM 波有

$$Z_\mathrm{TM} = \frac{E_\rho}{H_\varphi} = \frac{\beta_{\mathrm{TM}_{mn}}}{\omega\varepsilon} = \sqrt{\frac{\mu}{\varepsilon}}\sqrt{1 - \left(\frac{\lambda}{\lambda_\mathrm{c}}\right)^2} \tag{3.4.36}$$

3.4.3　圆波导的三个主要波型

圆波导的三个主要波型分别为 TE_{11}、TM_{01} 和 TE_{01} 波。

1. TE_{11} 波

将 $m=1$、$n=1$ 代入式(3.4.22)中，可得到 TE_{11} 波的场方程，它的 6 个场分量分别为

$$\begin{cases} E_\rho = \mp\mathrm{j}\dfrac{\omega\mu R^2}{(1.841)^2 r}H_0 \mathrm{J}_1\left(\dfrac{1.841}{R}r\right)\begin{pmatrix}\sin\varphi\\\cos\varphi\end{pmatrix}\mathrm{e}^{\mathrm{j}(\omega t - \beta z)}\\ E_\varphi = \mathrm{j}\dfrac{\omega\mu R}{1.841}H_0 \mathrm{J}_1'\left(\dfrac{1.841}{R}r\right)\begin{pmatrix}\cos\varphi\\\sin\varphi\end{pmatrix}\mathrm{e}^{\mathrm{j}(\omega t - \beta z)}\\ E_z = 0\\ H_\rho = -\mathrm{j}\dfrac{\beta R}{1.841}H_0 \mathrm{J}_1'\left(\dfrac{1.841}{R}r\right)\begin{pmatrix}\cos\varphi\\\sin\varphi\end{pmatrix}\mathrm{e}^{\mathrm{j}(\omega t - \beta z)}\\ H_\varphi = \pm\mathrm{j}\dfrac{\beta R^2}{(1.841)^2 r}H_0 \mathrm{J}_1\left(\dfrac{1.841}{R}r\right)\begin{pmatrix}\sin\varphi\\\cos\varphi\end{pmatrix}\mathrm{e}^{\mathrm{j}(\omega t - \beta z)}\\ H_z = H_0 \mathrm{J}_1\left(\dfrac{1.841}{R}r\right)\begin{pmatrix}\cos\varphi\\\sin\varphi\end{pmatrix}\mathrm{e}^{\mathrm{j}(\omega t - \beta z)} \end{cases} \tag{3.4.37}$$

按式(3.4.47)可以绘出其场结构，如图 3.16 所示。由图可见，其场结构与矩形波导主模 TE_{10} 波的场结构相似，因此它们间的波型转换很方便。图 3.17 所示为矩形波导 TE_{10} 波至圆波导 TE_{11} 波的波型变换器。

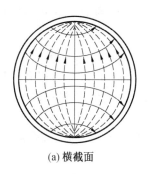
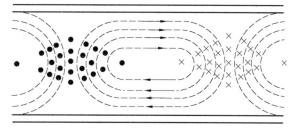

(a) 横截面　　　　　　　　　　　(b) 纵剖面

图 3.16　TE_{11} 波的场结构

扫描二维码(附件 3.4)获取圆波导主模动态波形。

如前所述，TE_{11} 波是圆波导中的主模式，其截止波长 $\lambda_c = 3.41a$，TE_{11} 波虽是主模，但由于它存在极化简并，而圆波导加工时难免有一定的椭圆度，致使波形的极化面旋转，分裂成极化简并模，所以，在远距离传输中不用圆波导而用矩形波导来传输能量。利用 TE_{11} 波的极化简并也可以构成一些特殊的波导元器件，如铁氧体环形器、极化变换器、极化衰减器等。在一些特殊应用中，如在雷达系统中，当要求传输圆极化波时，采用 TE_{11} 波是很方便的；又如在多路通信收发共用天线中采用 TE_{11} 波的两个不同极化波，以避免收发之间的耦合。

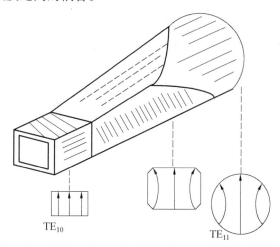

图 3.17　矩形波导 TE_{10} 波至圆波导 TE_{11} 波的波型变换器

2. TM_{01} 波

如前所述，TM_{01} 是圆波导的第一个高次模，其截止波长 $\lambda_c = 2.62a$，将 $m = 0$、$n = 1$ 代入式(3.4.28)中，即得 TM_{01} 波的场方程式：

$$\begin{cases} E_\rho = j\dfrac{\beta R}{2.405}E_0 J_1\left(\dfrac{2.405}{R}r\right) e^{j(\omega t - \beta z)} \\ E_z = E_0 J_0\left(\dfrac{2.405}{R}r\right) e^{j(\omega t - \beta z)} \\ H_\varphi = j\dfrac{\omega\varepsilon R}{2.405}E_0 J_1\left(\dfrac{2.405}{R}r\right) e^{j(\omega t - \beta z)} \\ E_\varphi = H_\rho = H_z = 0 \end{cases} \quad (3.4.38)$$

式(3.4.38)中利用了 $J_0'(x) = -J_1(x)$ 的关系。按式(4.3.27)给出的 TM_{01} 波的场结构如图3.18所示。由图可见,场结构的特点如下。

(1) 电磁场沿 φ 方向不变化,即场分布具有轴对称性,故不存在极化简并。

(2) 电场虽有 ρ、z 两方向的分量,但它在轴线方向(z 向)较强,因此它可以有效地和轴向运动的电子流交换能量。某些微波管和直线型电子加速器所用的谐振器和慢波系统就是由这种波型演变而来的。

(3) 磁场仅有 H_φ 分量,因此管壁电流只有纵向分量。利用 TM_{01} 波的旋转对称性,可制作雷达天线和馈电波导间的旋转接头。

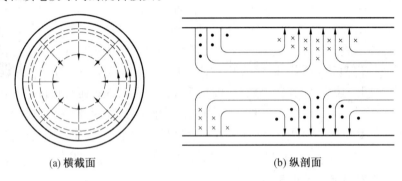

图3.18 TM_{01} 波的场结构

3. TE_{01} 波

TE_{01} 波是圆波导中的高次模式,其截止波长 $\lambda_c = 1.64a$,将 $m = 0$、$n = 1$ 代入式(3.4.22),即得 TE_{01} 波场方程式:

$$\begin{cases} E_\varphi = -j\dfrac{\omega\mu R}{3.832}H_0 J_1\left(\dfrac{3.832}{R}r\right) e^{j(\omega t - \beta z)} \\ H_\rho = j\dfrac{\beta R}{3.832}H_0 J_1\left(\dfrac{3.832}{R}r\right) e^{j(\omega t - \beta z)} \\ H_z = H_0 J_1\left(\dfrac{3.832}{R}r\right) e^{j(\omega t - \beta z)} \\ E_\rho = E_z = H_\varphi = 0 \end{cases} \quad (3.4.39)$$

根据式(3.4.39)绘出的 TE_{01} 波的场结构如图3.19所示。

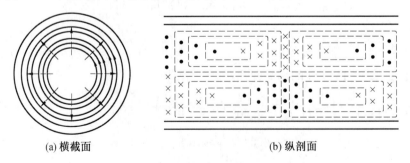

图3.19 TE_{01} 波的场结构

TE_{01} 波的场分布具有以下几个特点。

(1) 电磁场沿 φ 方向均无变化,具有轴对称性,它不存在极化简并,但它与 TM_{11} 模是简并的。

(2) 电场中只有 φ 分量,电场线都是横截面内的同心圆。

(3) 在 $\rho = a$ 的波导壁附近只有磁场径向和轴向分量,故只有 φ 方向的管壁电流而无纵向电流。由于它无纵向电流,所以当传输功率一定时,随着频率的升高,其衰减常数 α 单调下降,管壁热损耗下降。这一特点使 TE_{01} 波适用于远距离毫米波传输和作为高 Q 谐振器的工作模式。但 TE_{01} 模不是主模,故使用时需要设法抑制其他模式。

3.5 波导的激励与耦合

以上的讨论中,没有涉及波导中的能量和波型是如何产生的,而是由波导的结构尺寸计算得到的本征模,即本身能存在的波型。在波导中激发某种波型的过程称为激励,用来产生某种波型的装置称为激励装置或激励元件;反之,从波导中取出所需波型能量的过程称为耦合,其装置称为耦合装置或耦合元件。那么为什么不研究特殊激励的解,而研究通解形式呢? 如何在波导中通过激励产生这些导行波呢? 本节将引入一首古诗说明这一问题。

琴　诗

苏轼

若言琴上有琴音,放在匣中何不鸣?

若言声在指头上,何不于君指上听?

如果把琴看成波导,把指头看成激励,把琴音看成波导中传输的微波,则通过弹琴的例子,可以很好地描述波导中的激励。如果没有指头,如何评价琴? 如果没有激励,如何评价波导? 所以,本章中采用的本征模思想,通过无激励时的分析解决任何有激励的情况。也就是从无源区的麦克斯韦方程组出发,通过边界条件求出一切可能激励的本征解,进而得到通解形式。那么,实际波导中传输的微波可以看成是这些本征解的线性组合。

根据互易原理,激励和耦合是可逆的,激励装置也可作为耦合装置,因此激励和耦合具有相同的场结构。从激励的本质来说,它是辐射问题,但它不是向无限空间辐射,而是向波导管内有限空间辐射,并要求在波导管内建立所需要的波型。由于激励源附近的边界条件复杂,用严格的数学方法分析波导的激励比较困难。工程上激励波导的方法通常有三种:电激励、磁激励和孔缝激励。

1. 电激励

通过激励装置在波导的某一截面处建立电场线,这些电场线的形状和方向与所需波型的电场线形状和方向一样,如图 3.20 所示。它由电场最强处平行于电场线方向伸入波导内的电偶极子构成,该电偶极子是由同轴线内导体延伸一小段构成的,延伸段插入波导内,同轴线外导体与波导壁有良好的电接触,另一端接微波信号源。矩形波导中的 TE_{10} 波激励装置中最常用的是探针激励,这种装置又称为同轴-波导过渡器。大多数情况下,探针是在波导宽边中央处插入波导内的。为使能量向一个方向传输,在另一方向需设置一短路活塞,

调节活塞位置 l 和探针插入深度 p，可以达到匹配。当探针位于波导宽边中央位置时，$l = \lambda_g/4$ 可得到最大的激励，l 和 p 的值一般由实验方法决定。为了获得大功率和宽频带激励，激励探针常采用一些变形的型式。

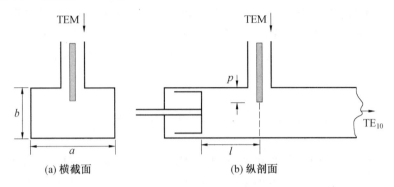

图 3.20　探针激励及调配

2. 磁激励

通过激励装置在波导中建立磁力线，这些磁力线形状和方向与所需波型的磁力线形状和方向一样。它由在磁场分布最强处伸入波导内的磁偶极子构成，该磁偶极子是由同轴线内导体与其外导体闭合成小圈所构成，如图 3.21 所示。矩形波导中激励 TE_{10} 波的另一种方法是环激励，小环的位置可以垂直接在波导的端面上，也可接在波导窄壁上，安装时应使耦合环平面与所需建立波型的磁力线相垂直。同样，也可以连接一短路活塞以提高功率耦合效率。

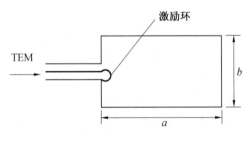

图 3.21　磁激励结构

3. 孔激励

孔激励是由在公共波导壁上开孔或开有缝隙构成，使一部分能量辐射到另一个波导中，主要用于波导与波导、波导与谐振器之间的激励。这就是由另一个波导通过在公共壁上的小孔或缝隙来激励，小孔或缝隙可以开在端面上，也可以开在宽壁和窄壁上，如图 3.22 所示。小孔耦合典型的应用是定向耦合器、合路器等。

需要指出的是，任何激励装置除了激励出所希望的波型以外，还可能激励出其他的波型。如果波导设计得当，则在矩形波导中将只有 TE_{10} 波的传输，其他波型将很快地衰减。但是，在激励装置附近，绝不可能只存在一种波型，这些存在且不能传输的高次模，将形成感应场，对装置起无功负载的作用。

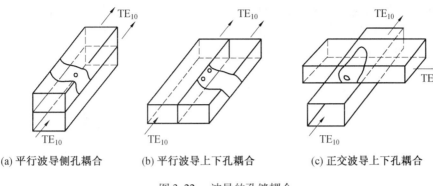

图 3.22　波导的孔缝耦合

3.6　本章小结

本章利用场分析法分析了规则金属波导中的场分布,导行波在导波系统中的电磁场分布规律和传播特性由无源麦克斯韦方程组和边界条件决定。导波系统中电磁波按纵向场分量有无,可分为色散波(TE、TM)和非色散波(TEM)。波导内场分布求解过程如下:先解 E_z 或 H_z 的波动方程,求出纵向场通解,并由边界条件求出它的特解,再用纵向分量法求解横向场的解析解。根据所有场表达式给出传输特性的相移常数、截止波数、相速、波导波长、群速、波阻抗和传输功率等参数,求解矩形波导中 TE 波、TM 波的场表达式,导行波的任何一个分量在横截面都呈驻波分布,m 和 n 分别表示导行波沿 x 和 y 方向的驻波数目。重点介绍了矩形波导主模 TE_{10} 模的场分布、电流分布以及传输特性。分析了模式传输条件和矩形波导尺寸的选择原则;接着讨论了圆波导的场分布、简并问题和三种常用模式(TE_{11}、TE_{01}、TM_{01});最后介绍了波导的激励与耦合方法:电激励、磁激励和孔缝激励。

本章习题

3.1　什么是模式简并?矩形金属波导与圆形金属波导中的模式简并有何异同?

3.2　如何定义波导的波阻抗?分别写出 TE 波阻抗、TM 波阻抗与 TEM 波阻抗之间的关系。

3.3　何谓波导截止波长 λ_c?工作波长 λ 大于 λ_c 或小于 λ_c 时,电磁波的特性有何不同?

3.4　如果矩形波导的宽边为 a,窄边为 b,请写出 TE_{10}、TE_{20}、TE_{01}、TM_{11}(TE_{11})的截止波长与波导尺寸的关系?如果圆形波导的内半径为 r,请写出 TE_{11}、TM_{01}、TE_{21}、TM_{11}(TE_{01})的截止波长与波导内半径 r 的关系。

3.5　一横截面尺寸为 $a \times b = 20 \text{ mm} \times 10 \text{ mm}$ 的矩形波导传输线中,填充 $\varepsilon_r = 9$ 和 $\mu_r = 1$ 的均匀介质,试求:

(1) 该波导传输线单模工作的频率范围。

(2) 频率为 4 GHz 的信号在该波导中传输 2 cm 时,主模的相移量是多少?

(3) 当工作频率为 6 GHz 时,波导中可能传输哪些模式?

(4) 现采用探针激励该波导,问探针应从什么位置接入波导? 为什么? (画出结构示意图)

3.6 矩形波导的横截面尺寸为 23 mm × 10 mm,内充空气,设信号频率 f = 10 GHz。

(1) 求此波导中可传输波的传输模式及最低传输模式的截止频率、相位常数、波导波长、相速和波阻抗。

(2) 若填充 ε_r = 4 的无耗电介质,则 f = 10 GHz 时,波导中可能存在哪些传输模。

(3) 对于 ε_r = 4 的波导,若要求只传输 TE_{10} 波,则重新确定波导尺寸或重新确定其单模工作的频段。

3.7 已知圆波导的直径为 50 mm,填充空气介质。试求:

(1) TE_{11}、TE_{01}、TM_{01} 三种模式的截止波长。

(2) 当工作波长分别为 70 mm、60 mm、30 mm 时,波导中出现上述哪些模式?

(3) 当工作波长为 λ = 70 mm 时,求最低次模的波导波长 λ_g。

3.8 已知工作波长为 8 mm,信号通过尺寸为 $a \times b$ = 7.112 mm × 3.556 mm 的矩形波导,现转换到圆波导 TE_{01} 模传输,要求圆波导与上述矩形波导相速相等,试求圆波导的直径;若过渡到圆波导后要求传输 TE_{11} 模且相速一样,再求圆波导的直径。

3.9 已知矩形波导的尺寸为 $a \times b$ = 23 mm × 10 mm,试求:传输模的单模工作频带。

3.10 用 BJ-100($a \times b$ = 22.86 mm × 10.16 mm) 矩形波导作馈线进行单模传输,传输 TE_{10} 波,试求:

(1) 充空气和充 ε_r = 2.25 气体时都能传输 TE_{10} 波的频段。

(2) 若 f = 7.6 GHz,求上述两种情况下波导的传输参量。

(3) 若空气的击穿场强为 3×10^6 V/m,充 ε_r = 2.25 气体时的击穿场强为 6×10^6 V/m,求两种情况下波导的功率容量。

3.11 已知某圆形波导中的 TE 模式的纵向磁场为

$$H_z = H_{mn} J_m(0.42\rho) \begin{pmatrix} \cos m\varphi \\ \sin m\varphi \end{pmatrix} e^{-j\beta z}$$

求该模式的截止波长 λ_c(单位为 mm)? 如果该模式为 TE_{31} 模式,求此圆形波导的直径 D 为多少毫米? 如果该波导内填充空气,让其实现单模(TE_{11})传输的信号源频率范围是多少?

3.12 圆波导中最低次模是什么模式? 旋转对称模式中最低阶模是什么模式? 损耗最小的模式是什么模式?

3.13 为什么一般矩形(主模工作条件下)测量线探针开槽开在波导宽壁的中心线上?

第 4 章 微波集成传输线

4.1 概 述

第 3 章介绍的空心金属波导,具有损耗小、结构牢固、功率容量高以及封闭结构无电磁干扰等优点,尤其适用于卫星、雷达、潜艇等大型设备中固定方向的微波传输,但缺点也很明显,如笨重、成本高、工作频带较窄等。随着航空、航天、移动通信等行业的迅速发展,为了降低载荷或提升便携性,整机变得越来越小并体现高度集成化,成本也成了主要的考虑因素,要求微波传输设备体积小、质量轻、可靠性高、一致性好并且成本低。例如,在卫星设计中,一个关键的因素是降低载荷;对于智能手机,为了保证便携,体积和质量均有严格的限制。这些推动了集成电路产业的发展,目前几乎所有电子设备均实现了集成化,如图 4.1 所示。为了使微波波段的传输顺应这一趋势,将微波技术与集成电路有效融合迫在眉睫,这就促成了微波集成电路(microwave integrated circuit)。那么,如何借助集成电路本身的结构进行有效的微波传输呢?

图 4.1 某智能手机内部集成电路

集成电路的典型特点是平面化,在大块平面介质表面或内部部署平面形的金属导线进行电路设计。对于微波集成传输线来说,也需要满足扁平化的设计要求,与集成电路的结构一致,主要包括带状线、微带线、耦合微带线、介质波导等。由于同轴线是微波集成电路重要的连接线,也能通过推演得到带状线,因此本章通过介绍同轴线的基本特性进行引出;另外,光纤是介质波导在更高频段上的演进,虽然不属于微波波段,但应用广泛,本章将在最后简要介绍光纤基础。

在第 2 章,采用路分析法,通过将复杂的电磁场等效为电压和电流,对 TEM 波的微波传输线进行分析;在第 3 章,采用场分析法,从麦克斯韦方程组出发,通过复杂的推导,利用边界条件得到了电场和磁场准确的表达式;而在本章中,微波集成传输线与集成电路相匹配,具有高度的集成性,在设计方法上与集成电路贯通,同时传输的主要模式为 TEM 模或准 TEM 模。因此本章回到路设计法,主要通过电压、电流、特性阻抗等参数对微波集成传输线进行分析设计,同时兼顾分析电场和磁场的分布,见表 4.1。这也符合了认识的规律,在否定之上不断螺旋地向前演进。

表 4.1　典型的微波传输系统工作模式与分析方法

章节	传输线类型	传输主要模式	微波分析方法
第 2 章	均匀传输线	TEM	路分析法
第 3 章	规则金属波导	TE、TM	场分析法
第 4 章	微波集成传输线	TEM、准 TEM	路分析法

4.2　同　轴　线

4.2.1　同轴线简介

思考: 如何才能在波导中传输 TEM 波?

第 3 章证明了空心金属波导管中不存在 TEM 波,只存在 TE 波和 TM 波。这是由于闭合的磁场如果只存在于波导的横截面内,就必须存在沿着波导传输方向的位移电流,而空心波导管中心不可能存在位移电流。但可以从反方向思考,如果想在波导管内传输 TEM 波,那么在波导管的中心插入一根中心导体便可实现,这也从空心波导演变成了同轴线,如图 4.2 所示。

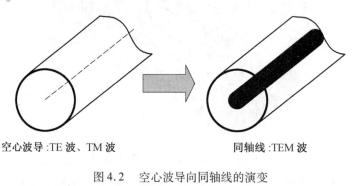

空心波导:TE 波、TM 波　　　同轴线:TEM 波

图 4.2　空心波导向同轴线的演变

同轴线(coaxial line)是一种典型的双导体传输系统,可以看成是第 2 章平行双导体传输线的特殊形式,由内外同轴的两导体柱构成,中间为支撑介质。同轴线被广泛应用于跨系统间的微波传输,如不同电路板之间的微波传输、电路板到示波器之间的微波连接、微波信号源与电路板之间的微波传输等,经常采用 SMA 接口对同轴线进行电路转换,如图 4.3 所示。

图 4.3　同轴线与 SMA 接口

4.2.2　同轴线场分布

1. 主模 TEM 模及场分布

由于存在中心导体,同轴线的主模是 TEM 模,此时有

$$E_z = H_z = 0 \tag{4.2.1}$$

TEM 模的截止波长为

$$\lambda_{cTEM} \to \infty \tag{4.2.2}$$

对于同轴线中的主模 TEM 模,由于截止波长无穷大,所以,无论波在同轴线内以何种频率和波长进行传输,主模 TEM 模均存在。

同轴线 TEM 模的实线电场和虚线磁场分布如图 4.4 所示。从图中可以看出,实线电场线垂直于内外导体,从内导体出发指向外导体或者从外导体出发指向内导体,而虚线磁场线在横截面内绕着内导体闭合成圈,无论电场还是磁场均位于同轴线传输方向的横截面内,因此是 TEM 模。图 4.4(a)是某一位置某一个时刻横截面的场分布,此时电场线从内导体指向外导体,假设此时磁场线是顺时针方向,根据右手螺旋法则,波由纸外向纸内方向传输,随着时间的推移,电场和磁场的方向均会发生周期性的变化。图 4.4(b)是某一时刻同轴线纵剖面的场分布,从图中可以看出,电场和磁场沿着波传输的方向发生周期性的变化,根据右手螺旋法则,波由同轴线的右侧向左侧方向传输。另外,该图只是某一个时刻同轴线的纵剖面,随着时间的推移,该波形不变,只是随着波传输的方向以相速进行平移。

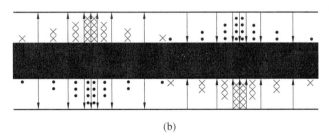

(a)　　　　　　　　　　　　(b)

图 4.4　同轴线 TEM 模的实线电场和虚线磁场分布

2. 高次模及单模传输

同轴线除了可以存在主模 TEM 模之外,也存在着无穷多个高次模,其中最低高次模为 TE_{11} 模,其截止波长为

$$\lambda_{cTE_{11}} = \pi(a+b) \quad (4.2.3)$$

式中,a 和 b 分别为同轴线的内、外半径,如图 4.5 所示。

为了保证微波在同轴线内以主模 TEM 模传输,需要保证工作波长大于最高模 TE_{11} 模的截止波长,即

$$\lambda > \lambda_{cTE_{11}} = \pi(a+b) \quad (4.2.4)$$

同时可以得到单模传输的工作频率的要求为

$$f < f_{cTE_{11}} = \frac{c}{\lambda_{cTE_{11}}} = \frac{3 \times 10^8}{\pi(a+b)} = \frac{9.55 \times 10^7}{a+b} \quad (4.2.5)$$

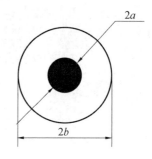

图 4.5 同轴线横截面结构图

思考:为什么同轴线的工作频率不能太高?

以国内常用的同轴线 RG-8/U 为例,其 $2a = 2.17$ mm、$2b = 8.20$ mm,由式(4.2.5)可以得到该同轴线单模传输的频率范围为

$$f < \frac{9.55 \times 10^7}{a+b} = 18.4 \text{ (GHz)}$$

从上式可知,为了保证该同轴线单模传输,微波的工作频率不能高于 18.4 GHz。另外,如果希望进一步提升同轴线的单模工作频率,必须进一步减小同轴线的尺寸 $a+b$,但是限于制造工艺,同轴线的尺寸 $a+b$ 又不能过小。因此,同轴线不适合应用于极高的工作频率。工程上,为了保证同轴线的单模传输,通常设置最短安全工作波长为 $1.1\pi(a+b)$。

4.2.3 同轴线特性阻抗

1. 特性阻抗求解

当同轴线工作于主模 TEM 模时,根据保角变换,可以求出同轴线单位长度上的分布电容为

$$C = \frac{2\pi\varepsilon}{\ln\left(\frac{b}{a}\right)} \quad (4.2.6)$$

根据式(2.3.2)中特性阻抗定义和式(2.3.11)中相速的定义,以及第 3 章中 $v = 1/\sqrt{\mu\varepsilon}$,可以得到

$$Z_0 = \sqrt{\frac{L}{C}} = \frac{\sqrt{LC}}{C} = \frac{1}{vC} = \frac{\sqrt{\mu\varepsilon}}{2\pi\varepsilon}\ln\left(\frac{b}{a}\right) = \sqrt{\frac{\mu}{\varepsilon}}\frac{\ln(b/a)}{2\pi}$$

$$= \frac{120\pi}{\sqrt{\varepsilon_r}}\frac{\ln(b/a)}{2\pi} = \frac{60}{\sqrt{\varepsilon_r}}\ln\left(\frac{b}{a}\right) \quad (4.2.7)$$

2. 特性阻抗典型值

当同轴线工作于主模 TEM 模时,根据同轴线结构特征 b/a 的取值,可以得到以下几种典

型的同轴线的特性阻抗。具体的推导过程可以根据同轴线主模 TEM 模的电场和磁场的表达式得到,本书不再赘述。

(1) 耐压最高。

假设外导体接地、内导体耐压最高时,同轴线满足 $b = 2.72a$。由式(4.2.7),此时传输线的特性阻抗可以表示为

$$Z_0 = \frac{60}{\sqrt{\varepsilon_r}} \ln 2.72 = \frac{60}{\sqrt{\varepsilon_r}} \ (\Omega) \tag{4.2.8}$$

当同轴线内外导体间填充空气时,耐压最高时的特性阻抗为 60 Ω。

(2) 传输功率最大。

当同轴线满足 $b = 1.65a$ 时,同轴线内传输的功率最大。由式(4.2.7),此时传输线的特性阻抗可以表示为

$$Z_0 = \frac{60}{\sqrt{\varepsilon_r}} \ln 1.65 = \frac{30}{\sqrt{\varepsilon_r}} \ (\Omega) \tag{4.2.9}$$

当同轴线内外导体间填充空气时,传输功率最大时的特性阻抗为 30 Ω。

(3) 衰减最小。

当同轴线满足 $b = 3.59a$ 时,同轴线的衰减最小。由式(4.2.7),此时传输线的特性阻抗可以表示为

$$Z_0 = \frac{60}{\sqrt{\varepsilon_r}} \ln 3.59 = \frac{76.7}{\sqrt{\varepsilon_r}} \ (\Omega) \tag{4.2.10}$$

当同轴线内外导体间填充空气时,衰减最小时的特性阻抗为 76.7 Ω。

由上述分析可知,在实际使用中根据不同的要求,采用具有不同特性阻抗的同轴线。常用的同轴线特性阻抗一般有 50 Ω 和 75 Ω 两种,50 Ω 的同轴线兼顾了耐压、功率容量和衰减的要求,而 75 Ω 的同轴线由于衰减最小,适用于远距离传输。

知识:为什么同轴线特性阻抗是 50 Ω?

在第二次世界大战期间,阻抗的选择完全依赖于使用的需要,对于大功率应用,常使用 30 Ω 和 44 Ω;另外,最低损耗的同轴线特性阻抗是 76.7 Ω。随着技术的进步,需要统一特性阻抗标准,使不同微波系统的统一设计更为经济、便捷。基于此,美国对 30 Ω 和 76.7 Ω 进行了折中,广泛使用 51.5 Ω 的特性阻抗,后修正为 50 Ω,而欧洲则选择了 60 Ω。不久以后,在业界占统治地位的惠普等美国公司的影响下,欧洲也将 50 Ω 作为通用的特性阻抗。其实,可以得到

$$\frac{30 \ \Omega + 76.7 \ \Omega}{2} = 53.35 \ \Omega \approx 50 \ \Omega$$

因此,50 Ω 既不是一个最好的阻抗,也不是一个最差的阻抗,它只是在射频应用中大家均可接受的折中方案,兼顾了大功率与低损耗。

在微波系统中,经常需要远距离传输,因此 75 Ω 作为远程通信的标准,也在实际系统中广泛应用。

例 4.1 某空气绝缘的同轴线最低高次模的截止频率为 20 GHz。如果该同轴线符合传输衰减最小的要求，试求同轴线的尺寸 a 和 b。如果该同轴线的特性阻抗为通用型的 50 Ω，再求尺寸 a 和 b。最后用 TXLINE 小程序进行验证。

解 根据式(4.2.5)，可得

$$a + b = \frac{9.55 \times 10^7}{20 \times 10^9} = 0.004\,775(\text{m}) = 4.775(\text{mm})$$

由于该同轴线符合传输衰减最小的要求，有 $b = 3.59a$，因此可以得到

$$a = \frac{4.775}{4.59} = 1.04(\text{mm})$$

$$b = 4.775 - 1.04 = 3.735(\text{mm})$$

通过 TXLINE 小程序进行验证，结果如图 4.6 所示，得到此时的特性阻抗为 76.652 4 Ω，与计算结果相符。

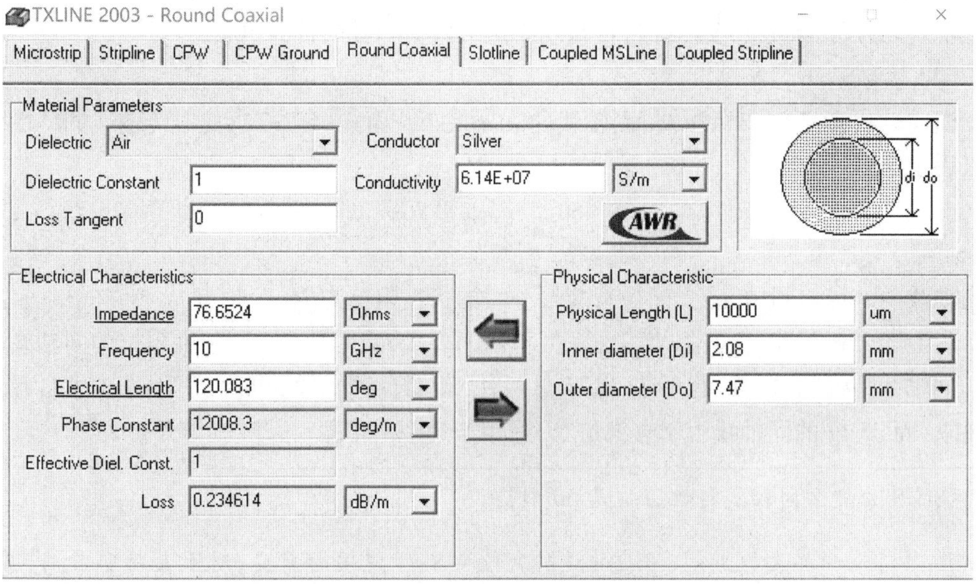

图 4.6　例 4.1 的 TXLINE 图 1

当特性阻抗为 50 Ω 时，由式(4.2.7) 可得

$$\frac{b}{a} = e^{\frac{50}{60}} = 2.301$$

因此可以得到

$$a = \frac{4.775}{3.301} = 1.447(\text{mm})$$

$$b = 4.775 - 1.447 = 3.328(\text{mm})$$

通过 TXLINE 小程序进行验证，结果如图 4.7 所示，得到此时的特性阻抗为 49.934 2 Ω，与计算结果相符。

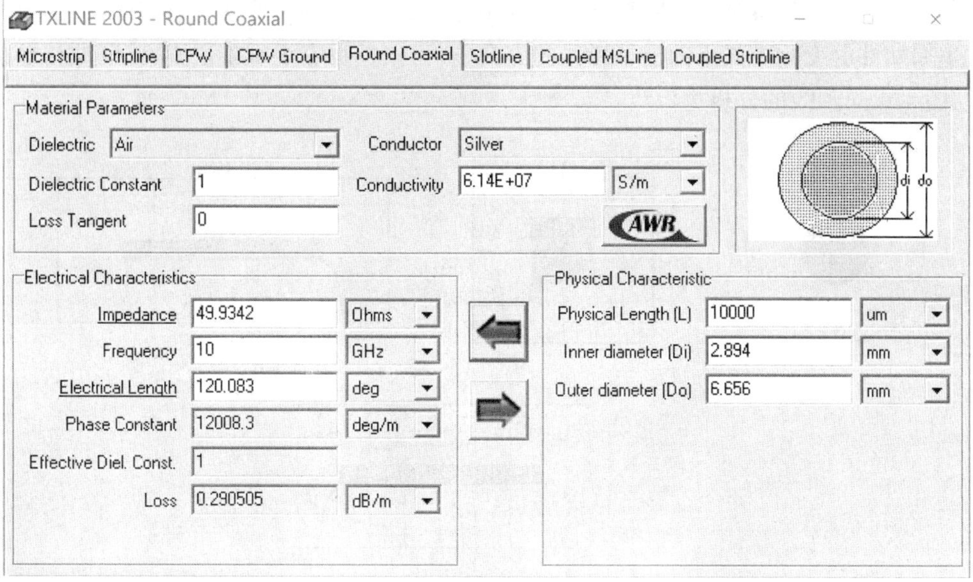

第 4 章　微波集成传输线

图 4.7　例 4.1 的 TXLINE 图 2

> 应用：TXLINE 小程序
>
> 扫描二维码(附件 4.1)获取 TXLINE 安装包。
>
> 传输线阻抗计算器(Transmission Line Calculator,TXLINE)是 AWR 公司出品的一款免费小程序，可以用来计算射频 PCB 特性阻抗，包括微带线、带状线、耦合微带线和同轴线等，使用非常方便。因此，本章采用该小程序对微带集成传输线的阻抗进行设计验证。
>
> 在实际工程中，经常会采用中国东峻科技的电磁仿真软件 Eastwave、美国安捷伦公司的 ADS(Advanced Design System)等更为专业的设计软件。

4.3　带　状　线

4.3.1　带状线的演化与场分布

4.2 节介绍的同轴线在实际工程系统中广泛应用，是微波集成系统间重要的连接器。本节介绍的带状线(stripline)可以看成是由同轴线演化而来的，如图 4.8 所示。从图中可以看出，将同轴线的内外导体由圆变方，将内外导体展平，最后将外导体从两侧剖开，便形成了带状线。

另外，从图 4.8 中也可以看出，实线电场线垂直于中心导带和上下接地板，从中心导带出发指向上下接地板或从上下接地板出发指向中心导带，而虚线磁场线在横截面内绕着中心导带闭合成圈，无论电场还是磁场均位于带状线传输方向的横截面内，因此是主模 TEM

模。图中只是某一位置某一个时刻横截面的场分布，随着时间的推移，电场和磁场的方向均会发生周期性的变化。如果知道了磁场的方向，就可以根据右手螺旋法则，判断波传输的方向，与图 4.4 同轴线的分析类似。

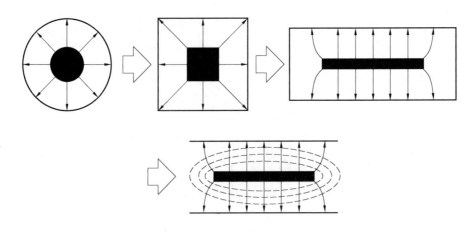

图 4.8 同轴线向带状线的演化

带状线由同轴线演进而来，因此与同轴线类似，传输的主模为 TEM 模，同时也存在高次的 TE 模和 TM 模。由于带状线通常工作于主模 TEM 模，本章在主模 TEM 模下分析带状线的特性。

4.3.2 带状线特性阻抗

1. 特性阻抗与电容

对于带状线主模 TEM 模特性阻抗的求解，最关键的因素是电容 C，类似式(4.2.7)，具体的推演过程如下：

$$Z_0 = \sqrt{\frac{L}{C}} \longrightarrow Z_0 = \frac{\sqrt{LC}}{C} \longrightarrow Z_0 = \frac{1}{vC}$$

其中，最后一步的演化是根据第 2 章进行的，对于 TEM 波来说，波的相速可以表示为 $v = 1/\sqrt{LC}$。由于在 TEM 波中，相速是一个常数，因此特性阻抗主要取决于电容 C。

根据平板电容的定义，可知

$$C = \frac{\varepsilon S}{d} \tag{4.3.1}$$

式中，S 是电容极板的正对面积；d 是电容极板间的距离。由此可得 S、d 与特性阻抗之间的关系，见表 4.2。

表 4.2 S、d 与特性阻抗之间的关系

S 增大	C 增大	Z_0 减小
d 增加	C 减小	Z_0 增大

> **思考**：如何理解同轴线特性阻抗与 S、d 的关系？
>
> 对于同轴线，内外半径分别为 a 和 b，如果以 a 为基准，内外导体之间相对间距可以定性的描述为
>
> $$\frac{b-a}{a} = \frac{b}{a} - 1 \tag{4.3.2}$$
>
> 忽略常数，b/a 是内外导体间的相对间距。通过分析可以得到：
>
> 相对间距 $\frac{b}{a}$ 增加 $\Rightarrow$ 间距 d 增加 $\Rightarrow$ 电容 C 下降 $\Rightarrow$ 特性阻抗 Z_0 增加
>
> 上述定性分析与式(4.2.7)中的结果一致，读者也可以将 b 设置成基准，可以得到相同的结论。

对于带状线，其电容可以分成板间电容 C_p 和边缘电容 C_f，如图 4.9 所示，其中 w 是带状线中心导带的宽度，t 是中心导带的厚度，b 是上下接地板之间的距离，D 是上下接地板的宽度。一般来说，带状线接地板的尺寸比中心导带大很多，因此边缘电容 C_f 往往可以忽略不计。

从图 4.9 中可以看出，中心导带的宽度 w 近似代表了面积 S，上下接地板间距 b 近似代表了距离 d，因此可以近似分析得到：

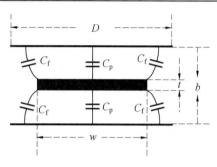

图 4.9　带状线的电容

$$\frac{w}{b} \text{ 增加} \Rightarrow \frac{S}{d} \text{ 增加} \Rightarrow \text{电容 } C \text{ 增加} \Rightarrow \text{特性阻抗 } Z_0 \text{ 减小}$$

对于带状线，宽导带 (w) 对应了低阻 (Z_0)，而窄导带 (w) 对应了高阻 (Z_0)。

2. 特性阻抗闭式解

上述仅定性分析了带状线的特性阻抗随 w/b 变化的情况，并未给出精确的取值。另外，随着微波技术的发展以及集成电路的需要，出现了各式各样的传输线，给各种特性参数的计算带来了巨大的困难。为了解决这一难题，从 20 世纪 80 年代开始，相关研究人员进行了大量的仿真工作，通过曲线拟合逼近给出了各个特性参数简单的闭式表达式，并绘制相应的图表曲线供工程人员查阅使用。

对于带状线来说，特性阻抗可以通过保角变换法进行求解，但由于其中包含了复杂的椭圆积分函数，不便于工程应用。因此，在其发展的历史上，研究人员给出了不同的闭式公式。本章介绍其中一种工程上常用的特性阻抗计算公式，分为导带厚度为零和导带厚度不为零的两种情况。

（1）导带厚度 t 为零。

导带厚度 t 为零，有

$$Z_0 = \frac{30\pi}{\sqrt{\varepsilon_r}} \frac{b}{w_e + 0.441b} \ (\Omega) \tag{4.3.3}$$

式中，w_e 为中心导带的有效宽度，表示为

$$\frac{w_e}{b} = \frac{w}{b} - \begin{cases} 0, & w/b > 0.35 \\ \left(0.35 - \frac{w}{b}\right)^2, & w/b \leqslant 0.35 \end{cases} \tag{4.3.4}$$

（2）导带厚度 t 不为零。

导带厚度 t 不为零,有

$$Z_0 = \frac{30}{\sqrt{\varepsilon_r}} \ln\left\{1 + \frac{4}{\pi} \cdot \frac{1}{m}\left[\frac{8}{\pi} \cdot \frac{1}{m} + \sqrt{\left(\frac{8}{\pi} \cdot \frac{1}{m}\right)^2 + 6.27}\right]\right\} \; (\Omega) \quad (4.3.5)$$

式中

$$m = \frac{w}{b-t} + \frac{\Delta w}{b-t} \quad (4.3.6)$$

$$\frac{\Delta w}{b-t} = \frac{x}{\pi(1-x)}\left\{1 - 0.5\ln\left[\left(\frac{x}{2-x}\right)^2 + \left(\frac{0.0796x}{w/b + 1.1x}\right)^n\right]\right\} \quad (4.3.7)$$

$$n = \frac{2}{1 + \frac{2}{3} \cdot \frac{x}{1-x}} \quad (4.3.8)$$

$$x = \frac{t}{b} \quad (4.3.9)$$

上述带状线特性阻抗的拟合公式,避免了复杂的积分运算,只包含了初等运算,简单高效,特别适用于实际工程中使用。实际工程中,常将特性阻抗绘制成图表供工程人员使用。通过对式(4.3.3)和式(4.4.5)进行 MATLAB 编程,得到带状线的特性阻抗随 w/b 和 t/b 的变化曲线,如图 4.10 所示,读者可以自行编程复现该结果。通过仿真结果观察可知,带状线的特性阻抗随 w/b 的增大而变小,同时也随 t/b 的增大而变小。

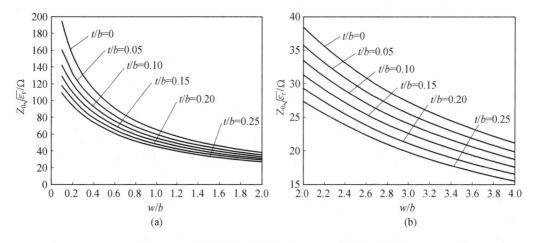

图 4.10　带状线特性阻抗随 w/b 和 t/b 的变化曲线

扫描二维码(附件 4.2)获取图 4.10 MATLAB 编程实现。

例 4.2　某带状线特性阻抗 $Z_0 = 50 \; \Omega$,接地板间介质的相对介电常数 $\varepsilon_r = 9$,中心导带厚度 $t \approx 0$,通过图 4.10 求 w/b,用 TXLINE 小程序进行验证。

解　根据条件可得

$$Z_0\sqrt{\varepsilon_r} = 150 \; \Omega$$
$$t \approx 0$$

通过图 4.10(a),可得

$$w/b = 0.2$$

通过 TXLINE 小程序进行验证,结果如图 4.11 所示,得到此时 $w/b = 0.21$,在误差允许的范围内与计算结果相符。

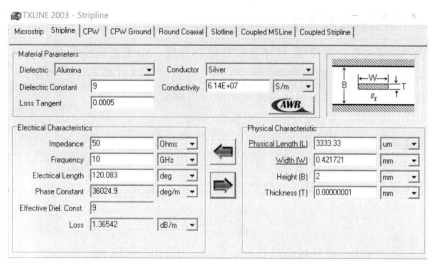

图 4.11　例 4.2 的 TXLINE 图

例 4.3　某带状线上下接地板间距 $b = 2$ mm，中心导带厚度 $t = 0.1$ mm，中心导带宽度 $w = 1.7$ mm，接地板间介质的相对介电常数 $\varepsilon_r = 1.2$，通过查阅图 4.10 求特性阻抗 Z_0。用 TXLINE 小程序进行验证。

解　根据条件可得

$$\frac{t}{b} = 0.05$$

$$\frac{w}{b} = 0.85$$

通过图 4.10(a)，可得

$$Z_0 \sqrt{\varepsilon_r} = 66.5 \ \Omega \Rightarrow Z_0 = 60.7 \ \Omega$$

通过 TXLINE 小程序进行验证，结果如图 4.12 所示，得到此时的特性阻抗为 60.691 7 Ω，与计算结果相符。

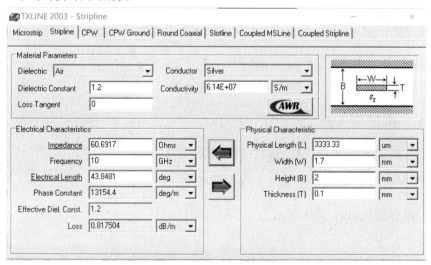

图 4.12　例 4.3 的 TXLINE 图

4.3.3 带状线衰减常数

带状线的衰减包括介质衰减、导体衰减和辐射衰减。由于带状线的接地板通常比中心导带大得多,起到了微波屏蔽的作用,带状线的辐射衰减可以忽略不计。因此,可以认为带状线的衰减主要是由介质衰减和导体衰减两部分引起的,有

$$\alpha = \alpha_d + \alpha_c \tag{4.3.10}$$

1. 介质衰减

带状线的介质衰减是由接地板间填充的介质引起的,具体可由无源区的麦克斯韦方程组出发推导得到,本章不再赘述。在低耗的情况下,可以近似为

$$\alpha_d = \frac{27.3\sqrt{\varepsilon_r}}{\lambda_0}\tan\delta \text{ (dB/m)} \tag{4.3.11}$$

式中,$\tan\delta$ 为接地板间介质材料的损耗角正切;λ_0 为自由空间波长。

例 4.4 对于中间介质质量分数为 99% 的 Al_2O_3 的带状线,已知 $\varepsilon_r = 9.0$,$\tan\delta = 10^{-4}$。当 $\lambda_0 = 3$ cm 时,求带状线的介质衰减常数 α_d。

解 根据式(4.3.11),可以求得

$$\alpha_d = \frac{27.3\sqrt{9}}{3\times 10^{-2}}\times 10^{-4} = 0.273 \text{ (dB/m)}$$

2. 导体衰减

带状线的导体衰减是由中心导带和接地板的导体引起的,可以采用惠勒增量电感法则求解,结果近似表示为(单位 Np/m)

$$\alpha_c = \begin{cases} \dfrac{2.7\times 10^{-3}R_S\varepsilon_r Z_0}{30\pi(b-t)}A, & \sqrt{\varepsilon_r}Z_0 < 120\ \Omega \\ \dfrac{0.16R_S}{Z_0 b}B, & \sqrt{\varepsilon_r}Z_0 > 120\ \Omega \end{cases} \tag{4.3.12}$$

$$A = 1 + \frac{2w}{b-t} + \frac{1}{\pi}\frac{b+t}{b-t}\ln\left(\frac{2b-t}{t}\right) \tag{4.3.13}$$

$$B = 1 + \frac{b}{0.5w + 0.7t}\left(0.5 + \frac{0.414t}{w} + \frac{1}{2\pi}\ln\frac{4\pi w}{t}\right) \tag{4.3.14}$$

式中,R_S 为导体的表面电阻。

4.3.4 相速与波长

由于带状线的主模为 TEM 模,因此主模在其中传播的相速为

$$v_p = \frac{c}{\sqrt{\varepsilon_r}} \tag{4.3.15}$$

工作波长和波导波长相同,具体表示为

$$\lambda_g = \frac{\lambda_0}{\sqrt{\varepsilon_r}} \tag{4.3.16}$$

式中,c 为自由空间的光速;λ_0 为 TEM 波自由空间的波长。

4.3.5 带状线尺寸选择

虽然带状线的主模是 TEM 模,但是如果尺寸选择不合理,也会存在 TE 和 TM 的高次模。在所有的 TE 模中,最低次模是 TE_{10} 模,其截止波长为

$$\lambda_{cTE_{10}} = 2w\sqrt{\varepsilon_r} \tag{4.3.17}$$

在所有的 TM 模中,最低次模是 TM_{10} 模,其截止波长为

$$\lambda_{cTM_{10}} = 2b\sqrt{\varepsilon_r} \tag{4.3.18}$$

为了实现带状线中的主模 TEM 模的单模传输,带状线的最短工作波长需要满足:

$$\begin{cases} \lambda_{0\min} > \lambda_{cTE_{10}} = 2w\sqrt{\varepsilon_r} \\ \lambda_{0\min} > \lambda_{cTM_{10}} = 2b\sqrt{\varepsilon_r} \end{cases} \tag{4.3.19}$$

因此,为了保证单模传输,带状线的尺寸需要满足:

$$\begin{cases} w < \dfrac{\lambda_{0\min}}{2\sqrt{\varepsilon_r}} \\ b < \dfrac{\lambda_{0\min}}{2\sqrt{\varepsilon_r}} \end{cases} \tag{4.3.20}$$

对上述结果分析:

$$f\text{ 增加} \Rightarrow \lambda \text{ 减小} \xrightarrow{\text{单模传输}} w \text{ 减小 } b \text{ 减小} \Rightarrow \text{尺寸下降但 } w/b \text{ 比例不变}$$

即如果工作频率提高,为了保证单模传输,只需要同比例降低 w 和 b,这样既可以与集成电路的微型化适应,同时由于 Z_0 也取决于 w/b,保证 Z_0 不变。因此这一特性使带状线特别适用于集成电路,即便是小型化也不会改变特性阻抗。

4.4 微 带 线

4.4.1 微带线的演化与场分布

20 世纪 60 年代,随着微波低耗介质材料和微波半导体器件的发展,形成了微波集成电路,微带线(microstrip line)得到了广泛应用。相比于带状线,微带线由于自身的结构特性,更适合作为微波集成传输线与集成电路融合,4.3 节中的带状线可以看成是由同轴线演变而成的,那么微带线则可以看成是由双导体传输线演变而来,如图 4.13 所示。从图中可以看出,将双导体传输线的其中一根变成接地板,再将另外一根展平成为中心导带,在中心导带与接地板之间加入大块平整介质基片,便形成了微带线,其结构可以直接与集成电路的印制电路板相融合。

另外,由于介质基片的存在,微带线的主模已经不是标准的 TEM 模,而是准 TEM 模。理想介质表面既无传导电流,也无自由电荷,根据电磁波连续性原理,在介质和空气的交界面上,电场和磁场的切向分量是连续的,可得

$$\begin{cases} E_{x1} = E_{x2}, \quad E_{z1} = E_{z2} \\ H_{x1} = H_{x2}, \quad H_{z1} = H_{z2} \end{cases} \tag{4.4.1}$$

式中，x 轴为横截面内平行于介质基片；y 轴为横截面内垂直于介质基片；z 轴为波传输的方向；下标 1 和 2 为介质基片区域和上部的空气区域。

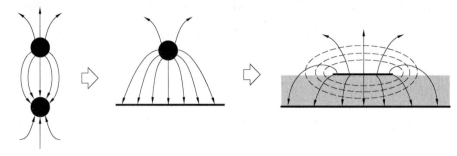

图 4.13 双导体传输线向微带线的演化

但是在介质交界处，电场的法向分量是不连续的：

$$\begin{cases} E_{y1} = \varepsilon_r E_{y2} \\ H_{y1} = H_{y2} \end{cases} \tag{4.4.2}$$

式中，ε_r 是介质基片的相对介电常数。

回顾无源区的麦克斯韦方程组：

$$\begin{cases} \nabla \times \boldsymbol{H} = j\omega\varepsilon \boldsymbol{E} \\ \nabla \times \boldsymbol{E} = -j\omega\mu \boldsymbol{H} \end{cases} \tag{4.4.3}$$

由其中的第一个公式，展开后可得

$$\begin{cases} \dfrac{\partial H_{z1}}{\partial y} - \dfrac{\partial H_{y1}}{\partial z} = j\omega\varepsilon_0\varepsilon_r E_{x1} \\ \dfrac{\partial H_{z2}}{\partial y} - \dfrac{\partial H_{y2}}{\partial z} = j\omega\varepsilon_0 E_{x2} \end{cases} \tag{4.4.4}$$

根据式(4.4.1)中的边界条件，可得

$$\dfrac{\partial H_{z1}}{\partial y} - \dfrac{\partial H_{y1}}{\partial z} = \varepsilon_r \left(\dfrac{\partial H_{z2}}{\partial y} - \dfrac{\partial H_{y2}}{\partial z} \right) \tag{4.4.5}$$

假设微带线中波以时谐场沿着 $+z$ 方向传输，同时对波在空气和介质中传输的相移常数进行统一，可得

$$\begin{cases} \dfrac{\partial H_{y1}}{\partial z} = -j\beta H_{y1} \\ \dfrac{\partial H_{y2}}{\partial z} = -j\beta H_{y2} \end{cases} \tag{4.4.6}$$

将其带入式(4.4.5)，可得

$$\dfrac{\partial H_{z1}}{\partial y} - \varepsilon_r \dfrac{\partial H_{z2}}{\partial y} = j\beta\varepsilon_r H_{y2} - j\beta H_{y1} \tag{4.4.7}$$

根据式(4.4.1)和式(4.4.2)，整理可得

$$-\dfrac{\partial H_{z1}}{\partial y}(\varepsilon_r - 1) = j\beta H_{y1}(\varepsilon_r - 1) \tag{4.4.8}$$

因此，当 $\varepsilon_r \neq 1$ 时，必然存在纵向分量，即不存在纯 TEM 模。但是当频率不是很高时，由于微带线基片厚度 h 远小于微带波长，此时总量分量很小，其场结构与 TEM 模相似，一般

称之为准 TEM 模(quasi TEM)。

微带线的场分布近似如图 4.13 所示。从图中可以看出,实线电场线垂直于中心导带和接地板,从中心导带出发指向接地板或从接地板出发指向中心导带,而虚线磁场线在横截面内绕着中心导带闭合成圈,无论是电场还是磁场均主要位于微带线传输方向的横截面内,因此主模是准 TEM 模。图中只是某一位置某一个时刻横截面的场分布,随着时间的推移,电场和磁场的方向均会发生周期性的变化。如果知道了磁场的方向,就可以根据右手螺旋法则,判断波传输的方向,与图 4.4 同轴线的分析类似。

4.4.2 微带线的特点

本节将介绍微带线的特点。

1. 金属薄膜工艺

微带线是微波集成电路理论与金属薄膜工艺共同发展的产物,可以仅通过与集成电路相同的印制电路板技术加工而成,非常方便且便于批量化生产,不像带状线需要进行机械加工。

2. 微结构

微带线最重要的特征是具有微结构。

在 4.2 节中论述了同轴线的特性阻抗取决于 b/a,即

$$Z_0 \propto \frac{b\downarrow}{a\downarrow} \tag{4.4.9}$$

也就是只要保证 b/a 不变,Z_0 的取值便不变。

在 4.3 节中论述了带状线的特性阻抗取决于 w/b,即

$$Z_0 \propto \frac{w\downarrow}{b\downarrow} \tag{4.4.10}$$

也就是只要保证 w/b 不变,Z_0 的取值便不变。

上述分析体现了 TEM 模的特有性质,即只要传输线结构尺寸的比例关系保持不变,特性阻抗 Z_0 便保持不变。因此,可以将传输系统等比例做得很小,就可以减小尺寸,提升便携性,这一点对于微带线同样适用,将在后续进行介绍。即 Z_0 一定时,微带线可以做得很小。

尽管如此,那么如何在工艺上实现微结构呢?要选择低损耗、高介质的材料。首先是损耗,微带线的缺点是损耗较大,为了尽量克服这一问题,要选用低损耗的介质材料,通常用介质材料的损耗角正切 $\tan\delta$ 来衡量;之后是高介质,即介质的相对介电常数越大,波在介质中传输的波长越小,就可以进一步的减小微带线的尺寸同时又能保证单模传输:

$$\lambda \propto \frac{\lambda_0}{\sqrt{\varepsilon_r}}\downarrow \Rightarrow \text{尺寸}\downarrow \tag{4.4.11}$$

这是实现微带线高度集成化的关键。需要采用先进的工艺,制作出低损耗、高介电常数的大块平整的基片。

3. 非对称结构

之前介绍的微波传输线都是对称结构的,而微带线是非对称结构的,如图 4.14 所示。

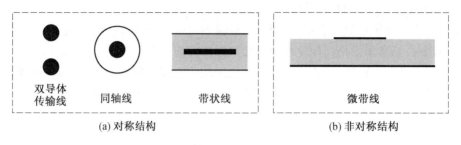

(a) 对称结构　　　　　　　　　　　(b) 非对称结构

图 4.14　对称结构与非对称结构

由于介质基片以及非对称结构，微带线上传输的波不可避免地存在纵向电场分量 E_z 和纵向磁场分量 H_z，因此严格来说，微带线的主模不可能是纯 TEM 模，但纵向分量很小，微带线主模的场结构与 TEM 模类似，所以称之为准 TEM 模，如图 4.13 所示。尽管如此，作为工程分析，这种概念和精度已经能够满足实际要求。

思考：如何理解非对称结构下的相速？

微带线由于具有非对称结构，也就是波在两种介质（即介质基片和外部的空气）中同时传输，因此，波在两种介质中传输的相速是不同的。在空气中，波的相速等于光速；在介质基片中，由于介电常数较高，波的相速小于光速。那么，在微带线上传输的微波，即合成波等于介质中波与空气中波的叠加，其合成波的相速小于空气波的相速，但大于介质波的相速，可以表示为

$$v_{介} < v_{合} < v_{空} \tag{4.4.12}$$

为了进一步体会这一现象，举个例子如龟兔赛跑，如图 4.15 所示。兔子跑得快，乌龟跑得慢，就好比微带线在空气中和介质中传输的波。但是合成波的速度呢？这就好像是兔子和乌龟手拉手一起跑，它们的速度将大于乌龟的速度但小于兔子的速度，有

$$v_{龟} < v < v_{兔}$$

图 4.15　以龟兔赛跑来理解非对称结构

4. 集成结构

微带线具有非常好的集成"微"结构，可以采用印制电路板的方法进行设计，与集成电路完美的融合，通过场与路的统一以及微波与低频的统一，真正实现路中有场、场中有路。微带线常与有源器件联合使用，构成放大、混频和振荡电路。为了保证微带线的集成性，常用的微带介质基片包括：Al_2O_3 陶瓷，$\varepsilon_r = 9.0 \sim 9.9$，$\tan\delta \approx 10^{-4}$；聚四氟乙烯或聚氯乙烯，$\varepsilon_r$ 为 2.5 左右，$\tan\delta \approx 10^{-3}$。

5. 等效思想

微带线具有非对称性，其周围填充的不是一种介质，一部分介质为基片介质，另一部分介质为空气，正如上述分析可知，这两部分均会对相速以及特性阻抗造成影响，给实际的分析和设计带来困难。因此，对于微带线需要采用等效的思想进行分析，本节将对三种极端的情况进行讨论。

(1) 空气介质。当不存在介质基片，中心导带周围仅由空气填充时，微带线上传输的是纯 TEM 波，相速与自由空间中的光速几乎相同，即

$$v_{p1} \approx \frac{c}{\sqrt{\varepsilon_{r1}}} = c \tag{4.4.13}$$

(2) 基片介质。当微带线的周围全部用介质填充时，此时微带线上传输的也是纯 TEM 波，其相速为

$$v_{p2} = \frac{c}{\sqrt{\varepsilon_r}} < c \tag{4.4.14}$$

(3) 有效介质。由上述分析可知，实际存在介质基片的微带线的相速必然处于上述两种情况之间，即

$$v_{p2} < v_p < v_{p1} \tag{4.4.15}$$

此时微带线传输的是准 TEM 波。为了分析方便，将实际介质微带线等效地看成在中心导带四周填充某种特定均匀的介质，计算的相速和特性阻抗与该介质微带线相同，此时该等效均匀介质的介电常数称为有效介电常数，用 ε_e 来表示，这样就可以将非对称结构等效为对称结构进行求解，如图 4.16 所示。

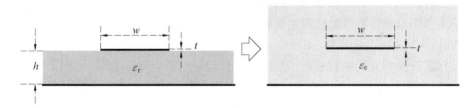

图 4.16　有效介电常数的等效思想

考虑微带线损耗可以忽略。假设图 4.16 中实际介质微带线和有效微带线的工作波长、特性阻抗、相速均相同，设置 Z_0 是实际介质微带线的特性阻抗，Z_0^a 是空气填充的微带线的特性阻抗，C_1 是实际介质微带线的分布电容，C_0 是空气填充的微带线的分布电容。根据式 (4.2.7)，可得

$$Z_0^a = \frac{1}{cC_0} \tag{4.4.16}$$

根据第 2 章相速的表达式，可得

$$\begin{cases} c = \dfrac{1}{\sqrt{LC_0}} \\ v_p = \dfrac{1}{\sqrt{LC_1}} \end{cases} \tag{4.4.17}$$

同时，根据有效介电常数的定义，可以得到实际介质微带线的相速 v_p 和 c 之间的关系为

$$v_p = \frac{c}{\sqrt{\varepsilon_e}} \tag{4.4.18}$$

根据式(4.4.17)和式(4.4.18),可得

$$C_1 = C_0 \varepsilon_e \tag{4.4.19}$$

由此可以得到实际介质微带线的特性阻抗为

$$Z_0 = \frac{1}{v_p C_1} = \frac{1}{\frac{c}{\sqrt{\varepsilon_e}} C_0 \varepsilon_e} = \frac{1}{c C_0 \sqrt{\varepsilon_e}} = \frac{Z_0^a}{\sqrt{\varepsilon_e}} \tag{4.4.20}$$

根据式(4.4.20)可知,只要已知空气填充的微带线特性阻抗 Z_0^a 以及有效介电常数 ε_e,就可求得实际介质微带线的特性阻抗 Z_0。

4.4.3 微带线特性阻抗

微带线的电容包括板间电容 C_p 和边缘电容 C_f,分布如图 4.17 所示,具体表示为

$$C_1 = C_p + 2C_f \tag{4.4.21}$$

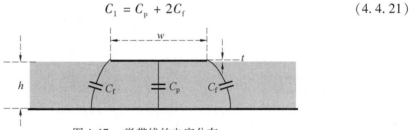

图 4.17 微带线的电容分布

从图中可以看出,w 越大,电容 C_1 越大,特性阻抗越低;h 越大,电容 C_1 越小,特性阻抗越高。因此,特性阻抗与微带线的结构特征相关,随 w/h 的增加而降低。但这仅是定性分析,还需进一步得到微带线特性阻抗较为准确的表达式。

通过式(4.4.20)分析可知,对于微带线,可以将求解特性阻抗 Z_0 转化为求解 ε_e 和 Z_0^a,一般通过保角变换和复变函数求解,但是结果过于复杂,不便于工程应用。因此,在其发展的历史上,研究人员给出了不同的闭式公式。本章介绍其中一种工程上常用的特性阻抗计算公式,分为导带厚度为零和导带厚度不为零的两种情况。

(1) 导带厚度 t 为零。

导带厚度 t 为零时,有

$$Z_0^a = \begin{cases} 59.952 \ln\left(\dfrac{8h}{w} + \dfrac{w}{4h}\right), & w/h \leq 1 \\ \dfrac{119.904\pi}{\dfrac{w}{h} + 2.42 - \dfrac{0.44h}{w} + \left(1 - \dfrac{h}{w}\right)^6}, & w/h > 1 \end{cases} \tag{4.4.22}$$

$$\varepsilon_e = 1 + q(\varepsilon_r - 1) \tag{4.4.23}$$

式中

$$q = \begin{cases} \dfrac{1}{2} + \dfrac{1}{2}\left[\left(1 + \dfrac{12h}{w}\right)^{-\frac{1}{2}} + 0.041\left(1 - \dfrac{w}{h}\right)^2\right], & w/h \leq 1 \\ \dfrac{1}{2} + \dfrac{1}{2}\left(1 + \dfrac{12h}{w}\right)^{-\frac{1}{2}}, & w/h > 1 \end{cases} \tag{4.4.24}$$

式中,q 为填充因子,反映了微带线介质填充的程度。

由式(4.4.23)可知,$q=0$ 时,$\varepsilon_e=1$,表示微带线仅由空气全部填充;$q=1$ 时,$\varepsilon_e=\varepsilon_r$,表示微带线仅由基片介质全部填充。根据式(4.4.22)和式(4.4.23),微带线特性阻抗可以由 Z_0^a 和 ε_e 的具体取值用式(4.4.20)求解。

上述微带线特性阻抗的拟合公式,避免了复杂的积分运算,只包含了初等运算,简单高效,特别适用于实际工程中使用。实际工程中,常将特性阻抗绘制成图表供工程人员使用。通过对式(4.4.22)和式(4.4.23)进行 MATLAB 编程,得到微带线的特性阻抗随 w/h 和 ε_r 的变化曲线如图 4.18 所示,读者可以自行编程复现该结果。通过仿真结果观察可知,带状线的特性阻抗随 w/h 的增大而变小,同时也随 ε_r 的增大而变小。

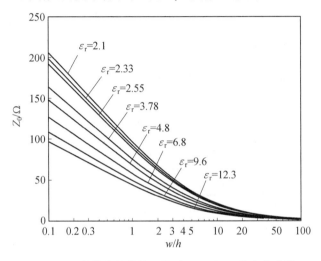

图 4.18 微带线的特性阻抗随 w/h 和 ε_r 的变化曲线

扫描二维码(附件 4.3)获取图 4.18 MATLAB 编程实现。

(2) 导带厚度 t 不为零。

当中心导带的厚度不为零时,需要对式(4.4.22)和式(4.4.23)中的 Z_0^a 和 ε_e 进行修正。导带厚度 $t\neq 0$ 时,导体的边缘电容 C_f 增大,相当于导带的宽度 w 增加,变成等效宽度 w_e。当 $t<h$ 且 $t<w/2$ 时,可以修正为

$$\frac{w_e}{h}=\begin{cases}\dfrac{w}{h}+\dfrac{t}{\pi h}\left(1+\ln\dfrac{2h}{t}\right), & \dfrac{w}{h}\geqslant\dfrac{1}{2\pi}\\ \dfrac{w}{h}+\dfrac{t}{\pi h}\left(1+\ln\dfrac{4\pi w}{t}\right), & \dfrac{w}{h}<\dfrac{1}{2\pi}\end{cases} \quad (4.4.25)$$

因此当导带厚度不为零时,只需用式(4.4.17)中计算得到的 w_e/h 代替式(4.4.22)和式(4.4.23)中的 w/h 即可。

例 4.5 某微带线的导带宽度为 $w=2$ mm,厚度 $t\to 0$,介质基片厚度 $h=1$ mm,相对介电常数 $\varepsilon_r=9.6$。通过图 4.18 求特性阻抗 Z_0。如果导带厚度 $t=0.1$ mm,再求此时的特性阻抗 Z_0。最后用 TXLINE 小程序进行验证。

解 根据条件可得

$$\frac{w}{h}=2$$

同时已知 $\varepsilon_r=9.6$ 且 $t\to 0$,因此通过图 4.18 中的曲线可得

$$Z_0 \approx 34 \ \Omega$$

通过 TXLINE 小程序进行验证,结果如图 4.19 所示,得到此时的特性阻抗为 34.060 8 Ω,与计算结果相符。

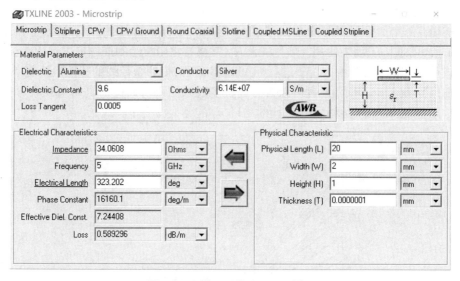

图 4.19　例 4.5 的 TXLINE 图 1

当 $t = 0.1$ mm 时,根据式(4.4.25)可以求得

$$\frac{w_e}{h} = \frac{w}{h} + \frac{t}{\pi h}\left(1 + \ln\frac{2h}{t}\right) = 2 + \frac{0.1}{\pi}\left(1 + \ln\frac{2}{0.1}\right) = 2.127\ 2$$

同时已知 $\varepsilon_r = 9.6$,因此通过图 4.18 中的曲线可得

$$Z_0 \approx 32.7 \ \Omega$$

通过 TXLINE 小程序进行验证,结果如图 4.20 所示,得到此时的特性阻抗为 33.248 4 Ω,在误差允许范围内与计算结果相符。

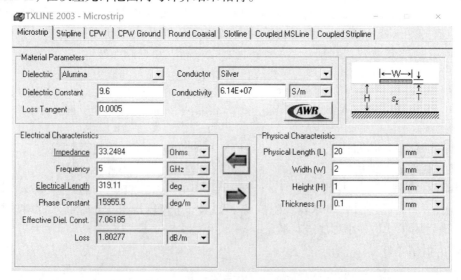

图 4.20　例 4.5 的 TXLINE 图 2

4.4.4 微带线衰减常数

微带线的衰减包括介质衰减、导体衰减和辐射衰减。当基片厚度较小且相对介电常数较大时,绝大部分功率集中在导带附近,所以辐射衰减很小,可以忽略不计。因此,可以认为微带线的衰减主要是由介质衰减和导体衰减两部分引起的,有

$$\alpha = \alpha_d + \alpha_c \tag{4.4.26}$$

1. 介质衰减

微带线的介质衰减是由中心导带与接地板间的介质引起的,与带状线介质衰减常数的表达式(式(4.3.10))类似,在低耗的情况下,表示为

$$\alpha_d = \frac{27.3}{\lambda_g}\tan\delta' = \frac{27.3\sqrt{\varepsilon_e}}{\lambda_0}\tan\delta' \text{ (dB/m)} \tag{4.4.27}$$

式中,$\tan\delta'$ 是由于微带线部分填充介质,而对介质材料的损耗角正切进行修正后的结果为

$$\tan\delta' = \frac{\varepsilon_r}{\varepsilon_r - 1}\frac{\varepsilon_e - 1}{\varepsilon_e}\tan\delta \tag{4.4.28}$$

2. 导体衰减

微带线的导体衰减是由金属中心导带和接地板上的表面电流产生的热损耗引起的,由于微带线表面电流的分布极难求解,因此微带线的导体衰减很难准确地表示出来。本章仅提供一组工程上常用的近似公式,供读者参考(单位 dB/m):

$$\frac{\alpha_c Z_0 h}{R_S} = \begin{cases} \frac{8.68}{2\pi}\left[1 - \left(\frac{w_e}{4h}\right)^2\right]\left\{1 + \frac{h}{w_e} + \frac{h}{\pi w_e}\left[\ln\left(4\pi\frac{w/h}{t/h} + \frac{t/h}{w/h}\right)\right]\right\}, & w/h \leqslant 0.16 \\ \frac{8.68}{2\pi}\left[1 - \left(\frac{w_e}{4h}\right)^2\right]\left[1 + \frac{h}{w_e} + \frac{h}{\pi w_e}\left(\ln\frac{2h}{t} - \frac{t}{h}\right)\right], & 0.16 < w/h \leqslant 2 \\ \frac{8.68}{\frac{w_e}{h} + \frac{2}{\pi}\ln\left[2\pi e\left(\frac{w_e}{2h} + 0.94\right)\right]}\left[\frac{w_e}{h} + \frac{\frac{w_e}{\pi h}}{\frac{w_e}{2h} + 0.094}\right] \cdot \\ \left[1 + \frac{h}{w_e} + \frac{h}{\pi w_e}\left(\ln\frac{2h}{t} - \frac{t}{h}\right)\right], & w/h > 2 \end{cases}$$

$$(4.4.29)$$

式中,R_s 为导体的表面电阻。

4.4.5 相速与波长

由于微带线的主模为准 TEM 模,根据有效介电常数的定义,主模在其中传播的相速为

$$v_p = \frac{c}{\sqrt{\varepsilon_e}} \tag{4.4.30}$$

工作波长和波导波长相同,具体表示为

$$\lambda_g = \frac{\lambda_0}{\sqrt{\varepsilon_e}} \tag{4.4.31}$$

式中,c 为自由空间的光速,λ_0 为 TEM 波自由空间的波长。

4.4.6 微带线尺寸选择

微带线的高次模有两种模式,即波导模式和表面波模式。波导模式存在于中心导带与接地板之间,表面波模式只要在接地板上有介质基片即可能存在。

首先,对于波导模式可以分为 TE 模和 TM 模,其中 TE 模的最低次模为 TE_{10} 模,其截止波长

$$\lambda_{cTE_{10}} = \begin{cases} 2w\sqrt{\varepsilon_r}, & t = 0 \\ 2\sqrt{\varepsilon_r}(w + 0.4h), & t \neq 0 \end{cases} \quad (4.4.32)$$

如果要保证该模式截止,需要使工作波长大于该截止波长,因此可以得到

$$w < \frac{\lambda_{\min}}{2\sqrt{\varepsilon_r}} - 0.4h \quad (4.4.33)$$

式中,$\lambda_{\min}$ 为工作波长的最小值。

TM 模式的最低次模是 TM_{01},其截止波长为

$$\lambda_{cTM_{01}} = 2h\sqrt{\varepsilon_r} \quad (4.4.34)$$

为了保证该模式截止,需要满足

$$h < \frac{\lambda_{\min}}{2\sqrt{\varepsilon_r}} \quad (4.4.35)$$

表面波模式是由导体表面的介质基片使电磁波束缚在导体表面附近而不扩散,并使微波沿着导体表面传输,其最低次模是 TM_0 模,其次是 TE_1 模。TM_0 模的截止波长为 ∞,因此无论波长多大,TM_0 模式均存在。而 TE_1 模的截止波长为

$$\lambda_{cTE_1} = 4h\sqrt{\varepsilon_r - 1} \quad (4.4.36)$$

为了保证该模式截止,需要满足

$$h < \frac{\lambda_{\min}}{4\sqrt{\varepsilon_r - 1}} \quad (4.4.37)$$

结合式(4.4.33)、式(4.4.35) 和式(4.4.37),可知为了保证单模传输,微带线的尺寸需要满足:

$$\begin{cases} w < \frac{\lambda_{\min}}{2\sqrt{\varepsilon_r}} - 0.4h \\ h < \min\left[\frac{\lambda_{\min}}{2\sqrt{\varepsilon_r}}, \frac{\lambda_{\min}}{4\sqrt{\varepsilon_r - 1}}\right] \end{cases} \quad (4.4.38)$$

4.5 耦合微带线

前述章节中介绍了多种不同形式的导波结构,但均为单根传输线。那么如果两个传输线放到一起,它们之间将会相互影响,称之为耦合。耦合的两根传输线中每根传输线的特性均与独立的单根传输线的特性不同。为了完成一定的微波工程应用,需要采用耦合的结构来实现,如定向耦合器、滤波器等,将在第 6 章进行介绍。耦合传输线有很多种,包括耦合带状线和耦合微带线等,本节主要介绍对称耦合微带线。

对称耦合微带线由两根尺寸完全相同、平行放置、彼此靠得很近的微带线构成,其横截面结构及尺寸如图4.21所示,其中 w 为单根导带宽度,s 为两根导带间的距离,h 为导带与接地板之间的距离。

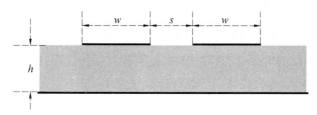

图 4.21　对称耦合微带线横截面结构及尺寸

4.5.1　耦合传输线方程

对称耦合微带线和带状线一样,是部分填充介质的不均匀结构,因此其上传输的主模不是纯TEM波,而是具有色散特性的准TEM波。本节采用与第2章类似的传输线分析法进行分析,假设两条耦合导带上的电压分布分别为 $U_1(z)$ 和 $U_2(z)$,电流分布分别为 $I_1(z)$ 和 $I_2(z)$,传输线近似无耗。取两条耦合导带上任意微分线元 dz,其等效电路如图4.22所示。

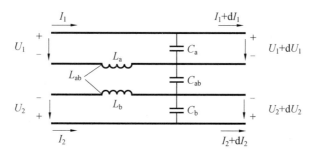

图 4.22　对称耦合微带线的等效电路

图中 C_a 和 C_b 为两条导带各自独立时的分度电容,C_{ab} 为互分布电容,L_a 和 L_b 为各自独立时的分布电感,L_{ab} 为互分布电感。由于针对的是对称耦合微带线,因此有

$$\begin{cases} C_a = C_b \\ L_a = L_b \end{cases} \tag{4.5.1}$$

另外,假设 C 和 L 分别为受到耦合影响后每一根导带的分布电容和分布电感,即 $L = L_a$ 和 $C = C_a + C_{ab}$。因此,根据低频电路理论以及第2章的均匀传输线方程,可以得到耦合传输线方程为

$$\begin{cases} -\dfrac{dU_1}{dz} = j\omega L I_1 + j\omega L_{ab} I_2 \\ -\dfrac{dU_2}{dz} = j\omega L_{ab} I_1 + j\omega L I_2 \\ -\dfrac{dI_1}{dz} = j\omega C U_1 - j\omega C_{ab} U_2 \\ -\dfrac{dI_2}{dz} = -j\omega C_{ab} U_1 + j\omega C U_2 \end{cases} \tag{4.5.2}$$

上述结果和第 2 章的传输线方程非常相似,请读者自行分析,多出来的负号是由坐标轴定义的方向不同造成的。

4.5.2 奇偶模分析

通过上述分析可知,由于两条导带之间存在耦合,需要在两条导带的激励分别为 U_1 和 U_2 时,求出耦合微带线的场分布和特性阻抗,这有无穷多种组合,给实际工程中的分析与应用带来了不必要的麻烦,那么应该如何进行分析呢?

在对耦合微带线进行分析时,通常采用奇偶模分析法,通过对称与反对称的思想,对其进行解耦处理。所谓的奇模,即两根导带上的电压分别为 U_o 和 $-U_o$;所谓的偶模,即两根导带上的电压均为 U_e。这样,对于任意激励 U_1 和 U_2,可以看成是奇模和偶模的线性叠加,即

$$\begin{cases} U_1 = U_e + U_o \\ U_2 = U_e - U_o \end{cases} \tag{4.5.3}$$

对式(4.5.3)进行整理可得

$$\begin{cases} U_e = (U_1 + U_2)/2 \\ U_o = (U_1 - U_2)/2 \end{cases} \tag{4.5.4}$$

因此,任意激励 U_1 和 U_2 均可以看成是奇模和偶模的线性叠加,其中奇模和偶模激励的具体大小可以由式(4.5.4)求出。

1. 偶模激励

当两根耦合导带上均加载的激励电压 U_e 和电流 I_e 时,此时传输线上为偶模激励,其场分布如图 4.23 所示。由于磁场线均垂直于两根导带中心的对称面,该平面就好像是一个理想"磁体"墙壁,因此称该面为磁壁。

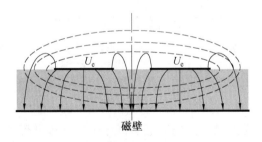

图 4.23 对称耦合微带线偶模激励时的场分布

偶模激励时,两根导带上的电压和电流可以分别表示为 $U_1 = U_2 = U_e$ 和 $I_1 = I_2 = I_e$,因此式(4.5.2)可以简化为

$$\begin{cases} -\dfrac{\mathrm{d}U_e}{\mathrm{d}z} = \mathrm{j}\omega(L + L_{ab})I_e \\ -\dfrac{\mathrm{d}I_e}{\mathrm{d}z} = \mathrm{j}\omega(C - C_{ab})U_e \end{cases} \tag{4.5.5}$$

采用与式(2.2.6)类似的方法对式(4.5.5)化简可得

$$\begin{cases} \dfrac{\mathrm{d}^2 U_e}{\mathrm{d}z^2} + \omega^2 LC\left(1+\dfrac{L_{ab}}{L}\right)\left(1-\dfrac{C_{ab}}{C}\right)U_e = 0 \\ \dfrac{\mathrm{d}^2 I_e}{\mathrm{d}z^2} + \omega^2 LC\left(1+\dfrac{L_{ab}}{L}\right)\left(1-\dfrac{C_{ab}}{C}\right)I_e = 0 \end{cases} \quad (4.5.6)$$

定义

$$K_L = \dfrac{L_{ab}}{L}$$
$$K_C = \dfrac{C_{ab}}{C}$$
(4.5.7)

分别为耦合微带线的电感耦合系数和电容耦合系数。

由于式(4.5.6)可以看成与第 2 章类似的均匀传输线方程,因此可以得到偶模下的相移常数、相速和特性阻抗,分别表示为

$$\beta_e = \omega\sqrt{LC\left(1+\dfrac{L_{ab}}{L}\right)\left(1-\dfrac{C_{ab}}{C}\right)} = \omega\sqrt{LC(1+K_L)(1-K_C)} \quad (4.5.8)$$

$$v_{pe} = \dfrac{\omega}{\beta_e} = \dfrac{1}{\sqrt{LC(1+K_L)(1-K_C)}} \quad (4.5.9)$$

$$Z_{0e} = \sqrt{\dfrac{L(1+K_L)}{C(1-K_C)}} = \dfrac{1}{v_{pe}C_{0e}} \quad (4.5.10)$$

另外,对式(4.5.10)进行整理,可以得到偶模电容,表示为

$$C_{0e} = C(1-K_C) = C - C_{ab} = C_a \quad (4.5.11)$$

2. 奇模激励

当两根耦合导带上加载的激励电压分别为 U_o 和 $-U_o$、激励电流分别为 I_o 和 $-I_o$ 时,此时传输线上为奇模激励,其场分布如图 4.24 所示。由于电场线均垂直于两根导带中心的对称面,该平面就好像是一个理想"导体"墙壁,因此称该面为电壁。

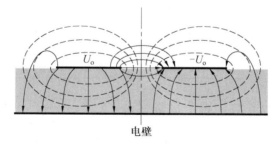

图 4.24 对称耦合微带线奇模激励时的场分布

在奇模激励时,两根导带上的电压和电流可以分别表示为 $U_1 = -U_2 = U_o$ 和 $I_1 = -I_2 = I_o$,因此式(4.5.2)可以简化为

$$\begin{cases} -\dfrac{\mathrm{d}U_o}{\mathrm{d}z} = \mathrm{j}\omega(L - L_{ab})I_o = \mathrm{j}\omega L(1-K_L)I_o \\ -\dfrac{\mathrm{d}I_o}{\mathrm{d}z} = \mathrm{j}\omega(C + C_{ab})U_o = \mathrm{j}\omega C(1+K_C)U_o \end{cases} \quad (4.5.12)$$

采用与式(2.2.6)类似的方法对式(4.5.12)化简可得

$$\begin{cases} \dfrac{d^2 U_o}{dz^2} + \omega^2 LC(1-K_L)(1+K_C)U_o = 0 \\ \dfrac{d^2 I_o}{dz^2} + \omega^2 LC(1-K_L)(1+K_C)I_o = 0 \end{cases} \quad (4.5.13)$$

由于式(4.5.13)可以看成与第2章类似的均匀传输线方程,因此可以得到奇模下的相移常数、相速和特性阻抗,分别表示为

$$\beta_o = \omega \sqrt{LC(1-K_L)(1+K_C)} \quad (4.5.14)$$

$$v_{\text{po}} = \frac{\omega}{\beta_o} = \frac{1}{\sqrt{LC(1-K_L)(1+K_C)}} \quad (4.5.15)$$

$$Z_{0o} = \sqrt{\frac{L(1-K_L)}{C(1+K_C)}} = \frac{1}{v_{\text{po}} C_{0o}} \quad (4.5.16)$$

另外,对式(4.5.16)进行整理,可以得到奇模电容,表示为

$$C_{0o} = C(1+K_C) = C + C_{ab} = C_a + 2C_{ab} \quad (4.5.17)$$

思考:偶模和奇模的特性阻抗哪个大?

偶模的特性阻抗为

$$Z_{0e} = \sqrt{\frac{L(1+K_L)}{C(1-K_C)}}$$

奇模的特性阻抗为

$$Z_{0o} = \sqrt{\frac{L(1-K_L)}{C(1+K_C)}}$$

第1章给出了独立的单根传输线的特性阻抗为

$$Z_0 = \sqrt{\frac{L}{C}}$$

由于 K_L 和 K_C 均为正数,可以得出结论:

$$Z_{0o} < Z_0 < Z_{0e}$$

4.5.3 有效介电常数与耦合系数

耦合微带线与微带线一样,具有非对称结构,其周围填充的不是一种介质,一部分介质为基片介质 ε_r,另一部分介质为空气,正如上述分析可知,这两部分均会对相速以及特性阻抗产生影响,给实际的分析和设计带来困难。因此,在对耦合微带线进行分析时,要分别定义奇、偶模的有效介电常数。假设空气介质下奇、偶模电容分别为 $C_{0o}(1)$ 和 $C_{0e}(1)$,而在基片介质情况下的奇、偶模电容分别为 $C_{0o}(\varepsilon_r)$ 和 $C_{0e}(\varepsilon_r)$。根据式(4.4.11)和式(4.4.15),定义奇模和偶模的有效介电常数为

$$\varepsilon_{eo} = \frac{C_{0o}(\varepsilon_r)}{C_{0o}(1)} = 1 + q_o(\varepsilon_r - 1) \quad (4.5.18)$$

$$\varepsilon_{ee} = \frac{C_{0e}(\varepsilon_r)}{C_{0e}(1)} = 1 + q_e(\varepsilon_r - 1) \quad (4.5.19)$$

式中,q_o 和 q_e 分别是奇、偶模的填充因子。

因此,耦合微带线奇、偶模的相速、波导波长、特性阻抗可以分别表示为

$$\begin{cases} v_{po} = \dfrac{c}{\sqrt{\varepsilon_{eo}}} \\ v_{pe} = \dfrac{c}{\sqrt{\varepsilon_{ee}}} \end{cases} \quad (4.5.20)$$

$$\begin{cases} \lambda_{po} = \dfrac{\lambda_0}{\sqrt{\varepsilon_{eo}}} \\ \lambda_{pe} = \dfrac{\lambda_0}{\sqrt{\varepsilon_{ee}}} \end{cases} \quad (4.5.21)$$

$$\begin{cases} Z_{0o} = \dfrac{1}{v_{po} C_{0o}(\varepsilon_r)} = \dfrac{Z_{0o}^a}{\sqrt{\varepsilon_{eo}}} \\ Z_{0e} = \dfrac{1}{v_{pe} C_{0e}(\varepsilon_r)} = \dfrac{Z_{0e}^a}{\sqrt{\varepsilon_{ee}}} \end{cases} \quad (4.5.22)$$

如果对于奇模和偶模,耦合微带线四周的介质为空气时,即 $\varepsilon_{eo} = \varepsilon_{ee} = 1$,根据式(4.5.20),可得 $v_{eo} = v_{ee} = c$。此时,根据式(4.5.9)和式(4.5.15),必然有

$$K_L = K_C = K \quad (4.5.23)$$

式中,K 为微带线的耦合系数。

此时,式(4.5.10)和式(4.5.16)简化为

$$Z_{0e}^a = \sqrt{\frac{L(1+K)}{C(1-K)}} \quad (4.5.24)$$

$$Z_{0o}^a = \sqrt{\frac{L(1-K)}{C(1+K)}} \quad (4.5.25)$$

式中,Z_{0e}^a 和 Z_{0o}^a 分别为空气填充时偶模和奇模的特性阻抗。

此时,上述两者之间满足

$$Z_{0e}^a \cdot Z_{0o}^a = \left(\sqrt{\frac{L}{C}}\right)^2 = Z_0^2 \quad (4.5.26)$$

式中,Z_0 为独立的单根传输线的特性阻抗。

在此基础上,对式(4.5.24)和式(4.5.25)联合整理,可以得到如下关系式:

$$K = \frac{Z_{0e}^a - Z_{0o}^a}{Z_{0e}^a + Z_{0o}^a} \quad (4.5.27)$$

分析式(4.5.27)可知以下几点。

(1)$K \to 1$。此时耦合系数最大,两根导带间耦合作用最强,偶模特性阻抗和奇模特性阻抗间的差距最大。

(2)$K \to 0$。此时耦合系数最小,两根导带间耦合作用非常弱,偶模特性阻抗和奇模特性阻抗的取值几乎相同,即

$$\sqrt{Z_{0e}^a Z_{0o}^a} = \sqrt{\frac{L}{C}} = Z_0 \quad (4.5.28)$$

4.5.4 耦合微带线的特性阻抗

由上述分析可知,对于耦合微带线,需要通过奇偶模分析法,分别根据微带线的尺寸以及介质的相对介电常数,求解空气介质下奇模和偶模的特性阻抗 Z_{0o}^a 和 Z_{0e}^a 以及奇模和偶模的有效介电常数 ε_{eo} 和 ε_{ee},求解过程复杂烦琐,本书不做具体介绍。在实际工程中,可以通过 TXLINE 小程序等工具软件进行耦合微带线的分析或设计。

例4.6 某耦合微带线的每根导带宽度 $w = 1$ mm,厚度 $t \rightarrow 0.1$ mm,两根导带间的距离 $s = 0.3$ mm,介质基片厚度 $h = 1.5$ mm,相对介电常数 $\varepsilon_r = 9.6$,用 TXLINE 小程序求解该耦合微带线奇模和偶模的特性阻抗。

解 根据上述条件,通过 TXLINE 小程序,求得该耦合微带线的偶模和奇模的特性阻抗分别为 82.539 9 Ω 和 34.701 8 Ω,具体如图 4.25 和图 4.26 所示。

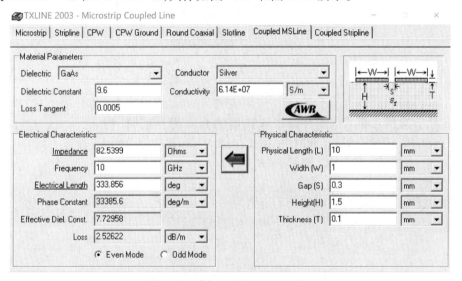

图 4.25 例 4.6 的 TXLINE 图 1

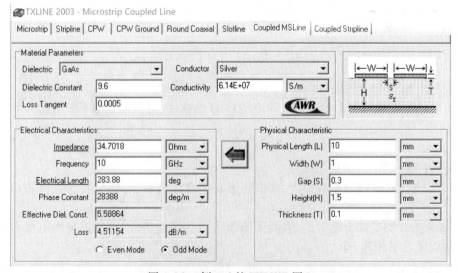

图 4.26 例 4.6 的 TXLINE 图 2

4.6 介质波导与光纤

4.6.1 引出

对于上述介绍的同轴线、带状线、微带线、耦合微带线以及介绍过的金属波导,工作频率不能很高,因为其中的高次模的截止波长均与传输线的尺寸相关。当频率升高到毫米波时,波长降低,为了保证单模传输,集成传输线的尺寸要相应减小,给加工造成极大的困难,尤其是到了毫米波波段,几乎无法实现,本节将举例说明。

对于毫米波有 10^{-3} m $< \lambda <10^{-2}$ m 和 20 GHz $< f <$ 30 GHz,取波长的中间值 $\lambda = 5 \times 10^{-3}$ m,为了保证单模传输,则有

$$a = \lambda_{cTE_{20}} < \lambda < \lambda_{cTE_{10}} = 2a$$

即

$$2.5 \times 10^{-3} \text{ m} < a < 5 \times 10^{-3} \text{ m}$$

这样的波导在实际工程中是无法加工的。

对于微带线,为了保证单模传输,需要满足

$$\begin{cases} w < \dfrac{\lambda_{\min}}{2\sqrt{\varepsilon_r}} - 0.4h \\ h < \min\left[\dfrac{\lambda_{\min}}{2\sqrt{\varepsilon_r}}, \dfrac{\lambda_{\min}}{4\sqrt{\varepsilon_r - 1}}\right] \end{cases}$$

根据上式,为了保证毫米波下单模传输,微带线的尺寸将变得非常小,处于毫米到亚毫米的范围内,很难加工出来。

因此,在毫米波波段,各种形式的介质波导广泛应用,本节简要介绍最为典型的圆形介质波导(circular dielectric waveguide)。随着频率的逐步提升,电磁波将超出微波的范畴,达到光的频率,可以对圆形介质波导进一步演进,这也引出了现代通信网络最重要的关键技术之一——光纤通信。虽然光已经超出微波的范围,但是可以统一看成电磁波,为了统一与系统性,本节将介绍光纤的基础知识,而更加深入的光纤通信理论与技术则是另外一个学科,不在本书的范畴内。

4.6.2 圆形介质波导简介

介质波导可以分成两大类:一类是开放式介质波导,主要包括圆形介质波导和介质镜像线等;另一类是半开放介质波导,主要包括 H 形波导和 G 形波导等。本节主要介绍圆形介质波导,进而引入光纤。

圆形介质波导广泛应用于毫米波、亚毫米波传输以及导波光学,由半径为 a、相对介电常数为 ε_{r1} 的介质圆柱体组成,该介质柱的外部相对介电常数为 ε_{r2} 的均匀介质,如图 4.27 所示。对于金属圆波导,微波在金属波导管内部的介质中传输,而对于圆形介质波导,微波在相对介电常数为 ε_{r1} 的介质圆柱体和外部相对介电常数为 ε_{r2} 的均匀介质中同时传输。

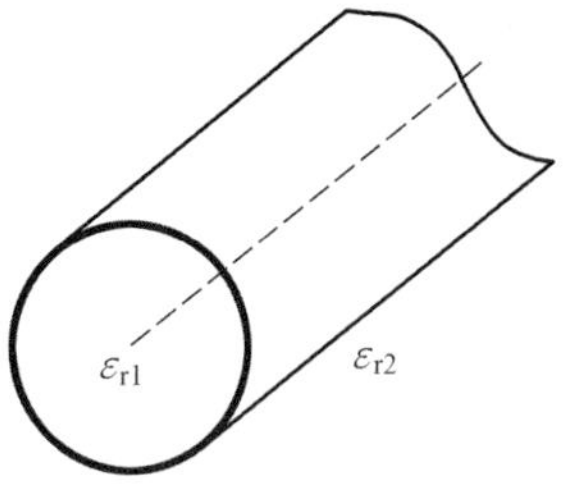

图 4.27 圆形介质波导的结构图

圆形介质波导的场分布求解与金属圆波导场分布的求解类似，本节不再具体介绍。圆形介质波导中存在的主要模式包括 TE_{0n} 模、TM_{0n} 模、HE_{mn} 模和 EH_{mn} 模。主模是 HE_{11} 模式，截止波长 $\lambda_{HE_{11}} \to \infty$，截止频率 $f_{HE_{11}} \to 0$，因此，无论工作频率多大，主模 HE_{11} 模在圆形介质波导中均可以传输。为了保证圆形介质波导中的单模传输，需要分析第一高次模的截止频率(波长)。

假设圆形介质波导内部介质柱的相对介电常数 $\varepsilon_{r1} = \varepsilon_r$，外部填充空气，因此 $\varepsilon_{r2} = 1$。对于圆波导中的 TE_{0n} 和 TM_{0n} 模式，其截止频率相同，可以简并，具体表示为

$$f_{cTE_{0n}} = f_{cTM_{0n}} = \frac{v_{0n}c}{2\pi a \sqrt{\varepsilon_r - 1}} \tag{4.6.1}$$

式中，v_{0n} 为零阶第一类贝塞尔函数 $J_0(x)$ 的第 n 个根。当 $n = 1$ 时，便是圆形介质波导的第一高次模(TE_{01} 模和 TM_{01} 模)，由于 $v_{01} = 2.405$，可得其截止频率为

$$f_{cTE_{01}} = f_{cTM_{01}} = \frac{2.405c}{2\pi a \sqrt{\varepsilon_r - 1}} \tag{4.6.2}$$

因此，圆形介质波导内实现单模传输的条件为

$$f < \frac{2.405c}{2\pi a \sqrt{\varepsilon_r - 1}} \tag{4.6.3}$$

圆形介质波导的主模 HE_{11} 模具有很大优势，可以实现单模传输，损耗较小；可以直接由矩形波导的主模 TE_{10} 模进行激励，不需要进行波型转换。如果将圆形介质波导的外介质具化成一个外介质柱，圆形介质波导便发展为光纤，其主模仍然为 HE_{11} 模。

4.6.3 光纤

1. 微波还是光?

通信应该采用无线还是有线？采用微波还是光波？这是通信领域的一个重要话题。衡量通信性能有三大指标，即有效性、可靠性、便携性。

(1) 有效性。

通信的有效性是指在指定通信信道内所传送信息量的大小。根据香农定理，有

$$C = W\log_2(1 + SNR)$$

显然，光纤通信有着更高的工作频率，这也对应着更宽的带宽 W；同时光纤属于封闭环境，有着更高的信噪比 SNR。因此，在有效性方面，光纤通信完胜微波无线通信。目前，单根光纤上承载的信息速率可以达到 100 Gbit/s 以上，而微波无线通信点对点的速率还在努力实现 1 Gbit/s 的量级。

(2) 可靠性。

通信的可靠性可以通过信息传输过程中的差错率来衡量，差错率越小，可靠性越高。衡量差错率的主要指标是误码率，主要取决于接收信噪比 SNR。同样由于光纤属于封闭环境，有着更高的信噪比 SNR，因此，在可靠性方面，光纤通信完胜微波无线通信。

(3) 便携性。

虽然光纤通信在有效性和可靠性方面完胜，但是移动通信的核心诉求是便携性，试想人们不可能为手机随身配备一条连接至基站的光纤。因此，在便携性这一核心指标上，微波无线通信完胜。

因此，随着移动通信网络从 1G 发展至 5G 并向未来的 6G 迈进，其发展趋势是蜂窝的面积逐渐变小、覆盖的密度逐渐变大；同时采用射频拉远技术，将基站的基带处理单元与射频

单元分开,基带处理部分与射频拉远单元之间通过光纤相连,光纤中传输的是调制到光上的无线射频信号,而射频拉远单元仅实现光电转换和微波发射的功能,也就是光载无线通信(radio over fiber,RoF)或微波光子学(microwave photonics),如图4.28所示。通过射频拉远架构,可以将光纤尽可能的部署至移动终端附近,从最大程度上提升通信的有效性和可靠性,同时将基站的射频单元小型化,实现移动网络更为灵活的部署,保证通信的便捷性。

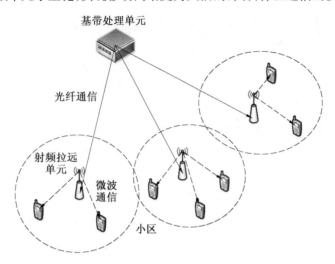

图4.28 射频拉远技术示意图

2. 光纤通信的核心——低衰减

光可以传送信息,这是人类通信史上的一场革命。由于光相比与微波,波长更短,频带更宽,有着相比于微波通信来说更高的传输速率与传输质量。但是,光纤通信的发展并不是一帆风顺的,早期光在光纤中传输衰减较大,无法实现远距离传输,光纤通信实质上是在高锟的低衰减光纤通信理论的基础上才开始迅速发展的。

> **历史:高锟与光纤**
>
> 高锟从1957年开始从事光导纤维在通信领域运用的研究。1964年,他提出在电话网络中以光代替电流,以玻璃纤维代替导线。1965年,高锟与霍克汉姆共同得出结论,玻璃光衰减的基本限制在20 dB/km以下,这是光通信的关键阈值。然而,在此测定时,光纤通常表现出高达1 000 dB/km甚至更多的光损耗。这一结论开启了寻找低损耗材料和合适纤维以达到这一标准的历程。
>
> 1966年,高锟开创性地提出光导纤维在通信上应用的基本原理,描述了长距离及高信息量光通信所需绝缘性纤维的结构和材料特性。随后,高锟的设想逐步变成现实:利用石英玻璃制成的光纤应用越来越广泛,全世界掀起了一场光纤通信的革命。1969年,高锟测量了4 dB/km的熔融二氧化硅的固有损耗,这是超透明玻璃在传输信号有效性的第一个证据。在他的努力推动下,1971年,世界上第一条1 km长的光纤问世,第一个光纤通信系统也在1981年启用。
>
> 由于高锟在光纤通信领域奠基性的贡献,他于2009年获得诺贝尔物理学奖,也被誉为"光纤之父"。

3. 光纤的基本结构

光和电是在麦克斯韦方程组下的统一,光是波长更短的电磁波,电磁波是波长更长的光,所以,可以采用对微波传输线类似的方法,对光纤内部的场分布进行分析。光纤是在圆形介质波导的基础上发展起来的导光传输系统,如图 4.29 所示,因此和圆形介质波导以及金属圆波导类似,光在光纤中曲折形传输。

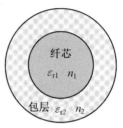

图 4.29 光纤及其结构

光纤包括两层介质材料,内层纤芯的相对介电常数为 ε_{r1}、折射率为 n_1,外部包层的相对介电常数为 ε_{r2}、折射率为 n_2,两层介质满足 $\varepsilon_{r1} > \varepsilon_{r2}$, $n_1 > n_2$。为了增加其强度,光纤外部经常还有一层外套。实际使用中,经常将多根光纤封装到一起,组成单根光缆。光纤按照组成材料可以分为石英玻璃光纤、多组分玻璃光纤、塑料包层玻璃芯光纤和全塑料光纤,其中石英玻璃光纤损耗最小,最适合长距离、大容量通信。

4. 单模光纤与多模光纤

按照传输模式,光纤可以分为单模光纤和多模光纤。

(1) 单模光纤。

只传输一种模式的光纤被称为单模光纤。单模光纤采用单模传输,避免了模式分散,因此其传输带宽很宽,通信容量较大。单模光纤的传输模式是其主模(与圆形介质波导相同的 HE_{11} 模式),截止波长无穷大,即在任何工作波长下,主模 HE_{11} 均可传输。为了保证单模传输与圆形介质波导的分析类似,其第一高次模为简并的 TE_{01} 和 TM_{01} 模,截止波长为

$$\lambda_{cTE_{01}} = \lambda_{cTM_{01}} = \frac{\pi D}{v_{01}}\sqrt{n_1^2 - n_2^2} \tag{4.6.4}$$

式中,v_{01} 为零阶第一类贝塞尔函数 $J_0(x)$ 的第 1 个根,取值位 $v_{01} = 2.405$;D 为光纤纤芯的直径。

为了保证单模传输,自由空间内的工作波长需要保证

$$\lambda > \lambda_{cTE_{01}} = \lambda_{cTM_{01}} = \frac{\pi D}{v_{01}}\sqrt{n_1^2 - n_2^2} = \frac{\pi D}{2.405}\sqrt{n_1^2 - n_2^2} \tag{4.6.5}$$

可以得到

$$D < \frac{2.405\lambda}{\pi\sqrt{n_1^2 - n_2^2}} \tag{4.6.6}$$

观察式(4.6.6)可知,单模光纤尺寸的上限与工作波长在同一数量级,而光纤的工作波长一般在 1 μm 量级,这也使光纤纤芯的直径过小,制造较为困难。在实际工程中,可以通过减少 $n_1^2 - n_2^2$ 来降低单模光纤的制造难度,也就是选择取值相近的 n_1 和 n_2,可以有效增大纤芯的直径 D。

(2) 多模光纤。

同时传输多个模式的光纤被称为多模光纤。多模光纤的纤芯直径可以达到几十 μm，制造工艺相对简单，对光源的要求也比较低，但由于其同时传输多个模式，会出现较大的模式离散，从而导致传输性能下降，容量变小。幸运的是目前的光纤通信大多采用强度监测，只考虑光功率和群速，所以相对性能较好，实际系统中经常会使用多模光纤。

5. 光纤的基本参数

描述光纤的基本参数除了纤芯直径 D 外，还包括光波波长、相对折射率差、折射率分布因子以及数值孔径等。

(1) 光波波长 λ_g。

与金属波导中的波曲折传输类似，光在光纤中也是曲折形传输，分别产生了工作波长和光波波长。对于某一特定模式，光纤中的工作波长可以类似表示为

$$\lambda = \frac{2\pi}{k} \tag{4.6.7}$$

光波波长也可以类似表示为

$$\lambda_g = \frac{2\pi}{\beta} \tag{4.6.8}$$

(2) 相对折射率差 Δ。

光纤纤芯与包层的相对折射率差定义为

$$\Delta = \frac{n_1 - n_2}{n_1} \tag{4.6.9}$$

反映了包层和纤芯折射率的接近程度。

(3) 折射率分布因子 g。

光纤的折射率分布因子 g 是描述光纤折射率分布的参数，一般情况下可以表示为

$$n(r) = \begin{cases} n_1 \left[1 - \Delta \left(\frac{r}{a}\right)^g\right], & r < a \\ n_2, & r \geq a \end{cases} \tag{4.6.10}$$

式中，a 为纤芯的半径；r 为所分析位置的半径。对于阶跃型光纤，$g \to \infty$；对于渐变型光纤，g 为常数，如 $g = 2$ 时，为抛物型光纤。

(4) 数值孔径 NA。

光纤的数值孔径 NA 是用来描述光纤收集光能力的参数。根据几何光学，并不是所有入射到光纤端面上的光都能进入光纤内部进行传播，只有小于某一个角度 θ 的光，才能在光纤内部传播，如图 4.30 所示。因此，将这一角度的正弦值定义为光纤的数值孔径：

$$NA = \sin\theta \tag{4.6.11}$$

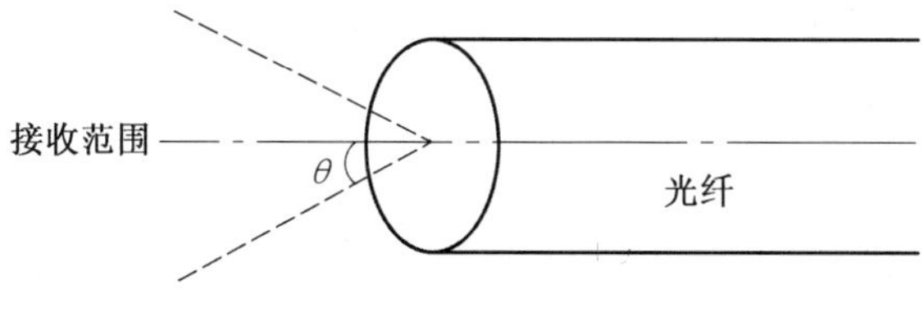

图 4.30 光纤的数值孔径

另外，光纤的数值孔径也可以用相对折射率差来描述，具体表示为

$$NA = n_1 (2\Delta)^{1/2} \tag{4.6.12}$$

因此，为了得到较大的数值孔径，可以适当增加相对折射率差 Δ。

6. 光纤的传输特性

（1）光纤的损耗。

损耗是光纤是否能够实现长距离传输的关键，光纤的损耗可以分为吸收损耗、散射损耗和其他损耗。并不是所有波长的光在光纤中的损耗都是一致的，因此，找到合适的低损耗波长对于光纤的长距离传输极为关键。对于光纤通信来说，三个典型的低损耗窗口为 $1.3~\mu m$、$1.55~\mu m$ 和 $0.8~\mu m$，这也是光纤通信中最典型的工作波长，具体见表4.3。

表4.3 光纤常用的波长窗口、损耗及用途

光纤		损耗/(dB·km^{-1})	用途
短波	$0.8~\mu m$	3.0	短距离、低速
长波	$1.3~\mu m$	0.5	中距离、高速
	$1.55~\mu m$	0.2	长距离、高速

（2）光纤的色散。

光纤的色散是指光纤传播的信号波形发生畸变的现象，表现为光脉冲展宽，进而影响接收端的信息解码，限制了通信容量。光纤色散主要包括材料色散、波导色散和模间色散三种。

为了有效抑制光纤色散导致的信号畸变，可以在每传输一段距离后，进行中继整形，恢复脉冲信号后，继续发送并传输，进而有效地克服。

4.7 本章小结

随着集成电路产业的飞速发展，微波传输系统需要与集成电路的平面形结构相匹配，体积更小、质量更轻、可靠性更高、一致性也更好。因此，本章具体介绍了几种常用的微波集成传输系统并引出了光纤的概念。首先，介绍了一种特殊的双导体传输系统——同轴线，以及其场分布、传输模式等性质，并给出了几种特殊要求下的特性阻抗。在此基础上，从同轴线引出平面形的带状线，分析了带状线的特性阻抗并给出其数值闭式解，并介绍了带状线的衰减特性、相速和波长以及尺寸选择。之后，介绍了最重要的平面型微波集成电路——微带线，包括微带线的演化与场分布，微带线的特性，微带线的特性阻抗，微带线的衰减常数、相速与波长及尺寸选择。在微带线的基础上，介绍了两根微带线相互作用的情况，即耦合微带线，重点给出了耦合微带线方程以及奇偶模分析法，给出了奇偶模的场分布以及电壁和磁壁的概念，通过有效介电常数与耦合系数对耦合微带线进行了性能分析。在介绍上述集成传输线的过程中，引入了 TXLINE 小程序辅助分析设计。最后，通过介质波导的介绍，引入了光纤，具体介绍了光纤的基本结构和基本参数，并对其传输特性进行了分析。

本章习题

4.1 试求内外导体直径分别为 0.3 cm 和 0.8 cm 时的空气同轴线的特性阻抗。若在

内外导体间填充相对介电常数 $\varepsilon_r = 2.16$ 的介质,求其特性阻抗及在 $f = 3$ GHz 时的工作波长。用 TXLINE 小程序验证计算结果。

4.2 如题 4.2 图所示的两种同轴线,尺寸 $a_1/b_1 = a_2/b_2$ 且 $a_1 > a_2$。求:(1) 哪种同轴线的特性阻抗 Z_0 更大?(2) 哪种同轴线的 TEM 单模传输的工作带宽更宽?(3) 哪种同轴线的衰减更小?(4) 如果要求同轴线耐压最高、传输功率最大或衰减最小时,a_1/b_1 的具体取值分别为多少?

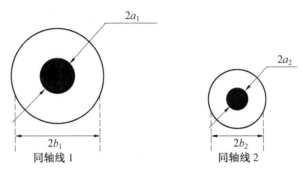

题 4.2 图

4.3 某根以聚氯乙烯填充的带状线,相对介电常数 $\varepsilon_r = 2.5$,其尺寸 $b = 3$ mm、$t = 0.1$ mm、$w = 2$ mm,试求此带状线的特性阻抗,并用 TXLINE 小程序验证计算结果,以及此时以主模进行单模传输的最高工作频率。

4.4 同轴线、带状线、微带线和耦合微带线的主模分别是什么模式?解释微带线中有效介电常数的含义。

4.5 某微带线的导带宽度 $w = 3$ mm,厚度 $t \to 0$,Al_2O_3 介质基片厚度 $h = 1.5$ mm,相对介电常数 $\varepsilon_r = 9.3$,试求此微带线的有效填充因子 q、有效介电常数 ε_e、空气微带特性阻抗 Z_0^a 以及实际特性阻抗 Z_0,并用 TXLINE 小程序验证计算结果。

4.6 在 $h = 1.5$ mm,$\varepsilon_r = 9.6$ 的介质基片上制作特性阻抗为 25 Ω、50 Ω、75 Ω 的微带线,试借助图 4.18 中的曲线分别求他们的导带宽度 w。($t \to 0$)

4.7 什么是偶模激励和奇模激励?什么是电壁和磁壁?偶模和奇模,哪个的特性阻抗更大?

4.8 对于某耦合微带线,空气介质时的奇偶模特性阻抗分别为 $Z_{0o}^a = 30$ Ω 和 $Z_{0e}^a = 120$ Ω,实际介质的相对介电常数 $\varepsilon_r = 9.6$ 时的奇偶模填充因子分别为 $q_o = 0.4$ 和 $q_e = 0.6$,工作频率 $f = 10$ GHz。试求介质填充时耦合微带线的奇偶模特性阻抗、相速和波导波长。

4.9 什么是单模光纤和多模光纤?光纤的基本参数包括哪些?

4.10 已知光纤的直径 $D = 10$ μm、$n_1 = 1.5$、$\Delta = 0.001$,试求单模传输的波长和频率范围,是否可以单模工作于光纤的三个低损耗窗口?

第 5 章 微波网络基础

5.1 概　　述

由第 1 章的相关理论分析可知,由两根或多根传输线在周围形成的横电磁场(TEM),易于用"路"的方法分析其特性。但是对于非规则的传输线以及传输线与各类微波元器件的互联,需要解决两方面的问题:一方面,由于非规则传输线的传输特性较为复杂,如何把"路"的分析方法进行推广,利用"路"的概念将复杂问题合理简化,分析并解释非规则传输线的传输特性非常必要;另一方面,传输线在进行过渡或与微波元器件连接时,在连接处的不连续性会引起多次反射、透射及损耗等,如何分析并掌握连接后各元器件的外部传输特性是极为重要的。虽然"场"的分析方法可以给出空间中任意电场和磁场,但由于边界条件较为复杂,"场"的计算方式非常烦琐,有时甚至无法求解。微波网络可以用来解决上述两个问题,在"场"分析的基础上,利用"路"的分析方法,将导波传输系统等效为传输线,将微波系统等效为微波网络,根据其外部特性,得到其一般传输特性。因此,"场"分析是问题的内部本质,而网络则是问题的外部特征。

建立微波系统时,面对各个微波元器件的互联,通常不需要了解元器件内部场分布,通过将其简化成微波网络,掌握端口电压、电流、阻抗、流经器件的功率流等外部参数,就可反映系统的一般传输特性,并可以通过实际测量的方法进行验证,这是微波网络的分析;另外,利用微波元器件的外部特征,综合符合工作特性要求的微波网络,并基于微波元器件利用一定微波结构实现,这是微波网络的综合。微波网络的分析与综合均是分析与设计微波系统的有力工具,本章着重介绍微波网络分析的基础理论。

微波网络分析方法的主要特征包括以下几点。

(1) 借助电路理论,采用"路"分析法。

(2) 将电场 E 和磁场 H 等效成电压 U 和电流 I 进行分析。

(3) 将网络内部视为"黑盒子",进行整体考虑,如图 5.1 所示。

图 5.1　基于"黑盒子"的微波网络理论

"黑盒子"理论从整体的角度出发,以微波网络外部功能为导向,避免对微波元器件以及传输线进行复杂的电磁分析,简便实用,特别适合于对微波元器件的功能进行定义。因此,在诸多的微波工作手册中,均采用网络散射矩阵定义元器件的功能,建立统一的微波网络功能,使用者可以不需要理解元器件内部的原理便可以掌握其功能,便于微波工程领域的设计与使用。

5.2 等效传输线

TEM 传输线(如双导线传输线、同轴线、微带线或带状线)始终存在一对端点,其电压和电流具有明确的物理意义且是唯一的,因此可以将电场和磁场简单等效为电压和电流。但是,非 TEM 传输线(如金属波导)很难找到这样一对端点,其电压和电流不仅与 z 有关,还与 x,y 有关,此时电压和电流的意义并不明确,其值与位置、积分路径密切相关,导致不存在与电场和磁场所对应的唯一解。为了将"路"的分析方法拓展至任意传输线并方便网络分析,需要引入等效电压和等效电流的概念,进而建立等效传输线。

5.2.1 等效传输线

由于非 TEM 传输线定义的等效电压、等效电流不唯一,为了得到更有效的结果,对某一参考面下的等效电压和等效电流做出如下规定。

(1) 等效电压 $U(z)$ 正比于横电场 E_t,而等效电流 $I(z)$ 正比于横磁场 H_t。

(2) 类比于电路理论,等效电压 $U(z)$ 和等效电流 $I(z)$ 共轭的乘积应等于该模式的功率流(平均传输功率),即

$$P = \frac{1}{2}\text{Re}[U(z)I^*(z)]$$

(3) 等效电压 $U(z)$ 与等效电流 $I(z)$ 之比应等于传输线的特征阻抗,称为等效特性阻抗,即

$$Z_e = \frac{U_+(z)}{I_+(z)}$$

该阻抗可以任意选择,但通常将其设置为传输线的波阻抗。

对于任意导波系统,根据上述规定(1),其横向电磁场可表示为

$$\begin{cases} \boldsymbol{E}_t(x,y,z) = \boldsymbol{e}_k(x,y)U_k(z) \\ \boldsymbol{H}_t(x,y,z) = \boldsymbol{h}_k(x,y)I_k(z) \end{cases} \quad (5.2.1)$$

式中,$\boldsymbol{e}_k(x,y)$、$\boldsymbol{h}_k(x,y)$ 为模式 k 场的横向变化部分;$U_k(z)$、$I_k(z)$ 为模式 k 场的等效电压和等效电流。

值得注意的是,该等效电压、等效电流取值并不唯一。由式(3.2.31),可得

$$\begin{aligned} P_k &= \frac{1}{2}\text{Re}\int \boldsymbol{E}_k(x,y,z) \times \boldsymbol{H}_k^*(x,y,z) \cdot \text{d}\boldsymbol{S} \\ &= \frac{1}{2}\text{Re}[U_k(z)I_k^*(z)]\int \boldsymbol{e}_k(x,y) \times \boldsymbol{h}_k(x,y) \cdot \text{d}\boldsymbol{S} \end{aligned} \quad (5.2.2)$$

根据上述规定(2),可以得到

$$P_k = \frac{1}{2}\text{Re}[U_k(z)I_k^*(z)]\int \boldsymbol{e}_k(x,y) \times \boldsymbol{h}_k(x,y) \cdot \text{d}\boldsymbol{S}$$

$$= P_k \int \boldsymbol{e}_k(x,y) \times \boldsymbol{h}_k(x,y) \cdot \mathrm{d}\boldsymbol{S}$$

因此,可以得到条件(a)如下:

$$\int \boldsymbol{e}_k(x,y) \times \boldsymbol{h}_k(x,y) \cdot \mathrm{d}\boldsymbol{S} = 1 \tag{5.2.3}$$

由上述规定(3)可得模式 k 的波阻抗为

$$Z_{wk} = \frac{\boldsymbol{E}_t}{\boldsymbol{H}_t} = \frac{\boldsymbol{e}_k(x,y)U_k(z)}{\boldsymbol{h}_k(x,y)I_k(z)} = \frac{e_k}{h_k}Z_{ek} \tag{5.2.4}$$

式中,Z_{ek} 为模式 k 的等效特性阻抗。对式(5.2.4)进行整理,可以得到条件(b)如下:

$$\frac{e_k}{h_k} = \frac{Z_{wk}}{Z_{ek}} \tag{5.2.5}$$

经过上述处理,得到三个规定和两个条件,就可以建立等效传输线。本节以例5.1为例,介绍微波网络等效传输线的具体建立方法。

例 5.1 矩形波导 TE_{10} 模式的等效电压、等效电流与等效特性阻抗。

解 根据规定(1)和规定(3),得到矩形波导 TE_{10} 模的横向分量和功率流以及该模式等效成传输线模型时的表达式,见表5.1。

表 5.1 TE_{10} 模的横向分量和功率流以及该模式等效成传输线模型的表达式

波导	传输线
$E_y = E_{10}\sin\dfrac{\pi x}{a}\mathrm{e}^{-\mathrm{j}\beta z} = e_{10}(x)U(z)$	$U(z) = A_1 \mathrm{e}^{-\mathrm{j}\beta z}$
$H_x = -\dfrac{E_{10}}{Z_{TE_{10}}}\sin\dfrac{\pi x}{a}\mathrm{e}^{-\mathrm{j}\beta z} = h_{10}(x)I(z)$	$I(z) = \dfrac{A_1}{Z_e}\mathrm{e}^{-\mathrm{j}\beta z}$
$P = \dfrac{1}{2Z_{TE_{10}}}\iint |E_y|^2 \mathrm{d}x\mathrm{d}y = \dfrac{abE_{10}^2}{4Z_{TE_{10}}}$	$P = \dfrac{|A_1|^2}{2Z_e}$

表中

$$Z_{TE_{10}} = \frac{\sqrt{\mu_0/\varepsilon_0}}{\sqrt{1-(\lambda/2a)^2}}$$

由表5.1中公式可得

$$e_{10}(x) = \frac{E_{10}}{A_1}\sin\frac{\pi x}{a}$$

$$h_{10}(x) = -\frac{E_{10}}{A_1}\frac{Z_e}{Z_{TE_{10}}}\sin\frac{\pi x}{a}$$

上述两个公式满足条件(b)。

由条件(a) $\int \boldsymbol{e}_k(x,y) \times \boldsymbol{h}_k(x,y) \cdot \mathrm{d}\boldsymbol{S} = 1$,可得

$$\frac{E_{10}^2}{A_1^2}\frac{Z_e}{Z_{TE_{10}}}\int_0^b \mathrm{d}y \int_0^a \sin^2\frac{\pi x}{a}\mathrm{d}x = \frac{E_{10}^2}{A_1^2}\frac{Z_e}{Z_{TE_{10}}}\frac{ab}{2} = 1$$

若取 $Z_e = Z_{TE_{10}}$,则

$$A_1 = \sqrt{\frac{ab}{2}}E_{10}$$

$$U(z) = A_1 \mathrm{e}^{-\mathrm{j}\beta z} = \sqrt{\frac{ab}{2}} E_{10} \mathrm{e}^{-\mathrm{j}\beta z}$$

$$I(z) = \frac{A_1}{Z_\mathrm{e}} \mathrm{e}^{-\mathrm{j}\beta z} = \sqrt{\frac{ab}{2}} \frac{E_{10}}{Z_{\mathrm{TE}_{10}}} \mathrm{e}^{-\mathrm{j}\beta z}$$

另外,在上述计算过程中并未用到规定(2),而上述通过电压和电流求解传输功率,规定(2)可以对结果进行验证,上述推导过程是闭环的。读者也可以采用规定(1)(2)(3)和条件(b)对例5.1进行求解,并用条件(a)对结果进行验证。

思考:$Z_\mathrm{e}/Z_{\mathrm{TE}_{10}}$ 比值是否可以为任意值?

若 $\dfrac{Z_\mathrm{e}}{Z_{\mathrm{TE}_{10}}} = x$,其中 x 为任意数,则

$$U(z) = A_1 \mathrm{e}^{-\mathrm{j}\beta z} = \sqrt{\frac{abx}{2}} E_{10} \mathrm{e}^{-\mathrm{j}\beta z}$$

$$I(z) = \frac{A_1}{Z_\mathrm{e}} \mathrm{e}^{-\mathrm{j}\beta z} = \sqrt{\frac{ab}{2x}} \frac{E_{10}}{Z_{\mathrm{TE}_{10}}} \mathrm{e}^{-\mathrm{j}\beta z}$$

根据规定(2),可得

$$P = \frac{1}{2}\mathrm{Re}[U(z)I^*(z)] = \frac{abE_{10}^2}{4Z_{\mathrm{TE}_{10}}}$$

这与 TE_{10} 模式的传输功率表达式是吻合的。因此,$Z_\mathrm{e}/Z_{\mathrm{TE}_{10}}$ 可以为任意值,由电压、电流表达式可知,等效电压、等效电流是不唯一的。

5.2.2 等效微波网络

当导波系统中出现不同模式时,由于每个模式的功率不受其他模式影响,且传播常数也各不相同,因此每一个模式均可以用独立的等效传输线表示,其特征阻抗为 $Z_{\mathrm{e}k}$,k 为不同传输模式。这样,均匀传输线的许多分析方法均可以用于等效传输线的分析。

存在不均匀性的传输系统中有由不均匀引起的高次模,其幅度按指数规律衰减,因此只能存在于不均匀区域附近,不能在传输系统中传播。在离开不均匀区远一些的地方,高次模式的场可以认为衰减到可以忽略的程度,因此,只存在工作模式的入射波和反射波。若把参考面选在这些地方,就可以将不均匀问题等效成微波网络进行处理,如图5.2所示。

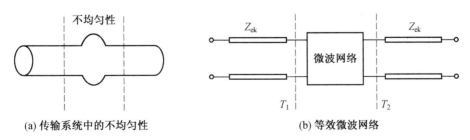

(a) 传输系统中的不均匀性　　　　　　(b) 等效微波网络

图5.2　不均匀传输系统的不均匀性及其等效微波网络

5.2.3 单口网络

若一段规则传输线端接微波元件时,在连接的端面处引起不连续性,从而产生反射。此时,若将参考面选在离不连续面较远的地方,则参考面的左侧可用等效传输线表示,参考面右侧可等效成微波网络进行处理,这样等效传输线作为该微波网络的输入端面,构成了单口网络,如图 5.3 所示。单口网络的传输特性可用第 2 章传输线理论来分析。

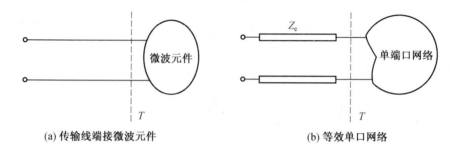

(a) 传输线端接微波元件　　　　　(b) 等效单口网络

图 5.3　传输线端接微波元件时对应的等效单口网络

若参考面 T 的反射系数为 Γ_L,则由第 2 章均匀传输线理论可知,等效传输线上任意一点的反射系数为

$$\Gamma(z) = |\Gamma_L| e^{j(\varphi_L - 2\beta z)} \quad (5.2.6)$$

传输线上任意一点的等效电压、等效电流分别为

$$U(z) = A_1 e^{j\beta z}[1 + \Gamma(z)]$$
$$I(z) = \frac{A_1 e^{j\beta z}}{Z_e}[1 - \Gamma(z)] \quad (5.2.7)$$

式中,Z_e 为等效传输线的等效特性阻抗。

传输线上任意一点输入阻抗为

$$Z_{in}(z) = Z_e \frac{1 + \Gamma(z)}{1 - \Gamma(z)} \quad (5.2.8)$$

任意点的传输功率为

$$P(z) = \frac{1}{2}\text{Re}[U(z)I^*(z)] = \frac{|A_1|^2}{2Z_e}[1 - |\Gamma(z)|^2] \quad (5.2.9)$$

5.2.4 归一化电压和电流

为消除等效特性阻抗对阻抗和功率测量带来的影响,引入归一化阻抗。由归一化阻抗与反射系数之间的关系,可得

$$\bar{z}(z) = \frac{Z(z)}{Z_0} = \frac{1 + \Gamma(z)}{1 - \Gamma(z)} \quad (5.2.10)$$

由于反射系数 $\Gamma(z)$ 是可以通过测量唯一确定的量,可知归一化阻抗也是唯一确定的。因此为了消除模式电压、电流的不唯一所带来的不唯一性,引入归一化电压 u 和归一化电流 i。

历史：阻抗概念

英文术语 impedance 是由物理学者奥利弗·亥维赛在19世纪用来描述含有电阻器、电感器和电容器的交流电路中对交流电阻碍作用的统称。随后，20世纪30年代，著名电磁理论学家谢昆诺夫认为阻抗的概念可以推广至电磁场，并指出阻抗可看成场型特征，类似媒质的特征。阻抗概念可认为是场理论与路理论之间的纽带。

知识：不同阻抗

根据应用场景不同，了解了不同的阻抗概念，在此总结已用过的不同阻抗含义及其符号。

(1) 本征阻抗：$\eta = \sqrt{\mu/\varepsilon}$，仅与媒质的材料参量有关，等于平面波的波阻抗。

(2) 波阻抗：$Z_w = E_t/H_t$，取决于传输线和波导类型、材料以及工作频率。通常，TEM波、TE波和TM波具有不同的波阻抗。

(3) 特征阻抗：$Z_0 = U^+/I^+$，描述传输线上的行波电压与电流之比。对于TEM波，特征阻抗是唯一的。

(4) 等效特性阻抗：$Z_e = U_k/I_k$，定义为非TEM波的等效电压与等效电流之比。TE波、TM波并不存在唯一确定的电压和电流，因此不同情况取值也不同。

微波网络较为复杂，为了去除等效传输线等效阻抗的不同所带来的影响，在分析时通常采用归一化的特性阻抗，其对应的电压和电流也要归一化。

考虑一般情况，归一化电压和电流可以表示为

$$\begin{cases} u = \dfrac{U}{\sqrt{Z_e}} \\ i = I\sqrt{Z_e} \end{cases} \tag{5.2.11}$$

值得注意的是，虽然做归一化处理，归一化电压与电流仍满足：

$$P_{in} = \frac{1}{2}\text{Re}[ui^*] = \frac{1}{2}\text{Re}[UI^*] \tag{5.2.12}$$

$$\bar{z} = \frac{u}{i} = \frac{U}{IZ_e} = \frac{Z}{Z_e} \tag{5.2.13}$$

由此可见，归一化后输入功率保持不变。

5.3 双端口网络的阻抗与 *ABCD* 矩阵

当确定了网络中不同位置的电压和电流后，就可以利用电路理论的阻抗或导纳把这些端口参量联系起来。当网络存在多个端口时，可以将阻抗或导纳拓展至矩阵形式进行描述。在各种微波网络中，具有两个端口的微波元件均可视为双端口网络，因此双端口网络是最基本的也是最常用的。根据其用途不同，双端口网络可以分为方向变化二端口网络，如连接元件、拐角、扭转等；信号变化二端口网络，如移相器、衰减器、滤波器等；波形变换二端口网络，如同轴波导转换、方圆转换、共面波导转介质集成波导等。本节将介绍这些二端口网络与各端口上电压和电流之间的关系。

5.3.1 阻抗矩阵与导纳矩阵

1. 阻抗矩阵

等效的双端口网络如图 5.4 所示,设参考面 T_1 处的电压和电流分别为 U_1 和 I_1,参考面 T_2 处的电压和电流分别为 U_2 和 I_2,连接 T_1 和 T_2 处的等效特性阻抗分别为 Z_{e1} 和 Z_{e2}。

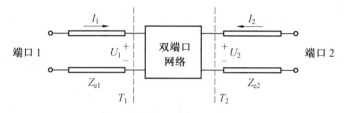

图 5.4 等效的双端口网络

对于线性无源双端口网络,用阻抗将端口电压和电流联系起来,可得

$$\begin{cases} U_1 = Z_{11}I_1 + Z_{12}I_2 \\ U_2 = Z_{21}I_1 + Z_{22}I_2 \end{cases} \tag{5.3.1}$$

写成矩阵形式为

$$\begin{bmatrix} U_1 \\ U_2 \end{bmatrix} = \begin{bmatrix} Z_{11} & Z_{12} \\ Z_{21} & Z_{22} \end{bmatrix} \begin{bmatrix} I_1 \\ I_2 \end{bmatrix} \tag{5.3.2a}$$

简写为

$$[U] = [Z][I] \tag{5.3.2b}$$

式中,$[U]$ 为电压矩阵;$[I]$ 为电流矩阵;$[Z]$ 为阻抗矩阵。

阻抗矩阵中各阻抗参量的定义如下。

(1) $Z_{11} = \dfrac{U_1}{I_1}\bigg|_{I_2=0}$ 为 T_2 面开路时,端口 1 的输入阻抗(自阻抗)。

(2) $Z_{12} = \dfrac{U_1}{I_2}\bigg|_{I_1=0}$ 为 T_1 面开路时,端口 2 到端口 1 的转移阻抗(互阻抗)。

(3) $Z_{21} = \dfrac{U_2}{I_1}\bigg|_{I_2=0}$ 为 T_2 面开路时,端口 1 到端口 2 的转移阻抗(互阻抗)。

(4) $Z_{22} = \dfrac{U_2}{I_2}\bigg|_{I_1=0}$ 为 T_1 面开路时,端口 2 的输入阻抗(自阻抗)。

知识:微波网络分为互易与非互易、对称与非对称、有耗与无耗。

(1) 互易与非互易网络。填充有互易介质的元件所对应的网络称为互易网络,否则称为非互易网络。各向同性媒质为互易媒质,铁氧体材料为非互易媒质。

(2) 对称与非对称网络。如果元器件的结构具有对称性,则称为对称网络,否则为非对称网络。

(3) 有耗与无耗网络。根据微波元件有无损耗,将其等效的微波网络分为有耗与无耗网络。严格来说,任何微波元件均有损耗,但当损耗较小,以至可以忽略但不影响该元件的特性时,可以认为是无耗网络。

由此可见，$[Z]$矩阵中各参数是激励某一端口时，在另一端口开路情况下测量的，即开路测量法。值得注意的是，当参考面选择不同时，相应的阻抗参数也有所不同。

对于互易、对称或无耗网络，$[Z]$矩阵中参数有如下特性。

互易网络：
$$Z_{12} = Z_{21} \tag{5.3.3}$$

若双端口网络为互易网络，端口 1 和端口 2 互易，则有端口 1 激励时端口 2 的输出，与端口 2 激励时端口 1 的输出相同。当端口 1 激励时，$I_1 = I, I_2 = 0$，则在端口 2 的输出为 $U_2 = Z_{21}I$；当端口 2 激励时，$I_2 = I, I_1 = 0$，则在端口 2 的输出为 $U_1 = Z_{12}I$。根据 $U_1 = U_2$，则有 $Z_{12} = Z_{21}$。

对称网络：
$$Z_{12} = Z_{21}, \quad Z_{11} = Z_{22} \tag{5.3.4}$$

若双端口网络为对称网络，端口 1 和端口 2 完全对称，则在满足互易网络的基础上（即 $Z_{12} = Z_{21}$），仍然要满足当端口 1 激励时，$I_1 = I, I_2 = 0$，端口 1 的电压 $U_1 = Z_{11}I$，和当端口 2 激励时，$I_2 = I, I_1 = 0$，端口 2 的电压 $U_2 = Z_{22}I$ 相同。根据 $U_1 = U_2$，则有 $Z_{11} = Z_{22}$。

互易无耗网络：$[Z]$ 为虚矩阵。

思考：为什么互易无耗网络中，$[Z]$ 应该为虚矩阵？

考虑互易无耗的 N 端口网络，其实功率必为零，则有

$$\begin{aligned} P_{av} &= \mathrm{Re}\left\{\frac{1}{2}[U]^{\mathrm{T}}[I]^*\right\} = \mathrm{Re}\left\{\frac{1}{2}([Z][I])^{\mathrm{T}}[I]^*\right\} \\ &= \mathrm{Re}\left\{\frac{1}{2}[I]^{\mathrm{T}}[Z]^{\mathrm{T}}[I]^*\right\} \\ &= \frac{1}{2}\mathrm{Re}(I_1 Z_{11} I_1^* + I_1 Z_{12} I_2^* + I_2 Z_{21} I_1^* + \cdots) \\ &= \frac{1}{2}\sum_{n=1}^{N}\sum_{m=1}^{N}\mathrm{Re}(I_m Z_{mn} I_n^*) = 0 \end{aligned} \tag{5.3.5}$$

若使上式为 0，则自乘项的实部为 0，可以得到

$$\mathrm{Re}[I_n Z_{nn} I_n^*] = |I_n|^2 \mathrm{Re}[Z_{nn}] = 0$$

因此
$$\mathrm{Re}[Z_{nn}] = 0 \tag{5.3.6}$$

同时，由于互易网络 $Z_{mn} = Z_{nm}$，其他项为
$$\mathrm{Re}[(I_n I_m^* + I_m I_n^*) Z_{mn}] = |I_n|^2 \mathrm{Re}[Z_{mn}] = 0$$

由于 $I_n I_m^* + I_m I_n^*$ 一般不为 0，因此
$$\mathrm{Re}[Z_{mn}] = 0 \tag{5.3.7}$$

由式(5.3.6)和式(5.3.7)可知，对于所有的 m、n，都有 $\mathrm{Re}[Z_{mn}] = 0$，即 $[Z]$ 矩阵为虚矩阵。

扫描二维码（附件 5.1）获取无耗网络推导过程。

若将各端口的电压和电流分别对自身特性阻抗进行归一化，则有

$$\begin{cases} u_1 = \dfrac{U_1}{\sqrt{Z_{e1}}}, & i_1 = I_1\sqrt{Z_{e1}} \\ u_2 = \dfrac{U_2}{\sqrt{Z_{e2}}}, & i_2 = I_2\sqrt{Z_{e2}} \end{cases} \tag{5.3.8}$$

将式(5.3.8)代入式(5.3.1)中,可得

$$\begin{cases} \dfrac{U_1}{\sqrt{Z_{e1}}} = z_{11} I_1 \sqrt{Z_{e1}} + z_{12} I_2 \sqrt{Z_{e2}} \\ \dfrac{U_2}{\sqrt{Z_{e2}}} = z_{21} I_1 \sqrt{Z_{e1}} + z_{22} I_2 \sqrt{Z_{e2}} \end{cases} \tag{5.3.9}$$

整理可得归一化的阻抗矩阵 $[\bar{z}]$ 为

$$[\bar{z}] = \begin{bmatrix} z_{11} & z_{12} \\ z_{21} & z_{22} \end{bmatrix} = \begin{bmatrix} Z_{11}/Z_{e1} & Z_{12}/\sqrt{Z_{e1}Z_{e2}} \\ Z_{21}/\sqrt{Z_{e1}Z_{e2}} & Z_{22}/Z_{e2} \end{bmatrix} \tag{5.3.10}$$

2. 导纳矩阵

在上述双端口网络中,端口电流与电压之间的关系可表示为

$$\begin{cases} I_1 = Y_{11} U_1 + Y_{12} U_2 \\ I_2 = Y_{21} U_1 + Y_{22} U_2 \end{cases} \tag{5.3.11}$$

写成矩阵形式为

$$\begin{bmatrix} I_1 \\ I_2 \end{bmatrix} = \begin{bmatrix} Y_{11} & Y_{12} \\ Y_{21} & Y_{22} \end{bmatrix} \begin{bmatrix} U_1 \\ U_2 \end{bmatrix} \tag{5.3.12a}$$

简写为

$$[I] = [Y][U] \tag{5.3.12b}$$

式中,$[Y]$ 为导纳矩阵。

导纳矩阵中各阻抗参量的定义如下。

(1) $Y_{11} = \dfrac{I_1}{U_1}\bigg|_{U_2=0}$ 为 T_2 面短路时,端口 1 的输入导纳(自导纳)。

(2) $Y_{12} = \dfrac{I_1}{U_2}\bigg|_{U_1=0}$ 为 T_1 面短路时,端口 2 到端口 1 的转移导纳(互导纳)。

(3) $Y_{21} = \dfrac{I_2}{U_1}\bigg|_{U_2=0}$ 为 T_2 面短路时,端口 1 到端口 2 的转移导纳(互导纳)。

(4) $Y_{22} = \dfrac{I_2}{U_2}\bigg|_{U_1=0}$ 为 T_1 面短路时,端口 2 的输入导纳(自导纳)。

由此可见,$[Y]$ 矩阵中各参数是在激励某一端口时,另一端口短路情况下测量的,即短路测量法。

对于互易、对称或无耗网络,$[Y]$ 矩阵中参数有如下特性。

互易网络:

$$Y_{12} = Y_{21} \tag{5.3.13}$$

对称网络:

$$Y_{12} = Y_{21}, \quad Y_{11} = Y_{22} \tag{5.3.14}$$

无耗网络:$[Y]$为虚矩阵。

关于$[Y]$矩阵的互易、对称、无耗特性,读者可以根据$[Z]$矩阵中的计算方法自行计算和证明。

若将各端口的电压和电流分别对自身特性阻抗进行归一化,则有

$$\begin{cases} i_1 = I_1/\sqrt{Y_{e1}}, & u_1 = U_1\sqrt{Y_{e1}} \\ i_2 = I_2/\sqrt{Y_{e2}}, & u_2 = U_2\sqrt{Y_{e2}} \end{cases} \quad (5.3.15)$$

将式(5.3.15)代入式(5.3.11)中,可得

$$\begin{cases} \dfrac{I_1}{\sqrt{Y_{e1}}} = y_{11} U_1 \sqrt{Y_{e1}} + y_{12} U_2 \sqrt{Y_{e2}} \\ \dfrac{I_2}{\sqrt{Y_{e2}}} = y_{21} U_1 \sqrt{Y_{e1}} + y_{22} U_2 \sqrt{Y_{e2}} \end{cases} \quad (5.3.16)$$

整理可得归一化的阻抗矩阵$[\bar{y}]$为

$$[\bar{y}] = \begin{bmatrix} y_{11} & y_{12} \\ y_{21} & y_{22} \end{bmatrix} = \begin{bmatrix} Y_{11}/Y_{e1} & Y_{12}/\sqrt{Y_{e1}Y_{e2}} \\ Y_{21}/\sqrt{Y_{e1}Y_{e2}} & Y_{22}/Y_{e2} \end{bmatrix} \quad (5.3.17)$$

对同一个双端口网路的阻抗矩阵$[Z]$和导纳矩阵$[Y]$,两者关系如下:

$$\begin{cases} [Z][Y] = [E] \\ [Y] = [Z]^{-1} \end{cases} \quad (5.3.18)$$

式中,$[E]$为单位矩阵。

例5.2 求图5.5所示的双端口T型网络的阻抗矩阵$[Z]$和导纳矩阵$[Y]$。

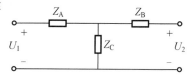

图5.5 例5.2的双端口T型网络

解 根据阻抗矩阵定义可得

$$Z_{11} = \dfrac{U_1}{I_1}\bigg|_{I_2=0} = Z_A + Z_C$$

$$Z_{12} = \dfrac{U_1}{I_2}\bigg|_{I_1=0} = \dfrac{I_2 Z_C}{I_2} = Z_C$$

$$Z_{21} = \dfrac{U_2}{I_1}\bigg|_{I_2=0} = \dfrac{I_1 Z_C}{I_1} = Z_C$$

$$Z_{22} = \dfrac{U_2}{I_2}\bigg|_{I_1=0} = Z_B + Z_C$$

则

$$[Z] = \begin{bmatrix} Z_A + Z_C & Z_C \\ Z_C & Z_B + Z_C \end{bmatrix}$$

而

$$[Y] = [Z]^{-1} = \dfrac{1}{Z_A Z_B + (Z_A + Z_B)Z_C} \begin{bmatrix} Z_B + Z_C & -Z_C \\ -Z_C & Z_A + Z_C \end{bmatrix}$$

5.3.2 ABCD 矩阵

实际工程中许多微波网络由两个或两个以上的双端口网路级联组成,此时用 ABCD 矩阵分析非常方便,这是由于多个双端口网络级联的转移矩阵可以通过单个双端口网络的转移矩阵相乘得到。

根据图 5.6 所示的双端口网络,用端口 2 的电压 U_2 与电流 $-I_2$ 表示端口 1 的电压 U_1 与电流 I_1,可以得到如下的线性方程组:

$$\begin{cases} U_1 = AU_2 + B(-I_2) \\ I_1 = CU_2 + D(-I_2) \end{cases} \quad (5.3.19)$$

写成矩阵形式为

$$\begin{bmatrix} U_1 \\ I_1 \end{bmatrix} = \begin{bmatrix} A & B \\ C & D \end{bmatrix} \begin{bmatrix} U_2 \\ -I_2 \end{bmatrix} \quad (5.3.20a)$$

简写为

$$[\psi_1] = [A][\psi_2] \quad (5.3.20b)$$

式中,$[A] = \begin{bmatrix} A & B \\ C & D \end{bmatrix}$ 为网络的转移矩阵或 ABCD 矩阵,简称 $[A]$ 矩阵。

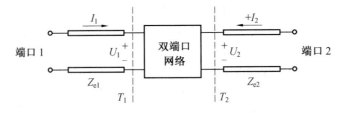

图 5.6 双端口网络

ABCD 矩阵中各参量的定义如下。

(1) $A = \dfrac{U_1}{U_2}\bigg|_{I_2=0}$ 为 T_2 面开路时,电压的转移参数。

(2) $B = \dfrac{U_1}{-I_2}\bigg|_{U_2=0}$ 为 T_2 面短路时,转移阻抗。

(3) $C = \dfrac{I_1}{U_2}\bigg|_{I_2=0}$ 为 T_2 面开路时,转移导纳。

(4) $D = \dfrac{I_1}{-I_2}\bigg|_{U_2=0}$ 为 T_2 面短路时,电流的转移参数。

由此可见,$[A]$ 矩阵中参数的量纲不唯一。

> **思考**:为什么 $[A]$ 矩阵中取 $-I_2$?
>
> $-I_2$ 表示电流方向与图 5.6 中的方向相反,其指向流出端口 2 的方向,目的是将级联网路中的 $-I_2$ 作为输入电流流入下一级网络,从而可以用单个双端口网络的转移矩阵相乘计算级联网络。

若将各端口的电压和电流分别对自身特性阻抗进行归一化,则有

$$\begin{cases} \dfrac{U_1}{\sqrt{Z_{e1}}} = a \dfrac{U_2}{\sqrt{Z_{e2}}} + b(-I_2)\sqrt{Z_{e2}} \\ I_1\sqrt{Z_{e1}} = c\dfrac{U_2}{\sqrt{Z_{e2}}} + d(-I_2)\sqrt{Z_{e2}} \end{cases} \tag{5.3.21}$$

$$\begin{bmatrix} u_1 \\ i_1 \end{bmatrix} = \begin{bmatrix} a & b \\ c & d \end{bmatrix} \begin{bmatrix} u_2 \\ -i_2 \end{bmatrix} \tag{5.3.22}$$

式中

$$\begin{cases} a = A\sqrt{Z_{e2}/Z_{e1}}, & b = B/\sqrt{Z_{e1}Z_{e2}} \\ c = C\sqrt{Z_{e1}Z_{e2}}, & d = D\sqrt{Z_{e1}/Z_{e2}} \end{cases} \tag{5.3.23}$$

对于互易、对称或无耗网络,[A]矩阵中参数具有如下特性。

互易网络:

$$AD - BC = 1 \text{ 或 } ad - bc = 1 \tag{5.3.24}$$

对称网络:

$$A = D \text{ 或 } a = d \quad (Z_{e1} = Z_{e2}) \tag{5.3.25}$$

无耗网络:B、C 为虚数,A、D 为实数或 b、c 为虚数,a、d 为实数。

思考:互易、对称或无耗网络中,为何[A]矩阵参数应满足上述关系?

由[Z]矩阵可知,互易网络应满足:$Z_{12} = Z_{21}$,对称网络应满足:$Z_{12} = Z_{21}$,$Z_{11} = Z_{22}$。以下根据[A]矩阵参数定义。

当 $I_2 = 0$ 时,$U_2 = I_1/C$,有

$$Z_{11} = \left.\dfrac{U_1}{I_1}\right|_{I_2=0} = \dfrac{AU_2}{I_1} = \dfrac{A}{C}, \quad Z_{21} = \left.\dfrac{U_2}{I_1}\right|_{I_2=0} = \dfrac{U_2}{CU_2} = \dfrac{1}{C}$$

当 $I_1 = 0$ 时,$U_2 = DI_2/C$,有

$$Z_{12} = \left.\dfrac{U_1}{I_2}\right|_{I_1=0} = \dfrac{AU_2 - BI_2}{I_2} = \dfrac{AD - BC}{C}, \quad Z_{22} = \left.\dfrac{U_2}{I_2}\right|_{I_1=0} = \dfrac{D}{C}$$

则[Z]矩阵可表示为

$$[Z] = \begin{bmatrix} Z_{11} & Z_{12} \\ Z_{21} & Z_{22} \end{bmatrix} = \begin{bmatrix} \dfrac{A}{C} & \dfrac{AD-BC}{C} \\ \dfrac{1}{C} & \dfrac{D}{C} \end{bmatrix} \tag{5.3.26}$$

由此,互易网络有 $A = D$,对称网络有 $A = D$、$AD - BC = 1$。

由网络无耗[Z]矩阵中各项参数均为虚数的条件可知,若 $Z_{21} = \dfrac{1}{C}$ 为虚数,则 C 一定为虚数,为保证 Z_{11}、Z_{22} 均为虚数,则 A、D 一定为实数,最后由 $Z_{12} = \dfrac{AD-BC}{C}$ 为虚数可知,B 必须为虚数。因此无耗网络的[A]矩阵,需满足 B、C 为虚数,A、D 为实数。

图 5.6 所示的双端口网络中,端口 2 接一个值为 Z_l 的负载,根据端口 2 的电压和电流可知:

$$Z_l = \frac{U_2}{-I_2} \tag{5.3.27}$$

则端口 1 处的输入阻抗为

$$Z_{in} = \frac{U_1}{I_1} = \frac{AU_2 + B(-I_2)}{CU_2 + D(-I_2)} = \frac{AU_2 + B(-I_2)}{CU_2 + D(-I_2)} = \frac{AZ_l + B}{CZ_l + D} \tag{5.3.28}$$

端口 1 的反射系数为

$$\Gamma_{in} = \frac{Z_{in} - Z_{e1}}{Z_{in} + Z_{e1}} = \frac{\dfrac{AZ_l + B}{CZ_l + D} - Z_{e1}}{\dfrac{AZ_l + B}{CZ_l + D} + Z_{e1}}$$

$$= \frac{(A - CZ_{e1})Z_l + (B - DZ_{e1})}{(A + CZ_{e1})Z_l + (B + DZ_{e1})} \tag{5.3.29}$$

图 5.7 所示的两个级联双端口网络,对于第一个网络有

$$\begin{bmatrix} U_1 \\ I_1 \end{bmatrix} = \begin{bmatrix} A_1 & B_1 \\ C_1 & D_1 \end{bmatrix} \begin{bmatrix} U_2 \\ -I_2 \end{bmatrix} \tag{5.3.30a}$$

可简写为

$$[\psi_1] = [A_1][\psi_2] \tag{5.3.30b}$$

对于第二个网络有

$$\begin{bmatrix} U_2 \\ -I_2 \end{bmatrix} = \begin{bmatrix} A_2 & B_2 \\ C_2 & D_2 \end{bmatrix} \begin{bmatrix} U_3 \\ -I_3 \end{bmatrix} \tag{5.3.31a}$$

可简写为

$$[\psi_2] = [A_2][\psi_3] \tag{5.3.31b}$$

将式(5.3.31a) 代入式(5.3.30a) 可得

$$\begin{bmatrix} U_1 \\ I_1 \end{bmatrix} = \begin{bmatrix} A_1 & B_1 \\ C_1 & D_1 \end{bmatrix} \begin{bmatrix} A_2 & B_2 \\ C_2 & D_2 \end{bmatrix} \begin{bmatrix} U_3 \\ -I_3 \end{bmatrix} \tag{5.3.32a}$$

简写为

$$[\psi_1] = [A_1][A_2][\psi_3] \tag{5.3.32b}$$

因此,级联后的 $[A]$ 矩阵为

$$[A] = [A_1][A_2] \tag{5.3.33}$$

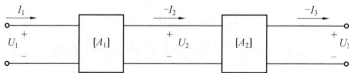

图 5.7 两个级联双端口网络

级联双端口网络的 $[A]$ 矩阵等于各级联双端口网络 $[A]$ 矩阵的乘积,该结论可推广至

图 5.8 所示的 n 个级联双端口网络,则有

$$[A]_t = [A_1][A_2]\cdots[A_n] \tag{5.3.34}$$

显然,$[A]$ 矩阵在研究级联网络时特别方便。

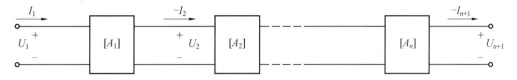

图 5.8　n 个级联双端口网络

5.3.3　$[A]$ 矩阵与 $[Z]$、$[Y]$ 矩阵的转换

1. 已知 $[A]$ 矩阵求 $[Z]$ 矩阵

由式(5.3.26)可知:

$$[Z] = \begin{bmatrix} Z_{11} & Z_{12} \\ Z_{21} & Z_{22} \end{bmatrix} = \begin{bmatrix} \dfrac{A}{C} & \dfrac{AD-BC}{C} \\ \dfrac{1}{C} & \dfrac{D}{C} \end{bmatrix}$$

2. 已知 $[Z]$ 矩阵求 $[A]$ 矩阵

当 $I_2 = 0$ 时,有

$$U_1 = Z_{11}I_1, \quad U_2 = Z_{21}I_1$$

$$A = \left.\dfrac{U_1}{U_2}\right|_{I_2=0} = \dfrac{Z_{11}}{Z_{21}}, \quad C = \left.\dfrac{I_1}{U_2}\right|_{I_2=0} = \dfrac{1}{Z_{21}}$$

当 $U_2 = 0$ 时,有

$$I_1 = -\dfrac{Z_{22}}{Z_{21}}I_2, \quad U_1 = Z_{11}I_1 + Z_{12}I_2 = \left(Z_{12} - \dfrac{Z_{11}Z_{22}}{Z_{21}}\right)I_2$$

$$B = \left.\dfrac{U_1}{-I_2}\right|_{U_2=0} = \dfrac{Z_{11}Z_{22}}{Z_{21}} - Z_{12}, \quad D = \left.\dfrac{I_1}{-I_2}\right|_{U_2=0} = \dfrac{Z_{22}}{Z_{21}}$$

则有

$$[A] = \begin{bmatrix} A & B \\ C & D \end{bmatrix} = \begin{bmatrix} \dfrac{Z_{11}}{Z_{21}} & \dfrac{Z_{11}Z_{22}}{Z_{21}} - Z_{12} \\ \dfrac{1}{Z_{21}} & \dfrac{Z_{22}}{Z_{21}} \end{bmatrix} \tag{5.3.35}$$

3. 已知 $[A]$ 矩阵求 $[Y]$ 矩阵

通过 $[Y]$ 矩阵定义,用上述类似 $[A]$ 矩阵求 $[Z]$ 矩阵的方法求得

$$[Y] = \begin{bmatrix} Y_{11} & Y_{12} \\ Y_{21} & Y_{22} \end{bmatrix} = \begin{bmatrix} \dfrac{D}{B} & \dfrac{BC-AD}{B} \\ -\dfrac{1}{B} & \dfrac{A}{B} \end{bmatrix} \tag{5.3.36}$$

4. 已知 [Y] 矩阵求 [A] 矩阵

通过 [A] 矩阵定义,用上述类似 [Z] 矩阵求 [A] 矩阵的方法求得

$$[A] = \begin{bmatrix} A & B \\ C & D \end{bmatrix} = \begin{bmatrix} -\dfrac{Y_{22}}{Y_{21}} & -\dfrac{1}{Y_{21}} \\ Y_{12} - \dfrac{Y_{11}Y_{22}}{Y_{21}} & -\dfrac{Y_{11}}{Y_{21}} \end{bmatrix} \quad (5.3.37)$$

例 5.3 求图 5.9 所示的双端口网络的 [A] 矩阵。

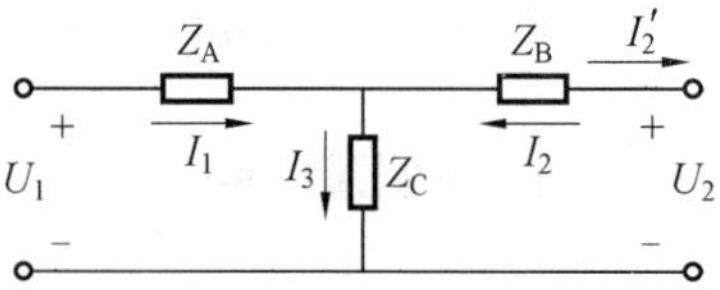

图 5.9 例 5.3 的双端口网络

解 方法一:由基尔霍夫电流定律得

$$I_3 = I_1 + I_2 = I_1 - I_2'$$

由基尔霍夫电压定律可知

$$U_1 = I_1 Z_A + I_3 Z_C = (Z_A + Z_C)I_1 - Z_C I_2'$$
$$U_2 = I_2 Z_B + I_3 Z_C = Z_C I_1 - (Z_B + Z_C)I_2'$$

当 $I_2' = 0$ 时,有

$$U_1/U_2 = (Z_A + Z_C)/Z_C, \quad U_2 = Z_C I_1$$

$$A = \dfrac{U_1}{U_2}\bigg|_{I_2'=0} = \dfrac{Z_A + Z_C}{Z_C}, \quad C = \dfrac{I_1}{U_2}\bigg|_{I_2'=0} = \dfrac{1}{Z_C}$$

当 $U_2 = 0$ 时,有

$$I_1/I_2' = (Z_B + Z_C)/Z_C, \quad U_1/I_2' = [(Z_A + Z_C)(Z_B + Z_C) - Z_C^2]/Z_C$$

$$B = \dfrac{U_1}{I_2'}\bigg|_{U_2=0} = \dfrac{Z_A Z_B + Z_A Z_C + Z_B Z_C}{Z_C}, \quad D = \dfrac{I_1}{I_2'}\bigg|_{U_2=0} = \dfrac{Z_B + Z_C}{Z_C}$$

因此,双端口网络的 [A] 矩阵为

$$[A] = \begin{bmatrix} \dfrac{Z_A + Z_C}{Z_C} & \dfrac{Z_A Z_B + Z_A Z_C + Z_B Z_C}{Z_C} \\ \dfrac{1}{Z_C} & \dfrac{Z_B + Z_C}{Z_C} \end{bmatrix}$$

方法二:将上述网络拆分成三个双端口级联的形式,利用 [A] 矩阵的级联特性有

$$[A] = \begin{bmatrix} 1 & Z_A \\ 0 & 1 \end{bmatrix} \begin{bmatrix} 1 & 0 \\ \dfrac{1}{Z_C} & 1 \end{bmatrix} \begin{bmatrix} 1 & Z_B \\ 0 & 1 \end{bmatrix} = \begin{bmatrix} \dfrac{Z_A + Z_C}{Z_C} & \dfrac{Z_A Z_B + Z_A Z_C + Z_B Z_C}{Z_C} \\ \dfrac{1}{Z_C} & \dfrac{Z_B + Z_C}{Z_C} \end{bmatrix}$$

方法三:由例 5.2 可求得网络的 [Z] 矩阵为

$$[Z] = \begin{bmatrix} Z_A + Z_C & Z_C \\ Z_C & Z_B + Z_C \end{bmatrix}$$

利用 $[Z]$ 矩阵与 $[A]$ 矩阵的转换式(5.3.35),可直接得到该网络的 $[A]$ 矩阵为

$$[A] = \begin{bmatrix} \dfrac{Z_A + Z_C}{Z_C} & \dfrac{(Z_A + Z_C)(Z_B + Z_C)}{Z_C} - Z_C \\ \dfrac{1}{Z_C} & \dfrac{Z_B + Z_C}{Z_C} \end{bmatrix}$$

$$= \begin{bmatrix} \dfrac{Z_A + Z_C}{Z_C} & \dfrac{Z_A Z_B + Z_A Z_C + Z_B Z_C}{Z_C} \\ \dfrac{1}{Z_C} & \dfrac{Z_B + Z_C}{Z_C} \end{bmatrix}$$

例 5.4 求图 5.10 所示的理想变压器的 $[A]$ 矩阵、图 5.11 所示的双端口网络的 $[A]$ 矩阵以及 $[\bar{A}]$ 矩阵。

解 (1) 如图 5.10 所示,可得端口 1 和端口 2 之间的电压、电流关系为

$$U_1 = AU_2 + BI_2 = NU_2$$
$$I_1 = CU_2 + DI_2 = \dfrac{1}{N}I_2$$

由 $[A]$ 矩阵定义可得

$$[A] = \begin{bmatrix} N & 0 \\ 0 & \dfrac{1}{N} \end{bmatrix}$$

(2) 如图 5.11 所示,由 $[A]$ 矩阵级联网络特性可得

$$[A] = \begin{bmatrix} 1 & 0 \\ Y & 1 \end{bmatrix} \begin{bmatrix} N & 0 \\ 0 & \dfrac{1}{N} \end{bmatrix} \begin{bmatrix} 1 & Z \\ 0 & 1 \end{bmatrix} = \begin{bmatrix} N & NZ \\ YN & YNZ + \dfrac{1}{N} \end{bmatrix}$$

归一化 $[\bar{A}]$ 矩阵有

$$[\bar{A}] = \begin{bmatrix} A\sqrt{Z_{02}/Z_{01}} & B/\sqrt{Z_{01}Z_{02}} \\ C\sqrt{Z_{01}Z_{02}} & D\sqrt{Z_{01}/Z_{02}} \end{bmatrix} = \begin{bmatrix} N\sqrt{Z_{02}/Z_{01}} & NZ/\sqrt{Z_{01}Z_{02}} \\ YN\sqrt{Z_{01}Z_{02}} & (YNZ + 1/N)\sqrt{Z_{01}/Z_{02}} \end{bmatrix}$$

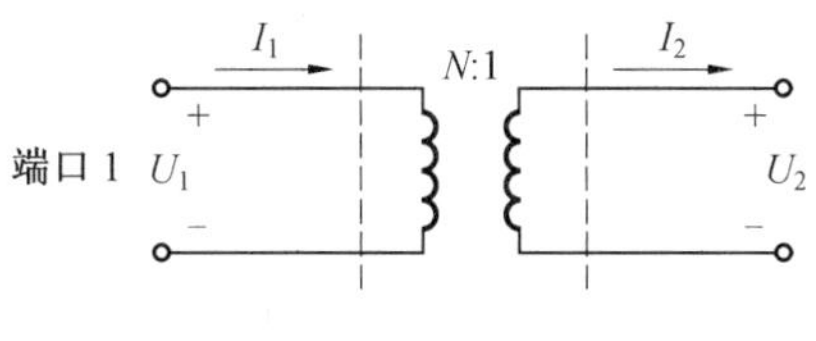

图 5.10 例 5.4 的理想变压器 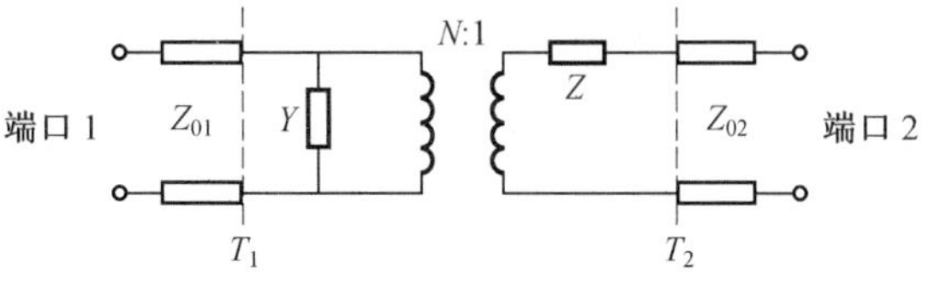   图 5.11 例 5.4 的双端口网络

$[A]$ 矩阵的优势在于可以建立基本的双端口网络 $[A]$ 矩阵,在此基础上以积木式部件的形式应用于复杂的微波网络,将较复杂的微波网络用简单的双端口网络级联而成。对于一些级联网络的求解,读者可根据例 5.4 中的几种方法进行推导和计算。一些常见的双端

口网络的 $[A]$ 矩阵和归一化 $[\bar{A}]$ 矩阵见表 5.2。

表 5.2 一些常见的双端口网络的 $[A]$ 矩阵和归一化 $[\bar{A}]$ 矩阵

电路图	$[A]$ 矩阵	$[\bar{A}]$ 矩阵
串联阻抗 Z，端口阻抗 Z_{e1}, Z_{e2}	$\begin{bmatrix} 1 & Z \\ 0 & 1 \end{bmatrix}$	$\begin{bmatrix} \sqrt{\dfrac{Z_{e2}}{Z_{e1}}} & \dfrac{Z}{\sqrt{Z_{e1}Z_{e2}}} \\ 0 & \sqrt{\dfrac{Z_{e1}}{Z_{e2}}} \end{bmatrix}$
并联导纳 Y，端口导纳 Y_{e1}, Y_{e2}	$\begin{bmatrix} 1 & 0 \\ Y & 1 \end{bmatrix}$	$\begin{bmatrix} \sqrt{\dfrac{Y_{e1}}{Y_{e2}}} & 0 \\ \dfrac{Y}{\sqrt{Y_{e1}Y_{e2}}} & \sqrt{\dfrac{Y_{e2}}{Y_{e1}}} \end{bmatrix}$
传输线段 Z_0，长度 l	$\begin{bmatrix} \cos\beta l & jZ_0\sin\beta l \\ jY_0\sin\beta l & \cos\beta l \end{bmatrix}$	$\begin{bmatrix} \sqrt{\dfrac{Z_{e2}}{Z_{e1}}}\cos\beta l & \dfrac{jZ_0\sin\beta l}{\sqrt{Z_{e1}Z_{e2}}} \\ jY_0\sin\beta l\sqrt{Z_{e1}Z_{e2}} & \cos\beta l\sqrt{\dfrac{Z_{e1}}{Z_{e2}}} \end{bmatrix}$
理想变压器 $N:1$	$\begin{bmatrix} N & 0 \\ 0 & \dfrac{1}{N} \end{bmatrix}$	$\begin{bmatrix} N\sqrt{\dfrac{Z_{e2}}{Z_{e1}}} & 0 \\ 0 & \dfrac{1}{N}\sqrt{\dfrac{Z_{e1}}{Z_{e2}}} \end{bmatrix}$
π 形网络 Y_1, Y_2, Y_3	$\begin{bmatrix} 1+\dfrac{Y_2}{Y_3} & \dfrac{1}{Y_3} \\ Y_1+Y_2+\dfrac{Y_1Y_2}{Y_3} & 1+\dfrac{Y_1}{Y_3} \end{bmatrix}$	$\begin{bmatrix} \sqrt{\dfrac{Y_{e1}}{Y_{e2}}}\left(1+\dfrac{Y_2}{Y_3}\right) & \dfrac{1}{Y_3}\sqrt{Y_{e1}Y_{e2}} \\ \dfrac{\left(Y_1+Y_2+\dfrac{Y_1Y_2}{Y_3}\right)}{\sqrt{Y_{e1}Y_{e2}}} & \sqrt{\dfrac{Y_{e2}}{Y_{e1}}}\left(1+\dfrac{Y_1}{Y_3}\right) \end{bmatrix}$
T 形网络 Z_1, Z_2, Z_3	$\begin{bmatrix} 1+\dfrac{Z_1}{Z_3} & Z_1+Z_2+\dfrac{Z_1Z_2}{Z_3} \\ \dfrac{1}{Z_3} & 1+\dfrac{Z_2}{Z_3} \end{bmatrix}$	$\begin{bmatrix} \sqrt{\dfrac{Z_{e2}}{Z_{e1}}}\left(1+\dfrac{Z_1}{Z_3}\right) & \dfrac{Z_1+Z_2+\dfrac{Z_1Z_2}{Z_3}}{\sqrt{Z_{e1}Z_{e2}}} \\ \dfrac{\sqrt{Z_{e1}Z_{e2}}}{Z_3} & \sqrt{\dfrac{Z_{e1}}{Z_{e2}}}\left(1+\dfrac{Z_2}{Z_3}\right) \end{bmatrix}$

5.4 散射矩阵与传输矩阵

5.3 节讨论的三种矩阵是在电压和电流的基础上建立的。而在 5.2 节讨论过,非 TEM 传输线中定义电压和电流较为困难,导致在处理微波网络问题时,电压、电流以及阻抗的概念变得比较抽象且难以测量。为了方便微波测量,采用入射波、反射波和透射波的方法。因此,散射矩阵与传输矩阵是基于入射波和反射波的关系上建立的网络参数矩阵,在微波网络中广泛应用。

5.4.1 散射矩阵

考虑图 5.12 所示的双端口网络,若归一化入射波电压定义为 $a_i(i=1,2)$,其反射波电压为 $b_i(i=1,2)$,端口的特性阻抗为 $Z_{ei}(i=1,2)$,则 a_i 有效值的平方等于入射波功率,b_i 有效值的平方等于反射波功率,即

$$P_{\text{in}\_i} = \frac{1}{2}\frac{|U_i^+|^2}{Z_{ei}} = \frac{1}{2}|a_i|^2 \tag{5.4.1}$$

$$P_{\text{r}\_i} = \frac{1}{2}\frac{|U_i^-|^2}{Z_{ei}} = \frac{1}{2}|b_i|^2 \tag{5.4.2}$$

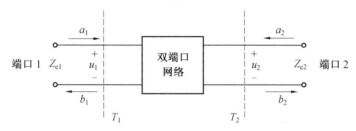

图 5.12 双端口网络的入射波和反射波

端口 i 处的归一化电压和电流与归一化入射波电压 a_i 和反射波电压 b_i 的关系可表示为

$$\begin{cases} u_i = a_i + b_i \\ i_i = a_i - b_i \end{cases} \tag{5.4.3}$$

可以得到

$$\begin{cases} a_i = \frac{1}{2}(u_i + i_i) = \frac{1}{2}\left(\frac{U_i}{\sqrt{Z_{ei}}} + I_i\sqrt{Z_{ei}}\right) = \frac{U_i + I_i Z_{ei}}{2\sqrt{Z_{ei}}} \\ b_i = \frac{1}{2}(u_i - i_i) = \frac{1}{2}\left(\frac{U_i}{\sqrt{Z_{ei}}} - I_i\sqrt{Z_{ei}}\right) = \frac{U_i - I_i Z_{ei}}{2\sqrt{Z_{ei}}} \end{cases} \tag{5.4.4}$$

端口 i 的净输入功率为

$$P_i = \frac{1}{2}\text{Re}(u_i i_i^*) = \frac{1}{2}\text{Re}[(a_i + b_i)(a_i - b_i)^*]$$

$$= \frac{1}{2}(|a_i|^2 - |b_i|^2) + \frac{1}{2}\text{Re}(a_i^* b_i - a_i b_i^*) \tag{5.4.5a}$$

由后一项 $a_i^* b_i - a_i b_i^*$ 的实部为 0,可得

$$P_i = \frac{1}{2}(|a_i|^2 - |b_i|^2) = P_{\text{in}\_i} - P_{\text{r}\_i} \tag{5.4.5b}$$

其物理意义为端口 i 的净输入功率等于入射波功率减去反射波功率。

散射矩阵则由端口处的归一化入射波和归一化反射波电压的关系确定:

$$\begin{cases} b_1 = S_{11}a_1 + S_{12}a_2 \\ b_2 = S_{21}a_1 + S_{22}a_2 \end{cases} \tag{5.4.6}$$

写成矩阵的形式为

$$\begin{bmatrix} b_1 \\ b_2 \end{bmatrix} = \begin{bmatrix} S_{11} & S_{12} \\ S_{21} & S_{22} \end{bmatrix} \begin{bmatrix} a_1 \\ a_2 \end{bmatrix} \tag{5.4.7a}$$

简写成

$$[b] = [S][a] \quad (5.4.7b)$$

式中,$[S] = \begin{bmatrix} S_{11} & S_{12} \\ S_{21} & S_{22} \end{bmatrix}$ 为双端口网络的散射矩阵,简称$[S]$矩阵。

$[S]$矩阵形中参数的意义如下。

(1) $S_{11} = \dfrac{b_1}{a_1}\bigg|_{a_2=0}$ 为端口2匹配时,端口1的反射系数。

(2) $S_{12} = \dfrac{b_1}{a_2}\bigg|_{a_1=0}$ 为端口1匹配时,端口2到端口1的反向传输系数。

(3) $S_{21} = \dfrac{b_2}{a_1}\bigg|_{a_2=0}$ 为端口2匹配时,端口1到端口2的正向传输系数。

(4) $S_{22} = \dfrac{b_2}{a_2}\bigg|_{a_1=0}$ 为端口1匹配时,端口2的反射系数。

由此可见,$[S]$矩阵中各参数是建立在端口接匹配负载基础上的反射系数或传输系数。因此,在微波频段S参数更容易测量。

对于互易、对称或无耗网络,$[S]$矩阵中参数有如下特性。

互易网络:

$$S_{12} = S_{21} \quad (5.4.8)$$

由端口电压和电流定义可知:

$$a_i = \frac{1}{2}(u_i + i_i)$$
$$b_i = \frac{1}{2}(u_i - i_i) \quad (5.4.9)$$

由此可得

$$[a] = \frac{1}{2}([u] + [i])$$
$$[b] = \frac{1}{2}([u] - [i]) \quad (5.4.10)$$

将$[u] = [\bar{z}][i]$代入上式中,可得

$$[b] = ([\bar{z}] - [E])([\bar{z}] + [E])^{-1}[a] \quad (5.4.11)$$

$$[S] = ([\bar{z}] - [E])([\bar{z}] + [E])^{-1} \quad (5.4.12a)$$

$$[S]^T = ([\bar{z}] + [E])^{-1}([\bar{z}] - [E]) \quad (5.4.12b)$$

式中,$[E]$为单位矩阵。

由恒等式:

$$[\bar{z}]^2 - [E]^2 = ([\bar{z}] + [E])([\bar{z}] - [E]) = ([\bar{z}] - [E])([\bar{z}] + [E]) \quad (5.4.13)$$

对等式两端同时左乘、右乘$([\bar{z}] + [E])^{-1}$可得

$$([\bar{z}] - [E])([\bar{z}] + [E])^{-1} = ([\bar{z}] + [E])^{-1}([\bar{z}] - [E]) \quad (5.4.14)$$

因此,互易网络有$[S]^T = [S]$。

对称网络:

$$S_{11} = S_{22} \quad (5.4.15)$$

由式(5.4.12a)可知,对称网络中$[\bar{z}]$中对角线元素相等(即$z_{11} = z_{22}$),可得$S_{11} = S_{22}$。

无耗网络:
$$[S]^+[S] = [E] \qquad (5.4.16)$$

式中,$[S]^+$为$[S]$的共轭转置矩阵;$[E]$为单位矩阵。

扫描二维码(附件5.2)获取由$[Z]$矩阵无耗推导$[S]$矩阵无耗性。

由无耗网络可知,传输到网络的平均功率为

$$\begin{aligned}
P_{av} &= \frac{1}{2}\mathrm{Re}\{[u]^T[i]^*\} = \frac{1}{2}\mathrm{Re}\{([a]+[b])^T([a]-[b])^*\} \\
&= \frac{1}{2}\mathrm{Re}\{[a]^T[a]^* - [a]^T[b]^* + [b]^T[a]^* - [b]^T[b]^*\} \\
&= \frac{1}{2}[a]^T[a]^* - \frac{1}{2}[b]^T[b]^*
\end{aligned} \qquad (5.4.17)$$

在式(5.4.17)中,由于$-[a]^T[b]^* + [b]^T[a]^*$具有$A - A^*$的形式,因此取其实部为零,而$\frac{1}{2}[a]^T[a]^*$代表总输入功率,$\frac{1}{2}[b]^T[b]^*$代表总输出功率,即网络传输的平均功率应为总入射功率减去反射功率,这与式(5.4.5b)中端口的净输入功率为入射功率减去反射功率是一致的。因此,对于无耗网络来说,入射的总功率应等于反射的总功率,即网络传输的平均功率为零。由此可知:

$$[a]^T[a]^* = [b]^T[b]^* \qquad (5.4.18)$$

将$[b] = [S][a]$代入上式可得

$$[a]^T[a]^* = [a]^T[S]^T[S]^*[a]^* \qquad (5.4.19)$$

因此

$$\begin{aligned}
[S]^T[S]^* &= [E] \\
[S]^+[S] &= [E]
\end{aligned} \qquad (5.4.20)$$

式中,$[S]^+$为$[S]$的共轭转置矩阵。

若将式(5.4.20)写成累加形式,对于所有i,j,有

$$\sum_{i=1}^{N} S_{ki}S_{kj}^* = \delta_{ij} \qquad (5.4.21)$$

若$i=j$时,$\delta_{ij}=1$;若$i\neq j$时,$\delta_{ij}=0$。说明$[S]$矩阵中任意一列与此列的共轭点乘等于1,而与不同列的共轭点乘为零,即正交。

例5.5 求图5.13所示的3 dB衰减器的$[S]$矩阵,其中$Z_A = 8.56\ \Omega$,$Z_B = 8.56\ \Omega$,$Z_C = 141.8\ \Omega$,传输特性阻抗为$50\ \Omega$,并判断网络是否为无耗网络?

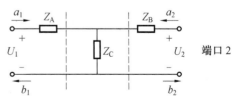

图5.13 例5.5的3 dB衰减器

解
$$S_{11} = \frac{b_1}{a_1}\bigg|_{a_2=0} = \Gamma_1\big|_{a_2=0} = \frac{Z_{in\_1} - Z_0}{Z_{in\_1} + Z_0}\bigg|_{a_2=0}$$

当端口2匹配时
$$Z_{in\_1} = 8.56 + 141.8 \parallel (8.56 + 50) = 50(\Omega)$$

因此有$S_{11} = 0$。由网络对称性,有
$$S_{22} = 0,\quad S_{21} = \frac{b_2}{a_1}\bigg|_{a_2=0}$$

根据端口 2 匹配有

$$u_2 = a_2 + b_2 = b_2$$

由 $S_{11} = 0$ 可知

$$u_1 = a_1 + b_1 = a_1$$

设 Z_C 两端电压为 u_3,则

$$S_{21} = \left.\frac{b_2}{a_1}\right|_{a_2=0} = \left.\frac{u_2}{u_1}\right|_{a_2=0} = \frac{u_3}{u_1}\frac{u_2}{u_3} = \frac{141.8 \parallel (8.56+50)}{141.8 \parallel (8.56+50)+8.56}\frac{50}{50+8.56} = 0.707$$

由网络对称性,有

$$S_{12} = S_{21} = 0.707$$

根据端口 2 匹配有

$$P_{\text{in\_1}} = |a_1|^2/2$$
$$P_{\text{out\_1}} = |b_2|^2/2 = |S_{21}a_1|^2/2 = |a_1|^2/4$$

由此可见,输出功率为输入功率的一半,即 3 dB 衰减。

由于

$$[S]^+[S] = \begin{bmatrix} 0 & 0.707 \\ 0.707 & 0 \end{bmatrix}\begin{bmatrix} 0 & 0.707 \\ 0.707 & 0 \end{bmatrix} = \begin{bmatrix} 0.5 & 0 \\ 0 & 0.5 \end{bmatrix} \neq [E]$$

由此可见,该网络为有耗网络。

思考: 如图 5.14 所示的双端口网络,若等效传输线无耗,当端口 1 的参考面 T_1 向外移动距离 l_1、端口 2 的参考面 T_2 向内移动距离 l_2 时,$[S]$ 矩阵如何变化?

图 5.14 双端口网络参考面移动示意图

当端口 1 的参考面向外移动,端口 1 处反射波的相位滞后 $\theta_1 = 2\pi l_1/\lambda$,而入射波的相位超前 θ_1,即 $b_1' = b_1 \mathrm{e}^{-\mathrm{j}\theta_1}$,$a_1' = a_1 \mathrm{e}^{\mathrm{j}\theta_1}$;当端口 2 的参考面向内移动,端口 2 处反射波的相位超前 $\theta_2 = 2\pi l_2/\lambda$,而入射波的相位滞后 θ_2,即 $b_2' = b_2 \mathrm{e}^{\mathrm{j}\theta_2}$,$a_2' = a_2 \mathrm{e}^{-\mathrm{j}\theta_2}$。参考面移动后的 S 参数为

$$S_{11}' = \frac{b_1'}{a_1'} = \frac{b_1 \mathrm{e}^{-\mathrm{j}\theta_1}}{a_1 \mathrm{e}^{\mathrm{j}\theta_1}} = S_{11}\mathrm{e}^{-\mathrm{j}2\theta_1}, \quad S_{12}' = \frac{b_1'}{a_2'} = \frac{b_1 \mathrm{e}^{-\mathrm{j}\theta_1}}{a_2 \mathrm{e}^{-\mathrm{j}\theta_2}} = S_{12}\mathrm{e}^{-\mathrm{j}(\theta_1-\theta_2)}$$

$$S_{21}' = \frac{b_2'}{a_1'} = \frac{b_2 \mathrm{e}^{\mathrm{j}\theta_2}}{a_1 \mathrm{e}^{\mathrm{j}\theta_1}} = S_{21}\mathrm{e}^{-\mathrm{j}(\theta_1-\theta_2)}, \quad S_{22}' = \frac{b_2'}{a_2'} = \frac{b_2 \mathrm{e}^{\mathrm{j}\theta_2}}{a_2 \mathrm{e}^{-\mathrm{j}\theta_2}} = S_{22}\mathrm{e}^{\mathrm{j}2\theta_2}$$

那么有

$$[S'] = \begin{bmatrix} S_{11}' & S_{12}' \\ S_{21}' & S_{22}' \end{bmatrix} = \begin{bmatrix} S_{11}\mathrm{e}^{-\mathrm{j}2\theta_1} & S_{12}\mathrm{e}^{-\mathrm{j}(\theta_1-\theta_2)} \\ S_{21}\mathrm{e}^{-\mathrm{j}(\theta_1-\theta_2)} & S_{22}\mathrm{e}^{\mathrm{j}2\theta_2} \end{bmatrix} \quad (5.4.22)$$

5.4.2 散射参数与回波损耗

工程上经常用回波损耗和插入损耗来描述网络，在端口2匹配时，其与$[S]$矩阵可表达为

$$\begin{cases} L_r = 10\lg \dfrac{P_r}{P_{in}} = 20\lg \left|\dfrac{b_1}{a_1}\right| = 20\lg |S_{11}| \\ L_i = 10\lg \dfrac{P_t}{P_{in}} = 20\lg \left|\dfrac{b_2}{a_1}\right| = 20\lg |S_{21}| \end{cases} \quad (5.4.23)$$

若端口2接反射系数为Γ_L的负载，如图5.15所示。

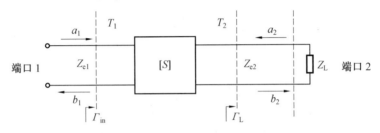

图5.15 端口2接负载的双端口网络

则$\Gamma_L = \dfrac{a_2}{b_2}$，将其代入

$$b_1 = S_{11}a_1 + S_{12}a_2$$
$$b_2 = S_{21}a_1 + S_{22}a_2$$

可得

$$a_2 = \dfrac{S_{21}\Gamma_L}{1 - S_{22}\Gamma_L} a_1 \quad (5.4.24)$$

根据输入阻抗定义：

$$\Gamma_{in} = \dfrac{b_1}{a_1} = S_{11} + \dfrac{S_{12}S_{21}\Gamma_L}{1 - S_{22}\Gamma_L} \quad (5.4.25)$$

特别地，当端口接匹配负载时，$\Gamma_L = 0$，因此$\Gamma_{in} = S_{11}$。

因此，当端口接任意负载时，回波损耗可表示为

$$L_r = 20\lg \left|\dfrac{b_1}{a_1}\right| = 20\lg \left|S_{11} + \dfrac{S_{12}S_{21}\Gamma_L}{1 - S_{22}\Gamma_L}\right| \quad (5.4.26)$$

例5.6 若一个双端口网络的$[S]$矩阵为$[S] = \begin{bmatrix} 0.15\angle 0° & 0.85\angle -45° \\ 0.85\angle 45° & 0.2\angle 0° \end{bmatrix}$。

试求：(1) 该网络是否互易？是否无耗？(2) 端口2匹配时，端口1的回波损耗为多少？(3) 若端口2短路，求端口1的回波损耗？

解 (1) 根据$S_{12} \neq S_{21}$可得，该网络是非互易的。由式(5.4.21)有

$$|S_{11}|^2 + |S_{21}|^2 = 0.15^2 + 0.85^2 \neq 1$$

因此网络不是无耗的。

(2) 由式(5.4.23) 可得

$$L_r = 10\lg\frac{P_r}{P_{in}} = 20\lg\left|\frac{b_1}{a_1}\right| = 20\lg|S_{11}| = 2\lg|0.15| = -16.5(\text{dB})$$

因此,回波损耗为 16.5 dB。

(3) 若端口 2 短路,则 $\Gamma_L = -1$,由式(5.4.25) 可得输入反射系数为

$$\Gamma_{in} = \frac{b_1}{a_1} = S_{11} - \frac{S_{12}S_{21}}{1 + S_{22}}$$

$$L_r = 20\lg\left|\frac{b_1}{a_1}\right| = 20\lg|\Gamma_{in}| = 20\lg\left|S_{11} - \frac{S_{12}S_{21}}{1 + S_{22}}\right| = -6.9(\text{dB})$$

因此,回波损耗为 6.9 dB。

5.4.3 [S] 矩阵的简单测量

1. 三点测量法

[S] 矩阵参数的实际物理意义,在于其可以用实验方法得到。对于 N 端口网络,一般有 N^2 个独立参数。若网络互易,则对角线上的 N 个参数是独立的,另外的 $N^2 - N$ 个参数中,有一半是独立的,因此共有 $N + (N^2 - N)/2 = N(N+1)/2$ 个独立参数;对于互易双端口网络,独立网络参数为 3 个,即必须经过三次独立测量;若网络为互易对称网络,则只需要两次独立测量即可。本节介绍一种简单的测量方法(三点测量法),测量网络的 S 参数。

以互易双端口网络为例,如图 5.15 所示,三次独立测量主要是在端口 2 的参考面上接特定的负载,分别为匹配($Z_L = Z_0, \Gamma_L = 0$)、短路($Z_L = 0, \Gamma_L = -1$)以及开路($Z_L = \infty, \Gamma_L = 1$)负载进行测量,根据式(5.4.25),在端口 1 的参考面上测得相应的反射系数 Γ_{1M}、Γ_{1S} 以及 Γ_{1O} 可表示为

$$\Gamma_{1M} = S_{11}, \quad \Gamma_{1S} = S_{11} - \frac{S_{12}^2}{1 + S_{22}}, \quad \Gamma_{1O} = S_{11} + \frac{S_{12}^2}{1 - S_{22}} \quad (5.4.27)$$

由此可得网络的 [S] 矩阵参数为

$$\begin{cases} S_{11} = \Gamma_{1M} \\ S_{22} = \dfrac{2\Gamma_{1M} - \Gamma_{1S} - \Gamma_{1O}}{\Gamma_{1S} - \Gamma_{1O}} \\ S_{12}^2 = \dfrac{2(\Gamma_{1M} - \Gamma_{1S})(\Gamma_{1M} - \Gamma_{1O})}{\Gamma_{1S} - \Gamma_{1O}} \end{cases} \quad (5.4.28)$$

若开路负载难以得到,可在端口 1 处接匹配负载测出端口 2 参考面处的 Γ_{2M},$\Gamma_{2M} = S_{22}$,则网络的 S 参数可得

$$\begin{cases} S_{11} = \Gamma_{1M} \\ S_{22} = \Gamma_{2M} \\ S_{12}^2 = (\Gamma_{1M} - \Gamma_{1S})(1 + \Gamma_{2M}) \end{cases} \quad (5.4.29)$$

这就是三点测量法,但实际测量时往往用多点法以保证测量精度。

2. 网络分析仪测量

工程上常用网络分析仪来测量网络参数。网络分析仪分为标量网络分析仪(scalar

network analyzer)和矢量网络分析仪(vector network analyzer),其中标量网络分析仪是指只能测量网络反射和损耗幅度信息的仪器,而矢量网络分析仪可以测量网络的幅度信息和相位信息。

图 5.16 所示为典型的矢量网络分析仪的测试连接框图。在测量待测物体前,需要选定测试的频率范围和测试的点数;利用网络分析仪的校准件在需要测量的频段上对每个端口进行校准,该校准过程包括短路、开路和标准负载三步;对于双端口网络,在校准每个端口后,还需要利用直通校准件将两个端口连起来进行直通校准;最后,将待测器件(DUT)连接到网络分析仪上。

图 5.16　典型的矢量网络分析仪的测试连接框图

网络分析仪的显示可以是 S 参数的幅度和相位,也可以是史密斯圆图。大部分的网络分析仪具有标准的与计算机连接的接口(GPIB、232、USB 或 LAN),可以通过编程实现半自动测量或自动测量。

5.4.4　传输矩阵

利用归一化入射波和反射波的定义,将 a_1、b_1 作为输入量,a_2、b_2 作为输出量,形成新的网络参数,其线性方程为

$$\begin{cases} a_1 = T_{11}b_2 + T_{12}a_2 \\ b_1 = T_{21}b_2 + T_{22}a_2 \end{cases} \tag{5.4.30a}$$

写成矩阵形式为

$$\begin{bmatrix} a_1 \\ b_1 \end{bmatrix} = \begin{bmatrix} T_{11} & T_{12} \\ T_{21} & T_{22} \end{bmatrix} \begin{bmatrix} b_2 \\ a_2 \end{bmatrix} \tag{5.4.30b}$$

$[T] = \begin{bmatrix} T_{11} & T_{12} \\ T_{21} & T_{22} \end{bmatrix}$ 称为双端口网络的传输矩阵。$[T]$ 矩阵中,T_{11} 表示端口2接匹配负载时,端口1至端口2的电压传输系数的倒数,其余三个参数没有明确的物理意义。

对于互易、对称网络,$[T]$ 矩阵中参数有如下特性。

互易网络:

$$T_{11}T_{22} - T_{12}T_{21} = 1 \tag{5.4.31}$$

对称网络:

$$T_{11}T_{22} - T_{12}T_{21} = 1, \quad T_{12} = -T_{21} \tag{5.4.32}$$

思考：在互易或对称网络中，为何 $[T]$ 矩阵参数应满足上述关系？

以下根据 $[T]$ 矩阵参数定义。

当 $a_2 = 0$ 时，$a_1 = T_{11}b_2$，$b_1 = T_{21}b_2$，有

$$S_{11} = \left.\frac{b_1}{a_1}\right|_{a_2=0} = \frac{T_{21}}{T_{11}}$$

$$S_{21} = \left.\frac{b_2}{a_1}\right|_{a_2=0} = \frac{1}{T_{11}}$$

当 $a_1 = 0$ 时，$T_{11}b_2 + T_{12}a_2 = 0$，则 $\frac{b_2}{a_2} = -\frac{T_{12}}{T_{11}}$，有

$$S_{12} = \left.\frac{b_1}{a_2}\right|_{a_1=0} = \frac{T_{21}b_2 + T_{22}a_2}{a_2} = \frac{T_{11}T_{22} - T_{12}T_{21}}{T_{11}}$$

$$S_{22} = \left.\frac{b_2}{a_2}\right|_{a_1=0} = -\frac{T_{12}}{T_{11}}$$

$$[S] = \begin{bmatrix} S_{11} & S_{12} \\ S_{21} & S_{22} \end{bmatrix} = \begin{bmatrix} \dfrac{T_{21}}{T_{11}} & \dfrac{T_{11}T_{22} - T_{12}T_{21}}{T_{11}} \\ \dfrac{1}{T_{11}} & -\dfrac{T_{12}}{T_{11}} \end{bmatrix} \quad (5.4.33)$$

根据 $[S]$ 矩阵互易网络：

$$S_{12} = S_{21}$$

对称网络：

$$S_{12} = S_{21}, \quad S_{11} = S_{22}$$

可得 $[T]$ 矩阵互易网络应满足：

$$T_{11}T_{22} - T_{12}T_{21} = 1$$

对称网络有

$$T_{11}T_{22} - T_{12}T_{21} = 1, \quad T_{12} = -T_{21}$$

虽然 $[T]$ 矩阵除一个参数外，其他参数均没有明确的物理意义，但其在描述图 5.17 所示的级联网络时比较方便。

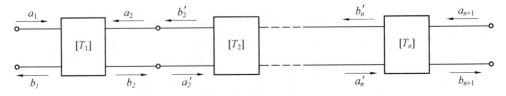

图 5.17 双端口网络的级联

根据 $[T]$ 定义：

$$\begin{bmatrix} a_1 \\ b_1 \end{bmatrix} = [T_1] \begin{bmatrix} b_2 \\ a_2 \end{bmatrix} \quad (5.4.34a)$$

$$\begin{bmatrix} a_2' \\ b_2' \end{bmatrix} = [T_2] \begin{bmatrix} b_3 \\ a_3 \end{bmatrix} \tag{5.4.34b}$$

由于 $a_2' = b_2$、$b_2' = a_2$，有

$$\begin{bmatrix} a_1 \\ b_1 \end{bmatrix} = [T_1][T_2] \begin{bmatrix} b_3 \\ a_3 \end{bmatrix} \tag{5.4.34c}$$

因此，当网络级联时，总 $[T]$ 矩阵等于级联网络各自 $[T]$ 矩阵的乘积，对于 n 个级联网络，有

$$[T] = [T_1][T_2] \cdots [T_n] \tag{5.4.35}$$

由此可见，$[S]$ 矩阵物理意义清晰且更容易测量，而 $[T]$ 矩阵在解决级联网络时更方便。因此可以通过测量 $[S]$ 矩阵，通过 $[S]$ 矩阵与 $[T]$ 矩阵之间的关系，得到 $[T]$ 矩阵，利用 $[T]$ 矩阵级联特性解决复杂的级联网络。

> **思考**：为何定义双端口网络的 $[T]$ 矩阵时，端口 2 处的矩阵是 b_2、a_2？
>
> 这是根据入射波与反射波的定义，考虑级联过程中，端口 2 的反射波实际上是下一个网络端口 1 的入射波，即级联网络在计算时，可将各自的 $[T]$ 矩阵直接进行相乘处理，方便计算。

5.4.5 $[S]$ 矩阵与其他矩阵之间的关系

1. $[S]$ 矩阵与 $[\bar{z}]$ 和 $[\bar{y}]$ 矩阵转换

(1) 已知归一化阻抗 $[\bar{z}]$ 矩阵，求 $[S]$ 矩阵。

由式(5.4.12a)可知：

$$[S] = ([\bar{z}] - [E])([\bar{z}] + [E])^{-1}$$

(2) 已知 $[S]$ 矩阵，求归一化阻抗 $[\bar{z}]$ 矩阵。

由式(5.4.3)可知：

$$[u] = [a] + [b], \quad [i] = [a] - [b]$$

将 $[b] = [S][a]$ 代入上式中，可得

$$[u] = ([E] + [S])[a], \quad [i] = ([E] - [S])[a] \tag{5.4.36}$$

$$[\bar{z}] = ([E] + [S])([E] - [S])^{-1} \tag{5.4.37}$$

(3) 已知归一化导纳 $[\bar{y}]$ 矩阵，求 $[S]$ 矩阵。

用上述类似方法，可求得

$$[S] = ([E] - [\bar{y}])([E] + [\bar{y}])^{-1} \tag{5.4.38}$$

(4) 已知 $[S]$ 矩阵，求归一化导纳 $[\bar{y}]$ 矩阵。

$$[\bar{y}] = ([E] - [S])([E] + [S])^{-1} \tag{5.4.39}$$

2. $[S]$ 矩阵与 $[\bar{A}]$ 矩阵转换

(1) 已知 $[\bar{A}]$ 矩阵，求 $[S]$ 矩阵。

由式(5.3.22)和式(5.4.3)有

$$a_1 + b_1 = a(a_2 + b_2) - b(a_2 - b_2)$$
$$a_1 - b_1 = c(a_2 + b_2) - d(a_2 - b_2)$$

整理后,得

$$\begin{bmatrix} 1 & -(a+b) \\ -1 & -(c+d) \end{bmatrix} \begin{bmatrix} b_1 \\ b_2 \end{bmatrix} = \begin{bmatrix} -1 & (a-b) \\ -1 & (c-d) \end{bmatrix} \begin{bmatrix} a_1 \\ a_2 \end{bmatrix}$$

根据$[S]$矩阵定义可得

$$[S] = \begin{bmatrix} 1 & -(a+b) \\ -1 & -(c+d) \end{bmatrix}^{-1} \begin{bmatrix} -1 & (a-b) \\ -1 & (c-d) \end{bmatrix}$$

$$= \frac{1}{a+b+c+d} \begin{bmatrix} a+b-c-d & 2(ad-bc) \\ 2 & b+d-a-c \end{bmatrix} \quad (5.4.40)$$

(2) 已知$[S]$矩阵,求$[\bar{A}]$矩阵。

用上述类似方法,可求得

$$[\bar{A}] = \frac{1}{2} \begin{bmatrix} S_{12} + \dfrac{(1+S_{11})(1-S_{22})}{S_{21}} & -S_{12} + \dfrac{(1+S_{11})(1+S_{22})}{S_{21}} \\ -S_{12} + \dfrac{(1-S_{11})(1-S_{22})}{S_{21}} & S_{12} + \dfrac{(1-S_{11})(1+S_{22})}{S_{21}} \end{bmatrix}$$

$$(5.4.41)$$

扫描二维码(附件5.3)获取推导过程。

$[S]$、$[Z]$、$[Y]$与$[A]$矩阵间的相互转换公式见表5.3。

表5.3 $[S]$、$[Z]$、$[Y]$与$[A]$之间的转换公式

	以$[S]$表示	以$[Z]$表示	以$[Y]$表示	以$[A]$表示
S_{11}	S_{11}	$\dfrac{(Z_{11}-Z_0)(Z_{22}+Z_0)-Z_{12}Z_{21}}{\Delta Z}$	$\dfrac{(Y_0-Y_{11})(Y_0+Y_{22})+Y_{12}Y_{21}}{\Delta Y}$	$\dfrac{A+B/Z_0-CZ_0-D}{A+B/Z_0+CZ_0+D}$
S_{12}	S_{12}	$\dfrac{2Z_{12}Z_0}{\Delta Z}$	$\dfrac{-2Y_{12}Y_0}{\Delta Y}$	$\dfrac{2(AD-BC)}{A+B/Z_0+CZ_0+D}$
S_{21}	S_{21}	$\dfrac{2Z_{21}Z_0}{\Delta Z}$	$\dfrac{-2Y_{21}Y_0}{\Delta Y}$	$\dfrac{2}{A+B/Z_0+CZ_0+D}$
S_{22}	S_{22}	$\dfrac{(Z_{11}+Z_0)(Z_{22}-Z_0)-Z_{12}Z_{21}}{\Delta Z}$	$\dfrac{(Y_0+Y_{11})(Y_0-Y_{22})+Y_{12}Y_{21}}{\Delta Y}$	$\dfrac{-A+B/Z_0-CZ_0+D}{A+B/Z_0+CZ_0+D}$
Z_{11}	$Z_0\dfrac{(1+S_{11})(1-S_{22})+S_{12}S_{21}}{(1-S_{11})(1-S_{22})-S_{12}S_{21}}$	Z_{11}	$\dfrac{Y_{22}}{|Y|}$	$\dfrac{A}{C}$
Z_{12}	$Z_0\dfrac{2S_{12}}{(1-S_{11})(1-S_{22})-S_{12}S_{21}}$	Z_{12}	$\dfrac{-Y_{12}}{|Y|}$	$\dfrac{\det A}{C}$
Z_{21}	$Z_0\dfrac{2S_{21}}{(1-S_{11})(1-S_{22})-S_{12}S_{21}}$	Z_{21}	$\dfrac{-Y_{21}}{|Y|}$	$\dfrac{1}{C}$
Z_{22}	$Z_0\dfrac{(1-S_{11})(1+S_{22})+S_{12}S_{21}}{(1-S_{11})(1-S_{22})-S_{12}S_{21}}$	Z_{22}	$\dfrac{Y_{11}}{|Y|}$	$\dfrac{D}{C}$

续表5.3

	以[S]表示	以[Z]表示	以[Y]表示	以[A]表示
Y_{11}	$Y_0 \dfrac{(1-S_{11})(1+S_{22})+S_{12}S_{21}}{(1+S_{11})(1+S_{22})-S_{12}S_{21}}$	$\dfrac{Z_{22}}{\lvert Z \rvert}$	Y_{11}	$\dfrac{D}{B}$
Y_{12}	$Y_0 \dfrac{-2S_{12}}{(1+S_{11})(1+S_{22})-S_{12}S_{21}}$	$\dfrac{-Z_{12}}{\lvert Z \rvert}$	Y_{12}	$-\dfrac{\det A}{B}$
Y_{21}	$Y_0 \dfrac{-2S_{21}}{(1+S_{11})(1+S_{22})-S_{12}S_{21}}$	$\dfrac{-Z_{21}}{\lvert Z \rvert}$	Y_{21}	$-\dfrac{1}{B}$
Y_{22}	$Y_0 \dfrac{(1+S_{11})(1-S_{22})+S_{12}S_{21}}{(1+S_{11})(1+S_{22})-S_{12}S_{21}}$	$\dfrac{Z_{11}}{\lvert Z \rvert}$	Y_{22}	$\dfrac{A}{B}$
A	$\dfrac{(1+S_{11})(1-S_{22})+S_{12}S_{21}}{2S_{21}}$	$\dfrac{Z_{11}}{Z_{21}}$	$-\dfrac{Y_{22}}{Y_{21}}$	A
B	$Z_0 \dfrac{(1+S_{11})(1+S_{22})-S_{12}S_{21}}{2S_{21}}$	$\dfrac{\lvert Z \rvert}{Z_{21}}$	$-\dfrac{1}{Y_{21}}$	B
C	$Y_0 \dfrac{(1-S_{11})(1-S_{22})-S_{12}S_{21}}{2S_{21}}$	$\dfrac{1}{Z_{21}}$	$-\dfrac{\lvert Y \rvert}{Y_{21}}$	C
D	$\dfrac{(1-S_{11})(1+S_{22})+S_{12}S_{21}}{2S_{21}}$	$\dfrac{Z_{22}}{Z_{21}}$	$-\dfrac{Y_{11}}{Y_{21}}$	D

注：$\lvert Z \rvert = Z_{11}Z_{22} - Z_{12}Z_{21}$，$\lvert Y \rvert = Y_{11}Y_{22} - Y_{12}Y_{21}$，$\Delta Z = (Z_{11}+Z_0)(Z_{22}+Z_0) - Z_{12}Z_{21}$，$\Delta Y = (Y_{11}+Y_0)(Y_{22}+Y_0) - Y_{12}Y_{21}$，$Y_0 = 1/Z_0$，$\det A = AD - BC$。

3. [S]矩阵与[T]矩阵转换

（1）已知[T]矩阵，求[S]矩阵。

由式(5.4.33)有

$$[S] = \begin{bmatrix} \dfrac{T_{21}}{T_{11}} & \dfrac{T_{11}T_{22}-T_{12}T_{21}}{T_{11}} \\ \dfrac{1}{T_{11}} & -\dfrac{T_{12}}{T_{11}} \end{bmatrix}$$

（2）已知[S]矩阵，求[T]矩阵。

以下根据[S]矩阵参数定义。

当 $a_2 = 0$ 时，$b_1 = S_{11}a_1$，$b_2 = S_{21}a_1$，有

$$T_{11} = \left.\dfrac{a_1}{b_2}\right|_{a_2=0} = \dfrac{1}{S_{21}}, \quad T_{21} = \left.\dfrac{b_1}{b_2}\right|_{a_2=0} = \dfrac{S_{11}}{S_{21}}$$

当 $b_2 = 0$ 时，$S_{21}a_1 + S_{22}a_2 = 0$，有

$$\dfrac{a_1}{a_2} = -\dfrac{S_{22}}{S_{21}}, \quad b_1 = S_{11}a_1 + S_{12}a_2$$

$$T_{12} = \frac{a_1}{a_2}\bigg|_{b_2=0} = -\frac{S_{22}}{S_{21}}$$

$$T_{22} = \frac{b_1}{a_2}\bigg|_{b_2=0} = -\frac{S_{11}a_1 + S_{12}a_2}{a_2} = \frac{-S_{11}S_{22} + S_{12}S_{21}}{S_{21}}$$

则

$$[T] = \begin{bmatrix} T_{11} & T_{12} \\ T_{21} & T_{22} \end{bmatrix} = \begin{bmatrix} \dfrac{1}{S_{21}} & -\dfrac{S_{22}}{S_{21}} \\ \dfrac{S_{11}}{S_{21}} & \dfrac{-S_{11}S_{22} + S_{12}S_{21}}{S_{21}} \end{bmatrix} \tag{5.4.42}$$

几种常用的双端口网络的 $[S]$ 矩阵和 $[T]$ 矩阵见表 5.4。

表 5.4 几种常用的双端口网络的 $[S]$ 矩阵和 $[T]$ 矩阵

电路图	$[S]$ 矩阵	$[T]$ 矩阵
串联阻抗 Z，Z_{e1}, Z_{e2}，T_1, T_2	$\begin{bmatrix} \dfrac{\bar{Z}}{2+\bar{Z}} & \dfrac{2}{2+\bar{Z}} \\ \dfrac{2}{2+\bar{Z}} & \dfrac{\bar{Z}}{2+\bar{Z}} \end{bmatrix}$	$\begin{bmatrix} 1+\dfrac{\bar{Z}}{2} & -\dfrac{\bar{Z}}{2} \\ \dfrac{\bar{Z}}{2} & 1-\dfrac{\bar{Z}}{2} \end{bmatrix}$
并联导纳 Y，Y_{e1}, Y_{e2}，T_1, T_2	$\begin{bmatrix} \dfrac{-\bar{Y}}{2+\bar{Y}} & \dfrac{2}{2+\bar{Y}} \\ \dfrac{2}{2+\bar{Y}} & \dfrac{-\bar{Y}}{2+\bar{Y}} \end{bmatrix}$	$\begin{bmatrix} 1+\dfrac{\bar{Y}}{2} & \dfrac{\bar{Y}}{2} \\ -\dfrac{\bar{Y}}{2} & 1-\dfrac{\bar{Y}}{2} \end{bmatrix}$
传输线段 Z_0, 长 l，Z_{e1}, Z_{e2}，T_1, T_2	$\begin{bmatrix} 0 & e^{-j\theta} \\ e^{-j\theta} & 0 \end{bmatrix}$	$\begin{bmatrix} e^{j\theta} & 0 \\ 0 & e^{-j\theta} \end{bmatrix}$
理想变压器 $N:1$，Z_{e1}, Z_{e2}，T_1, T_2	$\begin{bmatrix} \dfrac{N^2-1}{N^2+1} & \dfrac{2N}{N^2+1} \\ \dfrac{2N}{N^2+1} & \dfrac{1-N^2}{N^2+1} \end{bmatrix}$	$\begin{bmatrix} \dfrac{N^2+1}{2N} & \dfrac{1-N^2}{2N} \\ \dfrac{1-N^2}{2N} & \dfrac{N^2+1}{2N} \end{bmatrix}$

例 5.7 求图 5.18 所示的并联导纳网络的散射参数。

解 由电路结构可知：

$$a_1 + b_1 = a_2 + b_2$$
$$a_1 - b_1 = \bar{Y}(a_2 + b_2) + b_2 - a_2$$

由 $[S]$ 矩阵定义，当 $a_2 = 0$ 时，有

$$a_1 = \frac{1}{2}(\bar{Y}+2)b_2, \quad b_1 = -\frac{1}{2}\bar{Y}b_2$$

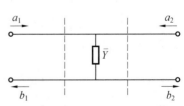

图 5.18 例 5.7 的并联导纳网络

$$S_{11} = \frac{b_1}{a_1}\bigg|_{a_2=0} = \frac{-\overline{Y}}{\overline{Y}+2}, \quad S_{21} = \frac{b_2}{a_1}\bigg|_{a_2=0} = \frac{2}{\overline{Y}+2}$$

由网络对称可知:

$$S_{11} = S_{22}, \quad S_{21} = S_{12}$$

因此有

$$[S] = \begin{bmatrix} \dfrac{-\overline{Y}}{\overline{Y}+2} & \dfrac{2}{\overline{Y}+2} \\ \dfrac{2}{\overline{Y}+2} & \dfrac{-\overline{Y}}{\overline{Y}+2} \end{bmatrix}$$

例 5.8 现有图 5.19 所示的级联网络,若两段传输线长度分别为 $\theta_1 = \pi/4$, $\theta_2 = 3\pi/4$, 特征阻抗为 Z_0, $X_1 = X_2 = X_3 = Z_0$, 试求:(1) 参考面 T_1 和 T_2 间网络的 $[S]$ 矩阵和 $[T]$ 矩阵; (2) 参考面 T_1' 和 T_2' 间网络的 $[S]$ 矩阵;(3) 若第二段传输线端接 $Z_L = Z_0$ 的负载,求两段传输线的驻波比 ρ_1 和 ρ_2。

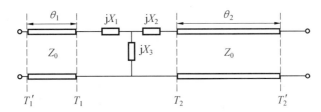

图 5.19 例 5.8 的级联网络

解 (1) 由表 5.2 可知,参考面 T_1 和 T_2 之间的归一化 $[\overline{A}]$ 矩阵为

$$[\overline{A}] = \begin{bmatrix} \sqrt{\dfrac{Z_{02}}{Z_{01}}}\left(1+\dfrac{Z_1}{Z_3}\right) & \dfrac{Z_1+Z_2+\dfrac{Z_1 Z_2}{Z_3}}{\sqrt{Z_{01} Z_{02}}} \\ \dfrac{\sqrt{Z_{01} Z_{02}}}{Z_3} & \sqrt{\dfrac{Z_{01}}{Z_{02}}}\left(1+\dfrac{Z_2}{Z_3}\right) \end{bmatrix} = \begin{bmatrix} 2 & 3j \\ -j & 2 \end{bmatrix}$$

由 $[S]$ 矩阵与归一化 $[\overline{A}]$ 矩阵之间的转换式(5.4.40),有

$$[S] = \frac{1}{a+b+c+d}\begin{bmatrix} a+b-c-d & 2(ad-bc) \\ 2 & b+d-a-c \end{bmatrix}$$

$$= \frac{1}{4+2j}\begin{bmatrix} 4j & 2 \\ 2 & 4j \end{bmatrix} = \begin{bmatrix} \dfrac{2+4j}{5} & \dfrac{2-j}{5} \\ \dfrac{2-j}{5} & \dfrac{2+4j}{5} \end{bmatrix}$$

根据端口电压与端口入射波和反射波关系可得

$$u_1 = a_1 + b_1, \quad u_2 = a_2 + b_2$$
$$i_1 = a_1 - b_1, \quad i_2 = a_2 - b_2$$

则

$$\begin{cases} a_1 + b_1 = a(a_2+b_2) - b(a_2-b_2) \\ a_1 - b_1 = c(a_2+b_2) - d(a_2-b_2) \end{cases}$$

$$a_1 = \frac{1}{2}(a+c+b+d)b_2 + \frac{1}{2}(a+c-b-d)a_2$$

$$b_1 = \frac{1}{2}(a-c+b-d)b_2 + \frac{1}{2}(a-c+d-b)a_2$$

因此[T]矩阵为

$$[T] = \begin{bmatrix} \frac{1}{2}(a+c+b+d) & \frac{1}{2}(a+c-b-d) \\ \frac{1}{2}(a-c+b-d) & \frac{1}{2}(a-c+d-b) \end{bmatrix} = \begin{bmatrix} 2+j & -2j \\ 2j & 2-j \end{bmatrix}$$

(2) 将参考面从 T_1 和 T_2 移至 T'_1 和 T'_2，有

$$[S'] = \begin{bmatrix} S_{11}e^{-j2\theta_1} & S_{12}e^{-j(\theta_1+\theta_2)} \\ S_{21}e^{-j(\theta_1+\theta_2)} & S_{22}e^{-j2\theta_2} \end{bmatrix} = \begin{bmatrix} \dfrac{4-2j}{5} & \dfrac{-2+j}{5} \\ \dfrac{-2+j}{5} & \dfrac{-4+2j}{5} \end{bmatrix}$$

(3) 由负载反射系数定义可知

$$\Gamma_L = \frac{Z_L - Z_0}{Z_L + Z_0} = 0$$

$$\Gamma_{in} = S'_{11} + \frac{S'_{12}S'_{21}\Gamma_L}{1 - S'_{22}\Gamma_L} = 0.8 - 0.4j$$

因此，两段传输线上的驻波比分别为

$$\rho_1 = \frac{1+|\Gamma_{in}|}{1-|\Gamma_{in}|} = 17.2$$

$$\rho_2 = \frac{1+|\Gamma_L|}{1-|\Gamma_L|} = 1$$

5.5 多端口网络

由非 TEM 传输线可知，可用等效电压和等效电流来描述端口电压和电流的关系，进而描述网络的特性，这对讨论无源元器件的设计（如滤波器、耦合器等）十分有效。对于图 5.20 所示的 N 端口网络，任意端口均可以是某种形式的传输线或单一波导传输模式的等效传输线。若网络的某端口是传输多个模式的波导，则在该端口有多对等效传输线。

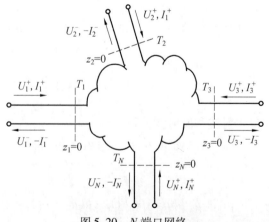

图 5.20 N 端口网络

第5章 微波网络基础

> **历史**：端口的概念
>
> 端口"port"这一术语式是20世纪50年代由Harold Alden Wheeler引入，以取代表述不清和有点罗嗦的词组两端点对(two-terminal pair)。

5.5.1 阻抗矩阵与导纳矩阵

在第i个端口定义了一个参考面，并定义了等效的入射波电压U_i^+和电流I_i^+，以及反射波电压U_i^-和电流I_i^-。第i个端口的参考面上的总电压和电流为

$$\begin{cases} U_i = U_i^+ + U_i^- \\ I_i = I_i^+ - I_i^- \end{cases} \tag{5.5.1}$$

这与传输线在$z=0$时得到的传输线方程是统一的。

用阻抗矩阵将端口电压U_i与电流I_i联系起来，有

$$\begin{bmatrix} U_1 \\ U_2 \\ \vdots \\ U_N \end{bmatrix} = \begin{bmatrix} Z_{11} & Z_{12} & \cdots & Z_{1N} \\ Z_{21} & Z_{22} & \cdots & Z_{2N} \\ \vdots & \vdots & & \vdots \\ Z_{N1} & Z_{N2} & \cdots & Z_{NN} \end{bmatrix} \begin{bmatrix} I_1 \\ I_2 \\ \vdots \\ I_N \end{bmatrix} \tag{5.5.2a}$$

写成矩阵形式为

$$[U] = [Z][I] \tag{5.5.2b}$$

式中

$$Z_{ij} = \left. \frac{U_i}{I_j} \right|_{I_k=0, k \neq j} \tag{5.5.3}$$

其中，Z_{ij}为当其他所有端口均开路的情况下，通过激励电流I_j的端口j，测得端口i的开路电压U_i得到的。

阻抗矩阵参数的物理意义如下。

(1) $Z_{ij} = \left. \dfrac{U_i}{I_j} \right|_{I_k=0, k \neq j}$ 称为端口j到端口i的互阻抗。

(2) $Z_{ii} = \left. \dfrac{U_i}{I_i} \right|_{I_k=0, k \neq i}$ 称为端口i的自阻抗。

类似可以得到N端口的导纳矩阵为

$$\begin{bmatrix} I_1 \\ I_2 \\ \vdots \\ I_N \end{bmatrix} = \begin{bmatrix} Y_{11} & Y_{12} & \cdots & Y_{1N} \\ Y_{21} & Y_{22} & \cdots & Y_{2N} \\ \vdots & \vdots & & \vdots \\ Y_{N1} & Y_{N2} & \cdots & Y_{NN} \end{bmatrix} \begin{bmatrix} U_1 \\ U_2 \\ \vdots \\ U_N \end{bmatrix} \tag{5.5.4a}$$

写成矩阵形式为

$$[I] = [Y][U] \tag{5.5.4b}$$

式中

$$Y_{ij} = \left. \frac{I_i}{U_j} \right|_{U_k=0, k \neq j} \tag{5.5.5}$$

其中，Y_{ij}为当其他所有端口均短路的情况下，通过激励电压U_j的端口j，测得端口i的短路电

流 I_i 得到的。

导纳矩阵参数的物理意义如下。

(1) $Y_{ij} = \dfrac{I_i}{U_j}\bigg|_{U_k=0,k\neq j}$ 称为端口 j 到端口 i 的互导纳。

(2) $Y_{ii} = \dfrac{I_i}{U_i}\bigg|_{U_k=0,k\neq i}$ 称为端口 i 的自导纳。

对于互易、对称和无耗网络，N 端口网络的 $[Z]$ 矩阵与 $[Y]$ 矩阵满足如下特性。

互易网络：
$$Z_{ij} = Z_{ji} \text{ 或 } Y_{ij} = Y_{ji} \quad (i \neq j) \tag{5.5.6}$$

对称网络：
$$Z_{ii} = Z_{jj}, Z_{ij} = Z_{ji} \quad (i \neq j) \text{ 或 } Y_{ii} = Y_{jj}, Y_{ij} = Y_{ji} \quad (i \neq j) \tag{5.5.7}$$

互易无耗网络：
$$Z_{ij} = \mathrm{j}X_{ij} \text{ 或 } Y_{ij} = \mathrm{j}B_{ij} \tag{5.5.8}$$

5.5.2 散射矩阵

对于图 5.20 所示的 N 端口网络，各端口的归一化入射波和反射波电压波为 a_i、b_i ($i = 1 \sim N$)，则该 N 端口网络的散射矩阵表示为

$$\begin{bmatrix} b_1 \\ b_2 \\ \vdots \\ b_N \end{bmatrix} = \begin{bmatrix} S_{11} & S_{12} & \cdots & S_{1N} \\ S_{21} & S_{22} & \cdots & S_{2N} \\ \vdots & \vdots & & \vdots \\ S_{N1} & S_{N2} & \cdots & S_{NN} \end{bmatrix} \begin{bmatrix} a_1 \\ a_2 \\ \vdots \\ a_N \end{bmatrix} \tag{5.5.9a}$$

写成矩阵形式为
$$[b] = [S][a] \tag{5.5.9b}$$

式中

$$S_{ij} = \dfrac{b_i}{a_j}\bigg|_{a_k=0,k\neq j} \tag{5.5.10}$$

其中，S_{ij} 为当其他所有端口均接匹配负载的情况下，即 $a_k = 0$ ($k \neq j$) 无反射时，通过激励端口 j，测得端口 i 的反射波电压得到 b_i。

散射矩阵参数的物理意义如下。

(1) $S_{ij} = \dfrac{b_i}{a_j}\bigg|_{a_k=0,k\neq j}$ 当所有其他端口接匹配负载时，端口 j 到端口 i 的传输系数。

(2) $S_{ii} = \dfrac{b_i}{a_i}\bigg|_{a_k=0,k\neq i}$ 当所有其他端口接匹配负载时，端口 i 的反射系数。

对于互易、对称、无耗网络，N 端口网络的 $[S]$ 矩阵满足如下特性。

互易网络：
$$\boldsymbol{S}^{\mathrm{T}} = \boldsymbol{S} \tag{5.5.11}$$

对称网络：
$$S_{ii} = S_{jj}, \quad S_{ij} = S_{ji} \quad (i \neq j) \tag{5.5.12}$$

无耗网络：
$$[S]^+[S] = [E] \tag{5.5.13}$$

思考:对于一个 N 端口网络,若等效传输线无耗,当端口的参考面发生移动时,$[S]$ 矩阵参数将会发生怎样变化?

若各参考面均向离开网络的方向移动,如图 5.21 所示,第 i 个端口移动的距离 l_i,移动后的 $[S]$ 矩阵为 $[S']$。若参考面向外移动,则第 i 个端口处的反射波的相位滞后 $\theta_i = 2\pi l_i/\lambda_i$,而入射波的相位超前 θ_i,可得

$$b'_i = b_i \mathrm{e}^{-\mathrm{j}\theta_i}$$
$$a_i = a'_i \mathrm{e}^{-\mathrm{j}\theta_i}$$

从矩阵角度则有

$$\begin{bmatrix} b'_1 \\ b'_2 \\ \vdots \\ b'_N \end{bmatrix} = \begin{bmatrix} \mathrm{e}^{-\mathrm{j}\theta_1} & 0 & \cdots & 0 \\ 0 & \mathrm{e}^{-\mathrm{j}\theta_2} & \cdots & 0 \\ \vdots & \vdots & & \vdots \\ 0 & 0 & \cdots & \mathrm{e}^{-\mathrm{j}\theta_N} \end{bmatrix} \begin{bmatrix} b_1 \\ b_2 \\ \vdots \\ b_N \end{bmatrix}$$

$$\begin{bmatrix} a_1 \\ a_2 \\ \vdots \\ a_N \end{bmatrix} = \begin{bmatrix} \mathrm{e}^{-\mathrm{j}\theta_1} & 0 & \cdots & 0 \\ 0 & \mathrm{e}^{-\mathrm{j}\theta_2} & \cdots & 0 \\ \vdots & \vdots & & \vdots \\ 0 & 0 & \cdots & \mathrm{e}^{-\mathrm{j}\theta_N} \end{bmatrix} \begin{bmatrix} a'_1 \\ a'_2 \\ \vdots \\ a'_N \end{bmatrix}$$

设 $[P] = \begin{bmatrix} \mathrm{e}^{-\mathrm{j}\theta_1} & 0 & \cdots & 0 \\ 0 & \mathrm{e}^{-\mathrm{j}\theta_2} & \cdots & 0 \\ \vdots & \vdots & & \vdots \\ 0 & 0 & \cdots & \mathrm{e}^{-\mathrm{j}\theta_N} \end{bmatrix}$,则有

$$[b'] = [P][S][P][a']$$

那么

$$[S'] = [P][S][P] \tag{5.5.14}$$

由式(5.5.14)可知以下特点。

(1)当参考面移动时,不改变原网络 S 参数的幅值,只改变相位。

(2)若参考面向进入网络的方向移动,则 $[P]$ 中对应相位变化量为 $\mathrm{e}^{\mathrm{j}\theta_i}$。

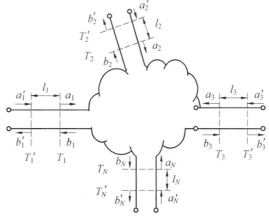

图 5.21 N 端口网络参考面移动示意图

5.6 本章小结

本章主要讨论微波网络的分析方法,将均匀传输线理论进行拓展,引入等效电压和等效电流概念,建立等效传输线,以此为基础引出模式传输线理论,从而为后续微波网络分析奠定理论基础。随后以单端口网络为例,一方面将其传输特性参数,如输入阻抗、反射系数以及传输功率与传输线理论进行关联;另一方面建立归一化电压、电流概念,方便后续对微波网络的分析。重点介绍了双端口网络的阻抗和导纳矩阵、ABCD 矩阵、散射矩阵与传输矩阵,其中,阻抗矩阵、导纳矩阵与 ABCD 矩阵都是用端口电压和端口电流来描述的,而散射矩阵和传输矩阵是用入射波和反射波进行描述的。由散射矩阵的物理意义得知其易于测量,随后介绍了散射矩阵作为微波电路分析和设计的有力工具,其测量方法的基本原理与步骤。在解决复杂微波网络时,而 ABCD 矩阵和传输矩阵由于其级联特性,在解决复杂微波网络时具有明显优势。此外,着重介绍各矩阵参数的物理含义、计算方法、与其他矩阵的关系以及网络分别在互易、对称、无耗条件下所具有的特性,并总结了常用简单双端口网络的矩阵参数与相互转化一般关系的表格。在介绍矩阵过程中,注重与前面传输线理论章节知识的关联与应用。最后,讨论了多端口网络下各矩阵的一般表达式、物理意义与特定条件下的网络特性。

本章习题

5.1 写出双端口网络的 $[Z]$ 矩阵和归一化 $[\bar{z}]$ 矩阵(题 5.1 图(a)),以及 $[Y]$ 矩阵和归一化的 $[\bar{y}]$ 矩阵(题 5.1 图(b))。

题 5.1 图

5.2 若一个互易双端口网络,当端口 2 短路时、端口 1 短路时、端口 2 开路时以及端口 1 开路时的输入阻抗分别为 $Z_{SC}^{(1)}$、$Z_{SC}^{(2)}$、$Z_{OC}^{(1)}$、$Z_{OC}^{(2)}$,证明该网络的阻抗矩阵为

$$[Z] = \begin{bmatrix} Z_{OC}^{(1)} & (Z_{OC}^{(1)} - Z_{SC}^{(1)})Z_{OC}^{(2)} \\ (Z_{OC}^{(1)} - Z_{SC}^{(1)})Z_{OC}^{(2)} & Z_{OC}^{(2)} \end{bmatrix}$$

5.3 已知双端口网络如题 5.3 图所示,若端口 2 接匹配负载时,端口 1 可实现输入端匹配,求参数 B 和 X 应满足何种关系?

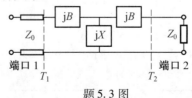

题 5.3 图

5.4 若单一特征阻抗 Z_0 归一化得到的双端口网络的散射矩阵为

$$[S] = \begin{bmatrix} S_{11} & S_{12} \\ S_{21} & S_{22} \end{bmatrix}$$

当端口 1 和端口 2 的特征阻抗分别变为 Z_{01} 和 Z_{02} 时,求其未归一化的散射矩阵 $[S']$。

5.5 从 ABCD 矩阵定义和电路级联这两种方式,计算题 5.5 图所示双端口网络的 ABCD 矩阵并进行比较。

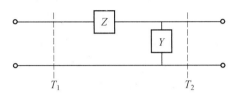

题 5.5 图

5.6 若双端口网络测量得到的散射矩阵为

$$[S] = \begin{bmatrix} 0.3 + 0.7\mathrm{j} & 0.6\mathrm{j} \\ 0.6\mathrm{j} & 0.3 - 0.7\mathrm{j} \end{bmatrix}$$

求该网络的阻抗矩阵(设网络的特征阻抗为 50 Ω)。

5.7 考虑一个同轴波导转换接头如题 5.7 图所示,已知其散射矩阵 $[S] = \begin{bmatrix} S_{11} & S_{12} \\ S_{21} & S_{22} \end{bmatrix}$,试求:

(1) 端口 2 匹配时,端口 1 的驻波系数;
(2) 端口 2 接负载产生的反射系数为 Γ_2,端口 1 的反射系数;
(3) 端口 1 匹配时,端口 2 的驻波系数。

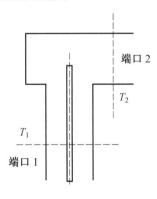

题 5.7 图

5.8 若测得某双端口网络的 $[S]$ 矩阵为

$$[S] = \begin{bmatrix} 0.2\angle 0° & 0.6\angle 90° \\ 0.6\angle 180° & 0.2\angle 0° \end{bmatrix}$$

该双端口网络是否互易和无耗?若端口 2 短路,试求端口 1 处的反射系数。

5.9 若有系统如题 5.9 图所示,设双端口网络为无耗互易对称网络,在终端参考面 T_2 处接匹配负载,测得距参考面 T_1 距离 $l_1 = 0.125\lambda_\mathrm{g}$ 处为电压波节点,驻波系数为 1.5,求该双端口网络的散射矩阵。

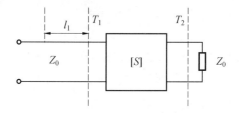

题 5.9 图

5.10 求题 5.10 图所示双端口网络的归一化转移矩阵及 [S] 矩阵。

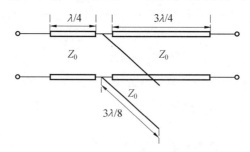

题 5.10 图

5.11 已知题 5.11 图所示的三端口网络在参考面 T_1、T_1、T_3 处所确定的散射矩阵为

$$\begin{bmatrix} S_{11} & S_{12} & S_{13} \\ S_{21} & S_{22} & S_{23} \\ S_{31} & S_{32} & S_{33} \end{bmatrix}$$

将参考面 T_1 向内移动 $\lambda_{g1}/4$ 至 T_1',参考面 T_2 向外移动 $\lambda_{g2}/2$ 至 T_2',参考面 T_3 不变(设为 T_3'),求由 T_1'、T_2'、T_3' 所确定网络的散射矩阵 $[S']$。

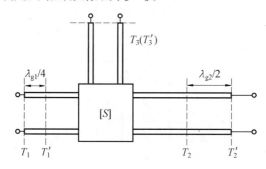

题 5.11 图

第 6 章

微波元器件

6.1 概　　述

微波元器件是构成微波系统的重要组成部分,其作用是对微波信号实现定向传输、衰减、放大、移相、隔离、滤波与阻抗变换等。微波的收发系统通常由滤波器、功率放大器、振荡器、倍频器、混频器以及开关电路、功率合成与分配器等基本微波元器件组成。不同元器件具有不同功能,所以了解常用微波元器件的结构、原理和功能十分必要。微波元器件按性质可以分为有源器件和无源器件、互易器件和非互易器件、线性器件和非线性器件。有源器件内部需要电源供电,如功率放大器,而无源器件则无须电源;互易器件满足互易定理,一般由各向同性材料构成,而非互易器件不满足互易定理,一般由各向异性材料构成,如由铁氧体制成的隔离器、环形器等;线性器件只对微波信号进行线性变换,不改变频率特性,如微波连接匹配元件、滤波器、谐振器等,而非线性器件会引起频率的改变,实现放大、调制、变频等功能,如微波电子管、微波晶体管、微波场效应管等。

微波元器件在微波段属于分布参数系统,绝大多数微波元器件的分析和设计问题,严格来讲是一个完整的电磁场边值问题。由于边界条件比较复杂,很难用场的方法进行分析和求解,只有少数几何形状简单的元件才能利用场的方法得到严格的求解。最实际的方法是以场的物理概念作指导,采用网络的方法,场、路结合进行分析和综合,最后将所得结果用场结构元件去模拟。由于微波元器件种类繁多,本章只选择其中最基本的进行论述。

6.2 终端元件

终端元件是一种单端口负载,常用的包括匹配负载和短路负载。

6.2.1 匹配负载

匹配负载是一种几乎能无反射地全部吸收传输功率的单端口元件。小功率的波导型匹配负载是在波导中嵌入有耗材料做成的一片或多片渐变的尖劈,如图 6.1(a) 所示,渐变片通常由介质片(如陶瓷、玻璃、胶木等)表面涂上金属碎末或炭末制成,由于材料是有耗的,所以入射波功率被它吸收;同时由于波是逐渐进入有耗材料做成的尖劈,从而避免反射。当渐变片平行放置于波导中电场最强处,在电场作用下能强烈吸收微波功率。尖劈做的越长,匹配性能越好,驻波系数最好可达 1.01,尖劈长度一般取 $\lambda_g/2$ 的整数倍。大功率(大于 1 W)的匹配负载通常用石墨或碳化硅等做成楔形吸收体,并在负载外装有散热片,如图 6.1(b)、图 6.1(c) 所示。当功率很大时,则利用水作为吸收物质,由水的流动带出热量,称为水负载,如图 6.1(d)所示。

同轴型匹配负载时在内外导体间加载圆锥形或阶梯形吸收体构成,如图 6.1(e)、图 6.1(f)所示。微带型匹配负载常采用矩形薄膜电阻,并通过 $\lambda_g/4$ 的开路微带线使此匹配电阻高频接地,如图 6.1(g)所示,这种匹配负载的频带较窄。目前多采用半圆形薄膜电阻形成的微带型匹配负载,在电阻外圆边缘通过半金属化槽直接接地,如图 6.1(h)所示,这种匹配负载具有频带宽、功率容量大等优点。

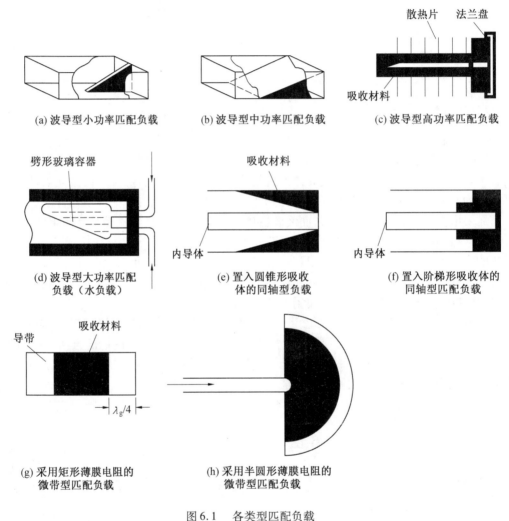

图 6.1 各类型匹配负载

6.2.2 短路负载

在阻抗匹配调节、谐振器频率调节以及一些微波测量系统中常要求可移动的短路面,称为短路活塞,以使入射的微波功率全部反射回来。波导或同轴型短路活塞是由一只可在波导或同轴线中自由移动的金属块构成,它与波导或同轴内壁是密接的。但是这种直接接触式活塞在电气性能上不是很理想,主要因为活壁之间不规律的接触会使有效的电短路位置无规则地偏离活塞前面的实际短路位置,同时活塞可能引起一些功率泄露,使反射系数小于 1。而扼流式活塞可以解决这些问题,扼流式活塞是变换器的应用实例之一。活塞做成图 6.2(a)所示的形式,此活塞的宽度是均匀的且比波导内壁宽度稍小,但是,活塞的高度并不一样,活塞比波导的高度 b 小 $2b_1$,即活塞与波导的间隙应尽可能小;第二段是机械连杆,在保证活塞连杆强度的条件下,使 b_2 尽可能的大,两段的长度均为 $\lambda_g/4$;最后一段是底座,做成与波导滑动配合。这两段活塞相当于两个 $\lambda_g/4$ 变换器,它们的等效阻抗分别为 Z_{01} 和 Z_{02},显然这两段阻抗分别与 b_1 和 b_2 成正比,其等效电路如图 6.2(b) 所示,算出输入端的阻抗为

$$Z_i' = \left(\frac{Z_{01}}{Z_{02}}\right)^2 Z_i \qquad (6.2.1)$$

$$Z_i' = \left(\frac{b_1}{b_2}\right)^2 Z_i \qquad (6.2.2)$$

由上式可见,$b_1 \ll b_2$,所以 $Z_i' \ll Z_i$,即采用扼流式活塞比直接接触活塞在性能上有很大改善,例如,若 $b_2 = 10b_1$,电性能将提高 100 倍。

扫描二维码(附件 6.1)获取式(6.2.2)推导过程。

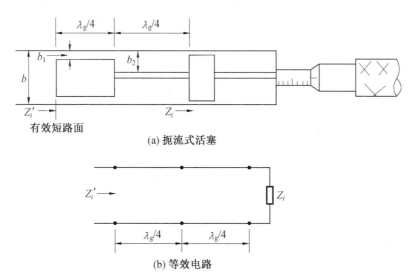

(a) 扼流式活塞

(b) 等效电路

图 6.2 扼流式活塞及等效电路

另一种经常使用的是折叠式扼流活塞,图 6.3(a)、图 6.3(b) 所示为波导型和同轴型扼流短路活塞,它们的有效短路面不是在活塞与传输系统内壁的直接接触处,而是在向波源方向移动 $\lambda_g/2$ 的位置。由于 aa' 面有金属短路面,内侧经过 $\lambda_g/4$ 达到 bb' 面成为理想开路,再

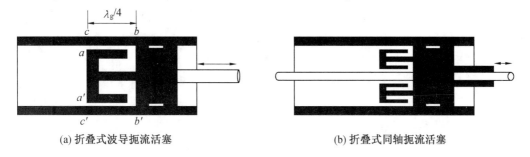

(a) 折叠式波导扼流活塞　　　　　　(b) 折叠式同轴扼流活塞

图 6.3 折叠式扼流活塞

经过 $\lambda_g/4$ 达到 cc' 成为理想短路面,这种类型的短路活塞具有良好的性能。

6.3 连接元件

连接元件主要用于将各种微波元器件的输入端、输出端连接起来,连接元件一般具有损耗小、驻波系数小、工作容量大和工作频带宽等特点。

6.3.1 波导接头

波导接头有平法兰接头和扼流法兰接头两种形式。图 6.4 所示为矩形波导的平法兰接头,该接头具有结构简单、频带宽、使用方便等特点,但对接触表面机械加工的光洁度要求较高,平法兰接头的驻波系数可做到小于 1.002。图 6.5 所示为矩形波导的扼流法兰接头,由刻有扼流槽的法兰和一个平法兰对接而成,其特点是在没有机械接触的地方可以实现良好的电接触,这是靠接头中的扼流装置实现的。扼流接头具有耐高功率、易于密封等优点,但是工作频带窄,一般在 10% ~ 12% 频带范围内,驻波系数典型值是 1.02。因此,高功率、窄频带、密封系统多采用扼流接头,而在低功率、宽频带场合,多采用平法兰接头。

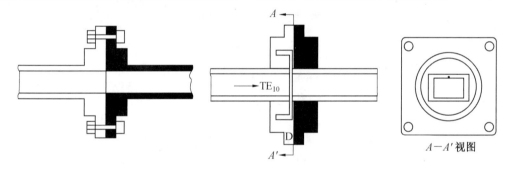

图 6.4 矩形波导的平法兰接头　　　图 6.5 矩形波导的扼流法兰接头

6.3.2 同轴接头

同轴接头通常采用 50 Ω 和 75 Ω 两种规格,一般的接头有阴接头和阳接头之分,且成对使用。同轴接头具有多种类型,如图 6.6 所示。其中 APC – 7 型接头是一种高精度接头,主要用于高精度和高重复使用的测试设备中;SMA 型接头是射频/微波集成电路中常用的接头,其尺寸小,可用于射频或毫米波频段;N 型接头尺寸较大,坚固、耐用,但不便应用于小型化电路或集成电路;BNC 型接头则主要用于频率低于 1 GHz 的场合。

(a) APC-7 型　　(b) SMA 型　　(c) N 型　　(d) BNC 型

图 6.6 四种标准接头

6.3.3 转换接头

1. 同轴 - 矩形波导转换接头

图 6.7(a) 所示的转换装置将同轴线内导体插入矩形波导宽壁中间,外导体与矩形波导的金属壁相连。同轴线工作于 TEM 模,矩形波导工作于 TE_{10} 模,该接头实现了将 TEM 模转换为 TE_{10} 模,同轴 - 矩形波导转换接头电场线如图 6.7(b) 所示,与第 3 章波导的探针激励类似。

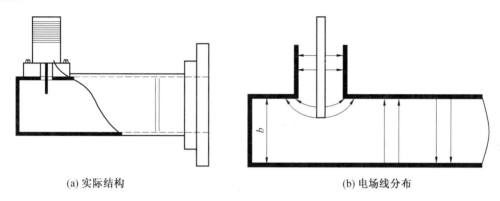

(a) 实际结构　　　　　　　　　　　　(b) 电场线分布

图 6.7　同轴 - 矩形波导转换接头

2. 矩形波导 - 圆波导转换接头

(1) TE_{10} 模 - TE_{11} 模转换接头(方 - 圆变换器)。

由第 3 章内容可知,矩形波导 TE_{10} 模与圆波导 TE_{11} 模的场结构十分相似,只要在同一轴线上将矩形波导和圆波导连接起来,便能实现两种模式的转换,为了避免不连续结构带来的反射,需要在矩形波导和圆波导之间接一段方 - 圆渐变结构,渐变段长度一般为一个或几个波导波长,如图 6.8 所示。

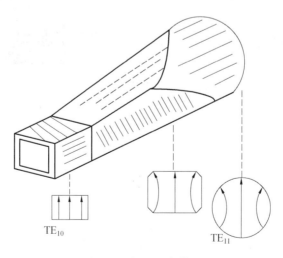

图 6.8　方 - 圆变换器

(2) TE_{10} 模 – TE_{01} 模转换接头。

将矩形波导的窄边过渡到夹角很小的扇形,然后把扇形界面的夹角逐渐增加直至变成圆形,从而将波导中的对称电场分布转换成圆波导中圆周方向的电场分布,如图 6.9 所示。

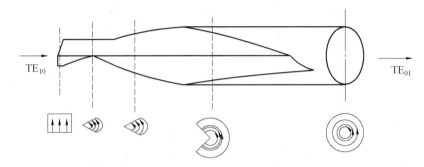

图 6.9　TE_{10} 模 – TE_{01} 模转换

3. 同轴 — 微带、槽线和共面波导转换

实际工程中经常用到同轴 – 微带、同轴 – 槽线、同轴 – 共面波导、微带 – 槽线以及微带 – 共面波导等转换器,如图 6.10 所示,一般将同轴线内导体延长与一条导带相连,同轴线外导体与地板相连。对于微带 – 槽线转换结构,微带线的导带与槽线的缝隙互相垂直,且导带和槽缝从交叉点分别延长 1/4 波导波长和 1/4 槽线波长,实现阻抗匹配。

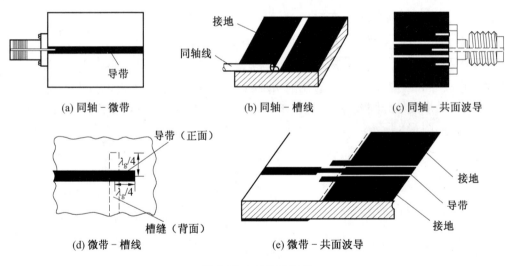

图 6.10　各种转换器

6.4　衰减器和相移器

衰减器是用来限制或控制系统中功率大小的,它可以把微波功率衰减到所需的电平。衰减器是有耗的双端口互易网络,对匹配的衰减器,其散射矩阵可以表示为

$$[S] = \begin{bmatrix} 0 & e^{-\alpha l} \\ e^{-\alpha l} & 0 \end{bmatrix} \tag{6.4.1}$$

衰减器种类很多，最常用的是吸收式衰减器，它是由一段矩形波导中平行于电场方向放置且具有一定衰减量的吸收片构成，分为固定式和可变式两种，如图 6.11 所示。一般吸收片由陶瓷片表面涂以金属粉末、石墨粉或蒸发一层很薄的镍铬合金等电阻性材料构成，为消除反射，吸收片的两端一般制成尖劈形。因为 TE_{10} 模的电场分布在波导宽边中心最强而靠近两窄壁处为零，对可变式衰减器而言，当吸收片横向移动即可改变其衰减量。

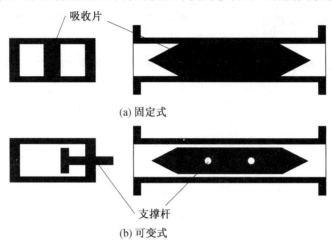

图 6.11　吸收式衰减器

> **思考**：衰减片为什么做成尖劈结构？
>
> 波导通过内置吸收片吸收微波能量，吸收片的存在对波导来说引入了一种不连续性，为了减少反射，吸收片的形状也推荐为刀型或者尖劈型，可以使波导的等效阻抗逐渐变化，以减少对输入信号的反射，是阻抗匹配的一种方法。其长度为二分之一工作波长的整数倍，这样吸收片在斜面上的每一点引起的反射电磁波均能够被与其相距四分之一波长的反射波相互抵消，使波导系统匹配良好。

移相器是能改变电磁场相位的装置，广泛应用于相控阵雷达。对匹配的移相器而言，其散射矩阵可以表示为

$$[S] = \begin{bmatrix} 0 & e^{-j\varphi} \\ e^{-j\varphi} & 0 \end{bmatrix} \qquad (6.4.2)$$

根据传输线理论，导波通过长度为 l 的传输线后，相位变化为

$$\varphi = \beta l = 2\frac{\pi l}{\lambda_g} \qquad (6.4.3)$$

由此可见，要改变相移有两种方法：改变传输系统的机械长度；改变传输系统的相移常数 β，通常采用后一种方法改变相位。对矩形波导的 TE_{10} 模而言，改变波导宽边尺寸 a 就可以改变波导波长，从而使相移 φ 发生变化。此外，当波导中填充相对介电常数为 ε_r 的介质时，其波导波长也会发生变化，因此在波导中放置介质片也能改变相移 φ。移相器可分为固定和可变两类，有机械控制和电子控制。移相器有各种类型的结构，本节主要介绍介质移相器。

在实际应用中，为达到相移可变的目的，往往不是用介质块填充整个波导，而是用一块横向位置可以移动的介质片来构成移相器。在矩形波导中平行电场放置介质片，利用传动

机构,介质片可沿波导宽边横向移动,称为横向移动的介质片移相器,如图 6.12 所示。如果介质片位置固定便是固定移相器,否则就是可变移相器。无耗介质片位于波导中的位置不同,对电场的影响不同,从而引起的相移也不同。通过调节介质片的位置可以改变相移,当介质片位于波导边上时相移量最小,而在波导中间时相移量最大。

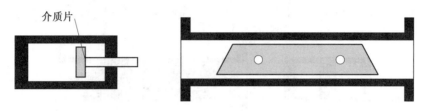

图 6.12　横向移动的介质片移相器

6.5　阻抗匹配元件

当微波传输线与负载互连时,或者不同特性阻抗的传输线间连接时,为了使传输效率最高,需要在连接处实现阻抗匹配,达到无反射的效果,阻抗匹配元件就是为了完成该目的而设计的微波元件。阻抗匹配元件有多种类型,按传输系统可以分为同轴型、波导型和微带型等;按匹配带宽可以分为窄带和宽度匹配器;按匹配和变换方式可以分为调配器、螺钉调配器、阶梯阻抗变换器等。本章主要介绍螺钉调配器和阶梯阻抗变换器。

6.5.1　螺钉调配器

为了减小矩形波导中不连续性或不均匀性引起的反射,在矩形波导的宽边中心插入可调螺钉作为调配元件。螺钉一般调成容性,即螺钉旋入波导的深度应小于 $3b/4$(b 为波导窄边高度),以避免高功率工作时被击穿。同第 2 章枝节调配原理类似,调节螺钉的插入深度可构成阻抗调配器,其等效电路如图 6.13 所示。

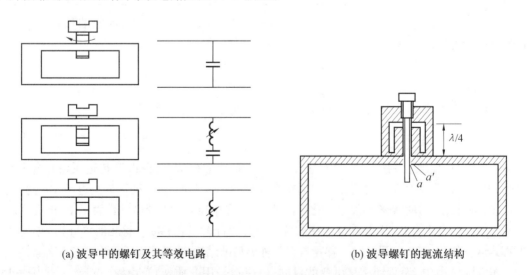

(a) 波导中的螺钉及其等效电路　　　　(b) 波导螺钉的扼流结构

图 6.13　波导中的螺钉及其等效电路和波导螺钉的扼流结构

> **思考**:螺钉的作用是什么,如何保证螺钉与波导有良好的电接触?
>
> 当在矩形波导宽边中间位置插入螺钉时,主要电场将集中在该处。改变插入深度,螺钉将呈现不同的并联电纳特性,如图6.13(a)所示。当插入深度 < $\lambda/4$ 时,并联电纳呈现容性,可以避免击穿效应,随着插入深度增加,容性电纳不断增加;当插入深度为 $\lambda/4$ 时,呈现串联谐振特性;当插入深度 > $\lambda/4$ 时,并联电纳呈现感性。
>
> 为保证螺钉与波导宽边有良好的电接触,可采用 $\lambda/4$ 折叠式扼流结构,如图6.13(b)所示,可保证在 aa' 处有良好的电接触。

根据插入螺钉的数量,可分为单螺钉、双螺钉和三螺钉调配器。单螺钉调配器通过改变螺钉的纵向位置和插入深度来实现阻抗匹配,如图 6.14(a) 所示;同双枝节调配器类似,在矩形波导中相距 $\lambda_g/8$、$\lambda_g/4$ 和 $3\lambda_g/8$ 的位置插入两个螺钉,构成了双螺钉调配器,如图 6.14(b) 所示;由于双螺钉调配器有匹配盲区,有时需要使用三螺钉调配器,其原理与三枝节调配器类似。螺钉间距与工作波长相关,所以螺钉调配器属于窄带调配。

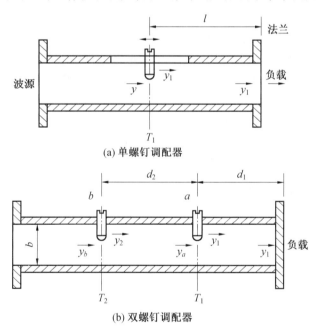

图 6.14 单螺钉调配器和双螺钉调配器

6.5.2 阶梯阻抗变换器

图 6.15 所示为波导、同轴线与微带线的阻抗变换器和等效电路,令主传输线、中间匹配段和后段传输线的特性阻抗分别为 Z_1、Z 和 Z_2,则呈现在主传输线上的负载阻抗 Z_e 为

$$Z_e = Z\frac{Z_2 + \mathrm{j}Z\tan(\beta l)}{Z + \mathrm{j}Z_2\tan(\beta l)} = Z\frac{Z_2 + \mathrm{j}Z\tan(\pi/2)}{Z + \mathrm{j}Z_2\tan(\pi/2)} = \frac{Z^2}{Z_2} \tag{6.5.1}$$

为了实现匹配,需要使 $Z_e = Z_1$,代入式(6.5.1),可得

$$Z = \sqrt{Z_1 Z_2} \tag{6.5.2}$$

因此，阻抗为 Z 的 $\lambda/4$ 中间传输线将 Z_2 变成了 Z_1，但是完全匹配仅在 $\lambda/4$ 的单一频率才能达到。$\lambda/4$ 阻抗变换器的工作频段很窄，为了实现宽带阻抗匹配，必须使用多阶梯阻抗变换器。

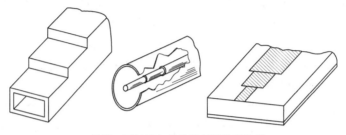

(a) 波导、同轴线与微带线的阻抗变换器

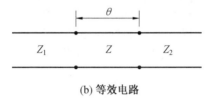

(b) 等效电路

图 6.15　波导、同轴线与微带线的阻抗变换器和等效电路

将一 N 节阶梯阻抗变换器接入特性阻抗为 Z_0 的传输线和负载 Z_l，各节长度 θ 取 $\lambda/4$，各节特性阻抗不同，分别为 $Z_1, Z_2, \cdots, Z_N$，如图 6.16 所示。第 N 节的输入阻抗为

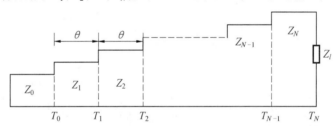

图 6.16　N 节阶梯阻抗变换器

$$Z_{\text{in}\_N} = Z_N \frac{e^{j\beta l} + \Gamma_N e^{-j\beta l}}{e^{j\beta l} - \Gamma_N e^{-j\beta l}} \tag{6.5.3}$$

式中，$\Gamma_N = (Z_l - Z_N)/(Z_l + Z_N)$。而第 $N-1$ 节的总反射系数为

$$\Gamma'_{N-1} = \frac{Z_{\text{in}\_N} - Z_{N-1}}{Z_{\text{in}\_N} + Z_{N-1}} = \frac{(Z_N - Z_{N-1})e^{j\beta l} + \Gamma_N(Z_N + Z_{N-1})e^{-j\beta l}}{(Z_N + Z_{N-1})e^{j\beta l} + \Gamma_N(Z_N - Z_{N-1})e^{-j\beta l}} \tag{6.5.4}$$

式 (6.5.4) 可以进一步化简为

$$\Gamma'_{N-1} = \frac{\Gamma_{N-1} + \Gamma_N e^{-j2\beta l}}{1 + \Gamma_{N-1}\Gamma_N e^{-j2\beta l}} \tag{6.5.5}$$

式中，$\Gamma_{N-1} = (Z_N - Z_{N-1})/(Z_N + Z_{N-1})$ 为第 $N-1$ 节和第 N 节连接处的局部反射系数。当 $\Gamma_{N-1} \ll 1$ 且 $\Gamma_N \ll 1$ 时，即在小反射条件下，可以忽略上式中反射系数的乘积项，得到以下近似式：

$$\Gamma'_{N-1} \approx \Gamma_{N-1} + \Gamma_N e^{-j2\beta l} \tag{6.5.6}$$

类似地，有

$$\Gamma'_{N-2} \approx \Gamma_{N-2} + \Gamma'_{N-1}e^{-j2\beta l} = \Gamma_{N-2} + \Gamma_{N-1}e^{-j2\beta l} + \Gamma_N e^{-j4\beta l} \tag{6.5.7}$$

若每两节连接处的局部反射均满足小反射条件,则多节阻抗变换器输入端的总反射系数为

$$\Gamma = \Gamma(\theta) \approx \Gamma_0 + \Gamma_1 e^{-j2\theta} + \Gamma_2 e^{-j4\theta} + \cdots + \Gamma_{N-1}e^{-j2(N-1)\theta} + \Gamma_N e^{-j2N\theta} = \sum_{n=0}^{N} \Gamma_n e^{-j2n\theta} \tag{6.5.8}$$

式中,$\theta = \beta l$ 为阶梯阻抗变换器每节的电长度;$\Gamma_n = (Z_{n+1} - Z_n)/(Z_{n+1} + Z_n)$($n \neq 0$)为第 n 节和第 $n+1$ 节连接处的局部反射系数,而 $\Gamma_0 = (Z_1 - Z_0)/(Z_1 + Z_0)$。显然,如果 $\theta = 0$,阻抗变换器的每节电长度均为零,等价于主传输线与负载直接相连,此时有

$$\Gamma(0) = \sum_{n=0}^{N} \Gamma_n = \frac{Z_l - Z_0}{Z_l + Z_0} \tag{6.5.9}$$

如果阶梯阻抗变换器结构对称,参考面上局部电压反射系数对称选取,即取 $\Gamma_0 = \Gamma_N$,$\Gamma_1 = \Gamma_{N-1}$,$\cdots$,则式(6.5.8)变为

$$\begin{aligned}\Gamma &= \Gamma_0 + \Gamma_1 e^{-j2\theta} + \Gamma_2 e^{-j4\theta} + \cdots + \Gamma_{N-1}e^{-j2(N-1)\theta} + \Gamma_N e^{-j2N\theta} \\ &= (\Gamma_0 + \Gamma_N e^{-j2N\theta}) + (\Gamma_1 e^{-j2\theta} + \Gamma_{N-1}e^{-j2(N-1)\theta}) + \cdots \\ &= e^{-jN\theta}[\Gamma_0(e^{jN\theta} + e^{-jN\theta}) + \Gamma_1(e^{-j(N-2)\theta} + e^{j(N-2)\theta}) + \cdots] \\ &= 2e^{-jN\theta}[\Gamma_0 \cos N\theta + \Gamma_1 \cos(N-2)\theta + \cdots]\end{aligned}$$

于是反射系数模值为

$$|\Gamma| = 2|\Gamma_0 \cos N\theta + \Gamma_1 \cos(N-2)\theta + \cdots| \tag{6.5.10}$$

只要选取阶梯阻抗变换器的局部反射系数 Γ_N,使总反射系数 Γ 在指定频带达到最小即可。式(6.5.10)右端为余弦函数 $\cos\theta$ 的多项式,满足 $|\Gamma| = 0$ 的 $\cos\theta$ 有很多解,即有很多 λ_g 可以使 $|\Gamma| = 0$,在许多工作频率上均能实现阻抗匹配,从而拓宽了频带,显然阶梯级数越多,频带越宽。

6.6 功率分配与合成器件

在微波系统中,功率分配(合成)器主要用作分路或功率分配(合成)。功率分配器可将一路微波功率按一定比例分成多路微波输出的功率,按输出功率的比例不同,可以分为等功率分配器和不等功率分配器。在结构上,大功率往往采用同轴线而中小功率常采用微带线。本章主要介绍波导分支器和微带功分器的结构、原理及特性,包括 E-T 接头、H-T 接头、双 T 接头、魔 T 接头,以及微带功率分配器、定向耦合器、环形桥等。

6.6.1 E-T 接头

E-T 接头的分支在主波导宽边面上,其轴线平行于主波导的 TE_{10} 模的电场方向,简称 E-T 分支。如图 6.17 所示,令主波导两臂为 ① 和 ②,分支臂为 ③,端口 ③ 的臂与主波导是串联关系。在接口处的场分布非常复杂,为了简化,忽略分支区域的高次模,假设各端口波导中只传输

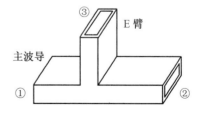

图 6.17 E-T 接头

TE$_{10}$ 模。当波导从某一端口输入时,其余两个端口均接匹配负载。

根据场分布定性分析 E-T 接头的特性,如图 6.18 所示。当波从端口 ③ 输入,波在端口 ① 和端口 ② 等幅反相输出,即 $S_{13}=-S_{23}$,其电场线分布如图 6.18(a) 所示;当波从端口 ① 输入,波在端口 ② 和端口 ③ 均有输出,如图 6.18(b) 所示;波从端口 ① 和端口 ② 等幅同相输入时,波在端口 ③ 有"差"输出,当端口 ① 和端口 ② 状态完全相同时,端口 ③ 应无输出;当端口 ① 和端口 ② 等幅反相输入时,波在端口 ③ 有"和"输出,端口 ③ 有最大输出,其电场线如图 6.18(c) 和图 6.18(d) 所示。

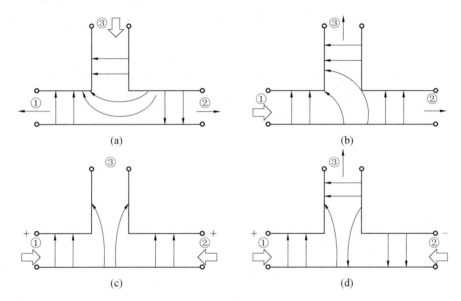

图 6.18　E-T 接头电场线分布

根据以上有关 E-T 接头的特点,写出其散射矩阵,为

$$S = \begin{bmatrix} S_{11} & S_{12} & S_{13} \\ S_{12} & S_{11} & -S_{13} \\ S_{13} & -S_{13} & S_{33} \end{bmatrix}$$

如果端口 ③ 匹配,即 $S_{33}=0$,根据 $[S]$ 的幺正性 $[S]^+[S]=[E]$,有

$$\begin{cases} |S_{11}|^2 + |S_{12}|^2 + |S_{13}|^2 = 1 \\ |S_{12}|^2 + |S_{11}|^2 + |S_{13}|^2 = 1 \\ |S_{13}|^2 + |S_{13}|^2 = 1 \\ S_{11}^*S_{12} + S_{12}^*S_{11} + S_{13}^*(-S_{13}) = 0 \\ S_{11}^*S_{13} + S_{12}^*(-S_{13}) = 0 \\ S_{13}^*S_{11} - S_{13}^*S_{12} = 0 \end{cases}$$

进而可得

$$|S_{13}| = \frac{1}{\sqrt{2}}, \quad S_{11} = S_{12} = \frac{1}{2}$$

因此,有

$$S = \begin{bmatrix} \dfrac{1}{2} & \dfrac{1}{2} & \dfrac{1}{\sqrt{2}} \\ \dfrac{1}{2} & \dfrac{1}{2} & -\dfrac{1}{\sqrt{2}} \\ \dfrac{1}{\sqrt{2}} & -\dfrac{1}{\sqrt{2}} & 0 \end{bmatrix} \qquad (6.6.1)$$

6.6.2 H-T接头

H-T接头的分支臂在矩形波导窄边上,分支波导宽面与波导 TE_{10} 模的磁场线所在平面平行,如图6.19所示。令主波导两臂为①和②,分支臂为③,H-T分支相当于并联于主波导分支线。假设各端口波导中只传输 TE_{10} 模,当波导从某一端口输入时,其余两个端口均接匹配负载。

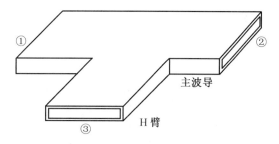

图6.19 H-T接头

根据场分布定性分析 H-T 接头,如图6.20所示。当波从端口③输入时,波在端口①和端口②等幅同相输出,即 $S_{13}=S_{23}$;当波从端口①和端口②等幅同相输入时,波在端口③有"和"输出;当波从端口①和端口②等幅反相输入时,波在端口③有"差"输出;端口①和端口②状态完全相同时,端口③应无输出。

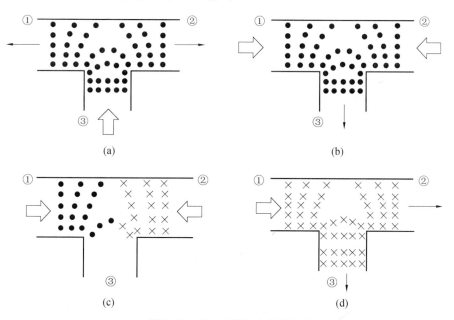

图6.20 H-T接头电场线分布

根据以上有关 H-T 接头的特点,写出其散射矩阵,为

$$S = \begin{bmatrix} S_{11} & S_{12} & S_{13} \\ S_{12} & S_{11} & S_{13} \\ S_{13} & S_{13} & S_{33} \end{bmatrix}$$

如果端口③匹配,即 $S_{33}=0$,根据[S]的幺正性,得到 $S_{11}=-S_{12}=1/2$, $|S_{13}|^2=1/2$,有

$$S = \begin{bmatrix} \dfrac{1}{2} & -\dfrac{1}{2} & \dfrac{1}{\sqrt{2}} \\ -\dfrac{1}{2} & \dfrac{1}{2} & \dfrac{1}{\sqrt{2}} \\ \dfrac{1}{\sqrt{2}} & \dfrac{1}{\sqrt{2}} & 0 \end{bmatrix} \qquad (6.6.2)$$

6.6.3 波导双 T 接头

波导双 T 接头是将具有共同对称面的 E-T 接头和 H-T 接头组合在一起,如图 6.21 所示。它有以下特征。

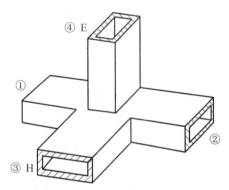

图 6.21 波导双 T 接头

(1) 当端口①、②接匹配负载时,则由端口③输入的功率将平均分配到端口①、②,并且是等幅同相波,即 $S_{13}=S_{23}$。

(2) 当端口①、②接匹配负载时,则由端口④输入的功率将平均分配到端口①、②,并且是等幅反相波,即 $S_{14}=-S_{24}$。

(3) 当端口③、④接匹配负载时,由端口①、②等幅同相输入波时,端口③有最大输出,端口④无输出,即 $S_{34}=0$。

(4) 当端口③、④接匹配负载时,由端口①、②等幅反相输入波时,端口③无输出,端口④有最大输出,即 $S_{43}=0$。

波导双 T 接头具有结构对称性:$S_{11}=S_{22}$;互易性:$S_{21}=S_{12}$,$S_{13}=S_{31}$,$S_{34}=S_{43}$,$S_{14}=S_{41}$。则波导双 T 接头的散射矩阵为

$$[S] = \begin{bmatrix} S_{11} & S_{12} & S_{13} & S_{14} \\ S_{12} & S_{11} & S_{13} & -S_{14} \\ S_{13} & S_{13} & S_{33} & 0 \\ S_{14} & -S_{14} & 0 & S_{44} \end{bmatrix} \qquad (6.6.3)$$

6.6.4 波导魔 T 接头

在波导双 T 接头中,当端口 ①、② 和端口 ③ 都接匹配负载时,从端口 ④ 看是不匹配的;当端口 ①、② 和端口 ④ 都接匹配负载时,从端口 ③ 看也是不匹配的,因为在接头处存在结构突变,导致反射。为了消除反射,可以在接头内部加入匹配元件,如螺钉、销钉、膜片等,产生一个附加反射,使之与原来的反射抵消,进而实现匹配。带有匹配元件的波导双 T,称为波导魔 T,如图 6.21 所示。

波导魔 T 接头保持了波导双 T 接头的对称性,因而具有波导双 T 接头的基本特性。由于端口 ③ 和端口 ④ 匹配,即 $S_{33}=S_{44}=0$,于是波导魔 T 接头的散射矩阵由式(6.6.3)变为

$$[S] = \begin{bmatrix} S_{11} & S_{12} & S_{13} & S_{14} \\ S_{12} & S_{11} & S_{13} & -S_{14} \\ S_{13} & S_{13} & 0 & 0 \\ S_{14} & -S_{14} & 0 & 0 \end{bmatrix} \quad (6.6.4)$$

根据 $[S]$ 的幺正性,有

$$\begin{cases} |S_{13}|^2 + |S_{13}|^2 = 1 \\ |S_{14}|^2 + |S_{14}|^2 = 1 \\ |S_{11}|^2 + |S_{12}|^2 + |S_{13}|^2 + |S_{14}|^2 = 1 \end{cases}$$

可得

$$|S_{13}| = |S_{14}| = 1/\sqrt{2}$$
$$S_{11} = S_{22} = 0$$
$$S_{12} = S_{21} = 0$$

可以导出波导魔 T 接头的散射矩阵为

$$[S] = \frac{1}{\sqrt{2}} \begin{bmatrix} 0 & 0 & e^{j\varphi_{13}} & e^{j\varphi_{14}} \\ 0 & 0 & e^{j\varphi_{13}} & -e^{j\varphi_{14}} \\ e^{j\varphi_{13}} & e^{j\varphi_{13}} & 0 & 0 \\ e^{j\varphi_{14}} & -e^{j\varphi_{14}} & 0 & 0 \end{bmatrix} \quad (6.6.5)$$

式中,φ_{13} 和 φ_{14} 为 S_{13} 和 S_{14} 的相角。

若适当选择端口 ③ 和端口 ④ 的参考面,使 $\varphi_{13}=\varphi_{14}=0°$,则式(6.6.5)可简化为

$$[S] = \frac{1}{\sqrt{2}} \begin{bmatrix} 0 & 0 & 1 & 1 \\ 0 & 0 & 1 & -1 \\ 1 & 1 & 0 & 0 \\ 1 & -1 & 0 & 0 \end{bmatrix} \quad (6.6.6)$$

波导魔 T 接头具有如下特性。
(1) 平分性,即相邻两臂间有 3 dB 的耦合或功率平分。
(2) 匹配性,即四个端口完全匹配。
(3) 隔离性,即相对的两臂间相互隔离。

因此,波导魔 T 接头在微波领域获得了广泛应用,尤其用在雷达收发开关、混频器及移相器等场合。

6.6.5 两路微带功率分配器

两路微带功率分配器的平面结构如图 6.22 所示,其中输入端口的特性阻抗为 Z_0,分成的两段微带线长度为 $\lambda_g/4$,特性阻抗分别为 Z_{02} 和 Z_{03},终端分别接有电阻 R_2 和 R_3。

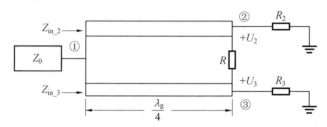

图 6.22 两路微带功率分配器的平面结构

以下是功率分配器的基本要求。
(1) 端口 ① 无反射。
(2) 端口 ②、③ 输出电压相等且同相。
(3) 端口 ②、③ 输出功率比值为任意指定值,设为 $1/k^2$。
根据以上三个要求,有

$$\begin{cases} \dfrac{1}{Z_{\text{in}\_2}} + \dfrac{1}{Z_{\text{in}\_3}} = \dfrac{1}{Z_0} \\ \left(\dfrac{1}{2}\dfrac{U_2^2}{R_2}\right) \bigg/ \left(\dfrac{1}{2}\dfrac{U_3^2}{R_3}\right) = \dfrac{1}{k^2} \\ U_2 = U_3 \end{cases} \quad (6.6.7)$$

由传输线理论,可知

$$\begin{cases} Z_{\text{in}\_2} = \dfrac{Z_{02}^2}{R_2} \\ Z_{\text{in}\_3} = \dfrac{Z_{03}^2}{R_3} \end{cases} \quad (6.6.8)$$

这样共有 R_2、R_3、Z_{02} 和 Z_{03} 四个参数,而只有三个约束条件,故可任意指定其中一个参数,假设 $R_2 = kZ_0$,可得 $R_3 = Z_0/k$。两个并联支路驻波比相等,有

$$\Gamma_2 = \frac{R_2 - Z_{02}}{R_2 + Z_{02}} = \frac{R_3 - Z_{03}}{R_3 + Z_{03}} = \Gamma_3$$

可得 $Z_{02}/Z_{03} = k^2$。于是有

$$\frac{1}{Z_{\text{in}\_2}} + \frac{1}{Z_{\text{in}\_3}} = \frac{1}{Z_0} \Rightarrow \frac{R_2}{Z_{02}^2} + \frac{R_3}{Z_{03}^2} = \frac{1}{Z_0} \Rightarrow \frac{kZ_0}{Z_{02}^2} + \frac{Z_0}{k}\frac{k^4}{Z_{02}^2} = \frac{1}{Z_0}$$

因此,可得其他参数为

$$\begin{cases} R_2 = kZ_0 \\ Z_{02} = Z_0\sqrt{k(1+k^2)} \\ Z_{03} = Z_0\sqrt{(1+k^2)/k^3} \\ R_3 = \dfrac{Z_0}{k} \end{cases} \quad (6.6.9)$$

实际的功率分配器终端负载往往是特性阻抗为 Z_0 的传输线,而不是纯电阻,此时可用 $\lambda_g/4$ 阻抗变换器将其变为所需电阻;另外,U_2、U_3 等幅同相,在端口 ② 和端口 ③ 接电阻 R,既不影响功率分配器性能,又可以增加隔离度,于是实际功率分配器平面结构如图 6.23 所示,其中 Z_{04}、Z_{05} 及 R 由下式确定:

$$\begin{cases} Z_{04} = \sqrt{R_2 Z_0} = Z_0\sqrt{k} \\ Z_{05} = \sqrt{R_3 Z_0} = \dfrac{Z_0}{\sqrt{k}} \\ R = Z_0 \dfrac{1+k^2}{k} \end{cases} \quad (6.6.10)$$

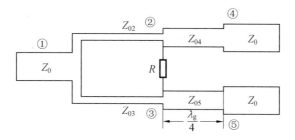

图 6.23　实际功率分配器平面结构

6.7　定向耦合器

6.7.1　定向耦合器的基本参数

定向耦合器是一种具有定向传输特性的四端口元件,按照传输线类型可分为波导型、同轴型及微带型等。图 6.24 所示为定向耦合器示意图,端口 ①、② 为主通道,端口 ③、④ 为副通道,主副通道间有耦合装置相通。定向耦合器是四端口网络,端口 ① 为输入端,端口 ② 为直通输出端,端口 ③ 为耦合输出端,端口 ④ 为隔离端。描述定向耦合器的主要技术指标有耦合度(coupling factor)、隔离度(isolation)、定向度(directivity)、输入驻波比(input VSWR)和工作带宽(working bandwidth)。

图 6.24　定向耦合器示意图

1. 耦合度

耦合度是指输入端口 ① 的输入波功率与耦合输出端口 ③ 的输出波功率之比的分贝数,即

$$4C = 10\lg \frac{P_1^+}{P_3^-} = 10\lg \left| \frac{u_1^+}{u_3^-} \right|^2 = 20\lg \frac{1}{|S_{13}|} (\text{dB}) \quad (6.7.1)$$

$P_1 > P_3$,故耦合度大于 0 dB,分贝值越大,表明耦合度越弱。耦合度为 0 dB、3 dB 等的定向耦合器为强耦合,而耦合度为 20 dB、30 dB 等的定向耦合器为弱耦合。

2. 隔离度

输入端口①的输入功率和隔离端口④的输出功率之比定义为隔离度,即

$$I = 10\lg \frac{P_1^+}{P_4^-} = 10\lg \left|\frac{u_1^+}{u_4^-}\right|^2 = 20\lg \frac{1}{|S_{14}|} (\text{dB}) \qquad (6.7.2)$$

理想定向耦合器,端口④没有输出功率,但实际上端口④总有小功率输出。

3. 定向度

耦合输出端口③的输出功率与隔离端口④的输出功率之比定义为定向度,即

$$D = 10\lg \frac{P_3^-}{P_4^-} = 10\lg \left|\frac{u_3^-}{u_4^-}\right|^2 = 20\lg \left|\frac{S_{13}}{S_{14}}\right| = I - C(\text{dB}) \qquad (6.7.3)$$

定向性 D 越大,端口④的输出波功率越小,即方向性越好。理想情况下,D 为无穷大。

4. 输入驻波比

各端口的驻波比是衡量定向耦合器的重要参数,如端口①的输入驻波比为

$$\rho = \frac{1 + |S_{11}|}{1 - |S_{11}|} \qquad (6.7.4)$$

式中,S_{11} 为输入端口①在其他各端口均接匹配负载情况下的反射系数,通常要求驻波比尽可能的小。

5. 工作带宽

工作带宽是指定向耦合器的上述参数均满足要求时的工作频率范围,通常要求带宽尽可能大。

6.7.2 波导双孔定向耦合器

波导双孔定向耦合器如图 6.25(a)所示,通过在主、副波导公共窄壁上开两个小孔实现耦合。两孔相距 $d = (2n+1)\lambda_{g0}/4$,其中,λ_{g0} 是中心频率所对应的波导波长,n 为正整数,一般取 $n = 0$。耦合孔一般采用圆形,也可以是其他形状,本节简单介绍其工作原理。

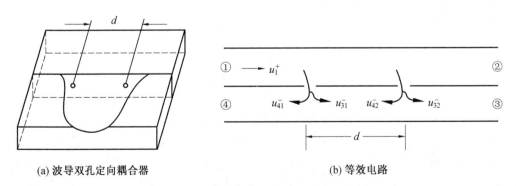

(a) 波导双孔定向耦合器　　　　　　　(b) 等效电路

图 6.25　波导双孔定向耦合器及等效电路

双孔定向耦合器的耦合机理可用波的叠加原理分析,其等效电路如图 6.25(b)所示。设 TE_{10} 波从主波导的端口①入射,且归一化单位入射波 $u_1^+ = 1$,由第一个小孔耦合到副波

导中的归一化输出波分别为 $u_{41}^- = q$ 和 $u_{31}^- = q$,q 为小孔耦合系数。若小孔很小,则第一个小孔的耦合能量很小,到达第二个小孔的电磁波能量近似不变,但是会产生相位差 βd,从第二个小孔处耦合到副波导处的归一化输出波分别为 $u_{42}^- = qe^{-j\beta d}$ 和 $u_{32}^- = qe^{-j\beta d}$。于是,在副波导输出端口 ③ 合成的归一化输出波为

$$u_3^- = u_{31}^- e^{-j\beta d} + u_{32}^- = 2qe^{-j\beta d} \tag{6.7.5}$$

在副波导输出端口 ④ 合成的归一化输出波为

$$u_4^- = u_{41}^- + u_{42}^- e^{-j\beta d} = q(1 + e^{-j2\beta d}) = 2q\cos\beta d e^{-j\beta d} \tag{6.7.6}$$

由此可得,波导双孔定向耦合器的耦合度为

$$C = 20\lg\left|\frac{u_1^+}{u_3^-}\right| = -20\lg|u_3^-| = -20\lg|2q| \quad (\text{dB}) \tag{6.7.7}$$

耦合度主要取决于小孔的耦合系数,小孔耦合的耦合系数为

$$q = \frac{1}{ab\beta}\left(\frac{\pi}{a}\right)^2 \frac{4}{3} r^3 \tag{6.7.8}$$

式中,a、b 分别为矩形波导的宽边和窄边;r 为小孔的半径;β 是 TE_{10} 模的相移常数。

波导双孔定向耦合器的定向度为

$$D = 20\lg\left|\frac{u_3^-}{u_4^-}\right| = 20\lg\frac{2|q|}{2|q\cos\beta d|} = 20\lg|\sec\beta d| \tag{6.7.9}$$

在中心频率上,$d = \lambda_{g0}/4$,$\beta d = \pi/2$,此时定向性为无穷大;当工作频率偏离中心频率时,$\sec\beta d$ 具有一定的数值,此时定向性不再为无穷大。由于设计、加工等原因,实际工程中即使在中心频率上,其定向性也不是无穷大,而只能达到 30 dB 左右。由于双孔定向耦合器的方向性随频率变化既快又大,这种定向耦合器是窄带元件。

综上所述,波导双孔定向耦合器是依靠波的相互干涉原理,在耦合口上同相叠加,在隔离口上反相抵消,从而实现主波导的定向输出。为了增加定向耦合器的耦合度,展宽工作频带,可以采用多孔定向耦合器:一种是均匀耦合型(孔径相等、孔距相等);另一种是非均匀耦合型(孔径不相等、孔距相等)。

6.7.3 微带分支定向耦合器和微带环形电桥

1. 微带分支定向耦合器

微带分支定向耦合器的平面结构如图 6.26 所示,由主线(① 和 ②)、副线(④ 和 ③)和两条分支线(A 和 D、B 和 C)构成,其中分支线的长度和间距均为 $\lambda_{g0}/4$。设主线入射端口 ① 的特性阻抗为 $Z_1 = Z_0$,主线出射端口 ② 的特性阻抗为 $Z_2 = kZ_0$(k 为阻抗变换比),副线隔离端口 ④ 的特性阻抗为 $Z_4 = Z_0$,副线耦合端口 ③ 的特性阻抗为 $Z_3 = kZ_0$,平行连接线的特性阻抗为 Z_{0p},两个分支线特性阻抗分别为 Z_{t1} 和 Z_{t2}。本节讨论双分支定向耦合器的工作原理。

电压波从端口 ① 经 A 点输入,到达 D 点的电压波有两路,一路是由 A 点出发 D 点到达,其波程为 $\lambda_{g0}/4$,另一路由 $A \rightarrow B \rightarrow C \rightarrow D$,波程为 $3\lambda_{g0}/4$。两条路径波程差为 $\lambda_{g0}/2$,使两路电压波的相位差为 $180°$,即相位相反。因此若选择合适的特性阻抗,使得到达 D 点的两路电压波的振幅相等,则到达端口 ④ 的两路电压波相互抵消,使端口 ④ 无输出,即端口 ④ 为隔离端口。同理,由 $A \rightarrow C$ 的电压波也有两路,因两条路径长度相等,为同相电压叠加,故在端口 ③ 有耦合输出信号,即端口 ③ 为耦合端口,耦合端口输出信号的大小同样取决于各线的特性阻抗。

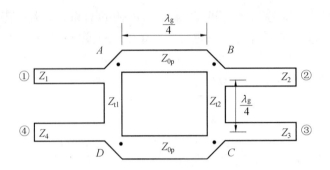

图 6.26 微带分支定向耦合器的平面结构

本节给出微带分支定向耦合器的设计公式,设耦合端口③的反射波电压为$|U_{3r}|$,则该耦合器的耦合度为

$$C = 10\lg \frac{k}{|U_{3r}|^2} (\text{dB}) \tag{6.7.10}$$

平行线及分支线的特性阻抗与$|U_{3r}|$的关系式为

$$\begin{cases} Z_{0p} = Z_0 \sqrt{k - |U_{3r}|^2} \\ Z_{t1} = \dfrac{Z_{0p}}{|U_{3r}|} \\ Z_{t2} = \dfrac{Z_{0p}k}{|U_{3r}|} \end{cases} \tag{6.7.11}$$

因此,根据给定要求的耦合度C及阻抗变换比k,可以计算$|U_{3r}|$,再由式(6.7.11)计算各线特性阻抗,从而设计出相应的定向耦合器。实际工程中常使用 3 dB 定向耦合器,即耦合度为 3 dB、阻抗变换比$k=1$的定向耦合器。此时

$$\begin{cases} Z_{0p} = \dfrac{Z_0}{\sqrt{2}} \\ Z_{t1} = Z_{t2} = Z_0 \\ |U_{3r}| = \dfrac{1}{\sqrt{2}} \end{cases} \tag{6.7.12}$$

3 dB 定向耦合器的散射矩阵为

$$[S] = -\frac{1}{\sqrt{2}} \begin{bmatrix} 0 & j & 1 & 0 \\ j & 0 & 0 & 1 \\ 1 & 0 & 0 & j \\ 0 & 1 & j & 0 \end{bmatrix} \tag{6.7.13}$$

分支定向耦合器的带宽受$\lambda_{g0}/4$的限制,相对带宽一般可做到 10% ~ 20%,若要求更宽工作频带,则需要采用多节分支耦合器。

2. 微带环形电桥

微带环形电桥又称混合环,早期混合环是由矩形波导及其四个 E 面分支构成。其结构如图 6.27 所示,它由全长为$3\lambda_g/2$的环及与它相连的四个分支组成,四路分支中心间距为$\lambda_g/4$,分支与环并联。其中端口①为输入端,该端口无反射,端口②和端口④等幅同相输

出,端口③为隔离端,无输出。其工作原理可用类似定向耦合器的波程叠加方法进行分析。因为从端口①到端口③有两条路径,一条长为$\lambda_g/2$,另一条长为λ_g,两条路径相差$\lambda_g/2$,故到达端口③的两种波相位相差π,相互抵消。适当选择环路各段特性导纳可使端口③无输出,输入功率等分地从端口②、④输出。由此可见,混合环实质上也是一个3 dB定向耦合器。

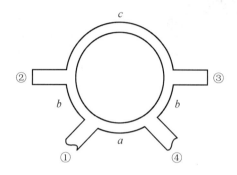

图6.27 微带环形电桥结构

设环路各段归一化特性导纳分别为a、b、c,而四个分支的归一化特性导纳为1。则在满足上述端口输入输出的条件下,各环路段的归一化特性导纳为

$$a = b = c = \frac{1}{\sqrt{2}} \tag{6.7.14}$$

而对应的散射矩阵为

$$[S] = \frac{1}{\sqrt{2}} \begin{bmatrix} 0 & -j & 0 & -j \\ -j & 0 & j & 0 \\ 0 & j & 0 & -j \\ -j & 0 & -j & 0 \end{bmatrix} \tag{6.7.15}$$

6.7.4 平行耦合微带定向耦合器

平行耦合微带定向耦合器的平面结构如图6.28(a)所示,这种耦合器是一种反向定向耦合器,其耦合输出端与主输入端在同一侧面。其中,端口①、②、③、④分别为输入端口、直通端口、耦合端口和隔离端口。为了方便分析,讨论图6.28(b)的对称耦合微带线结构,其中OO'是耦合线的中心对称面,线长l是奇模和偶模波导波长平均值的1/4,四个端口均接匹配负载Z_c。采用奇偶模分析法,图6.28(c)和6.28(d)分别为偶模和奇模等效电路。

当图6.28(b)中端口①用归一化入射波u_1^+激励时,其他三个端口均接匹配负载,此时端口②、③、④的归一化入射波u_2^+、u_3^+、u_4^+均为零,各端口的归一化输出波u_2^-、u_3^-、u_4^-均不为零。图6.28(c)是将端口①的入射波u_1^+分解成端口①、③上两个等幅同相的对称归一化入射波$u_{1e}^+ = u_1^+/2$和$u_{3e}^+ = u_1^+/2$激励的情况,此时对称面OO'是磁壁(OO'平面上切向磁场分量为零,磁力线垂直穿过此面)。耦合电容相当于开路,因此可将耦合线从磁壁的两边分成两根独立的微带线来分析,两根微带线的特性阻抗均为Z_{ce},其入射波均为$u_1^+/2$,输入端的反射波均为$u_{1e}^- = u_{3e}^- = \Gamma_e(u_1^+/2)$,输出端的输出波为$u_{2e}^- = u_{4e}^- = T_e(u_1^+/2)$,其中$\Gamma_e$、$T_e$分别为偶模微带线的反射系数、传输系数。

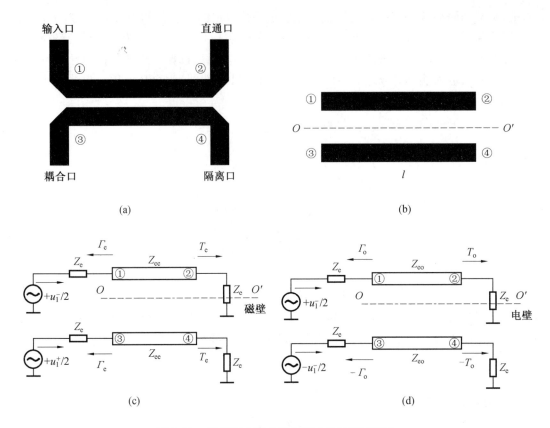

图 6.28 平行耦合微带定向耦合器的平面结构

图 6.28(d) 是将端口①的入射波 u_1^+ 分解成端口①、③上两个等幅反相的对称归一化入射波 $u_{1o}^+ = u_1^+/2$ 和 $u_{3o}^+ = -u_1^+/2$ 激励的情况,此时对称面 OO' 是电壁(OO' 平面上切向电场分量为零,电场线垂直穿过此面)。此面上电压为零,相当于短路,因此可将耦合线从电壁的两边分成两根独立的微带线来分析,两根微带线的特性阻抗均为 Z_{co},其入射波分别为 $u_{1o}^+ = u_1^+/2$ 和 $u_{3o}^+ = -u_1^+/2$,输入端的反射波分别为 $u_{1o}^- = \Gamma_o(u_1^+/2)$ 和 $u_{3o}^- = -\Gamma_o(u_1^+/2)$,输出端的输出波分别为 $u_{2o}^- = T_o(u_1^+/2)$ 和 $u_{4o}^- = -T_o(u_1^+/2)$,其中 Γ_o、T_o 分别为偶模微带线的反射系数、传输系数。

显然,图 6.28(c) 和图 6.28(d) 的叠加可到图 6.28(b) 的情况,它们间的关系为

$$\begin{cases} u_1^- = \dfrac{1}{2}(\Gamma_e + \Gamma_o)u_1^+, & u_2^- = \dfrac{1}{2}(T_e + T_o)u_1^+ \\ u_3^- = \dfrac{1}{2}(\Gamma_e - \Gamma_o)u_1^+, & u_4^- = \dfrac{1}{2}(T_e - T_o)u_1^+ \end{cases} \tag{6.7.16}$$

图 6.28(c)、6.28(d) 所示为奇偶模微带线节可以看作电长度 $\theta = \beta l$ 的双端口网络,其特性阻抗分别为 Z_{co} 和 Z_{ce},因此可以写出这两个网络的归一化转移矩阵 $[a]_o$、$[a]_e$。根据 $[S]$ 矩阵和 $[a]$ 矩阵间的转移关系,可推导 Γ_e、T_e、Γ_o、T_o 的表达式:

$$\Gamma_o = S_{11o} = \dfrac{j\left(\dfrac{Z_{co}}{Z_c} - \dfrac{Z_c}{Z_{co}}\right)\sin\theta}{2\cos\theta + j\left(\dfrac{Z_{co}}{Z_c} + \dfrac{Z_c}{Z_{co}}\right)\sin\theta} \tag{6.7.17}$$

$$\varGamma_e = S_{11e} = \frac{j\left(\dfrac{Z_{ce}}{Z_c} - \dfrac{Z_c}{Z_{ce}}\right)\sin\theta}{2\cos\theta + j\left(\dfrac{Z_{ce}}{Z_c} + \dfrac{Z_c}{Z_{ce}}\right)\sin\theta} \tag{6.7.18}$$

$$T_o = S_{21o} = \frac{2}{2\cos\theta + j\left(\dfrac{Z_{co}}{Z_c} + \dfrac{Z_c}{Z_{co}}\right)\sin\theta} \tag{6.7.19}$$

$$T_e = S_{21e} = \frac{2}{2\cos\theta + j\left(\dfrac{Z_{ce}}{Z_c} + \dfrac{Z_c}{Z_{ce}}\right)\sin\theta} \tag{6.7.20}$$

将以上各式代入式(6.7.16)中,即可得 u_1^-、u_2^-、u_3^-、u_4^- 的表达式。

为使这种耦合器实现理想匹配和理想隔离,必须使 $u_1^- = u_4^- = 0$,由此可得

$$Z_c = \sqrt{Z_{co}Z_{ce}} \tag{6.7.21}$$

由式(6.7.19)和式(6.7.20)可得

$$\frac{u_3^-}{u_1^+} = \frac{j(Z_{ce} - Z_{co})\sin\theta}{2Z_c\cos\theta + j(Z_{ce} + Z_{co})\sin\theta} = \frac{jk\sin\theta}{\sqrt{1-k^2}\cos\theta + j\sin\theta} \tag{6.7.22}$$

$$\frac{u_2^-}{u_1^+} = \frac{2Z_c}{2Z_c\cos\theta + j(Z_{ce} + Z_{co})\sin\theta} = \frac{\sqrt{1-k^2}}{\sqrt{1-k^2}\cos\theta + j\sin\theta} \tag{6.7.23}$$

式中

$$k = \frac{Z_{ce} - Z_{co}}{Z_{ce} + Z_{co}} \tag{6.7.24}$$

为电压耦合系数。从而可以确定 Z_{co} 和 Z_{ce}:

$$\begin{cases} Z_{ce} = Z_c\sqrt{\dfrac{1+k}{1-k}} \\ Z_{co} = Z_c\sqrt{\dfrac{1-k}{1+k}} \end{cases} \tag{6.7.25}$$

根据式(6.7.22)可得耦合度 C 为

$$C = 10\lg\frac{1-k^2\cos^2\theta}{k^2\sin^2\theta} \tag{6.7.26}$$

在中心频率处 $\theta = \beta l = \pi/2$,因此

$$C = 20\lg\frac{1}{k} \tag{6.7.27}$$

由以上分析,如果已知中心频率的耦合度 C 以及各端口引出微带线的特性阻抗 Z_c,则可由式(6.7.25)计算 Z_{co} 和 Z_{ce},进而根据耦合微带线的设计曲线或表格确定平面耦合器的结构尺寸。

值得指出的是,在上述分析中,假设了耦合线奇偶模相速相同,因此电长度相同,但实际上微带线的奇偶模相速和电长度并不相等,导致上述办法设计的定向耦合器性能会变差。实际应用中,为改善性能,一般可采用介质覆盖、耦合段加载锯齿等补偿措施,如图 6.29 所示。

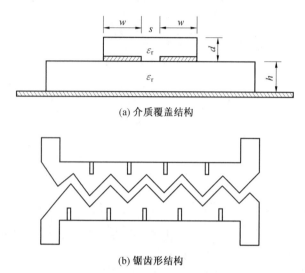

(a) 介质覆盖结构

(b) 锯齿形结构

图 6.29　改进平行耦合微带定向耦合器

6.8　微波谐振器

在微波频段中,具有储能和选频特性的元件称为微波谐振器。微波谐振器是微波振荡源、滤波器、放大器等重要组成部分,还可以用作波长计、雷达信号回波箱等,所以微波谐振器十分重要。空腔谐振器可看成由低频 LC 回路随频率升高的自然过渡,为了提高工作频率,需要减小 C 和 L,减小电容可以通过增加电容器极板间距,减小电感可以通过减少电感线圈的匝数直至一根直导线,为进一步减小电感可将多根导线并接,在极限情况下形成封闭式的空腔谐振器,如图 6.30 所示。微波谐振器按结构可分为两大类,一类是传输型谐振器,如矩形谐振器、圆柱谐振器、同轴形谐振器、微带谐振器和介质谐振器等;另一类是非传输型谐振器,如电容加载同轴谐振器、环形谐振器和球形谐振器等,如图 6.31 所示。

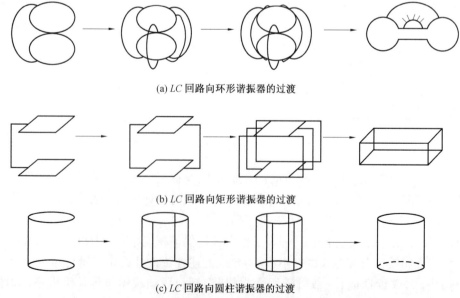

(a) LC 回路向环形谐振器的过渡

(b) LC 回路向矩形谐振器的过渡

(c) LC 回路向圆柱谐振器的过渡

图 6.30　集总参数 LC 回路向空腔谐振器过渡

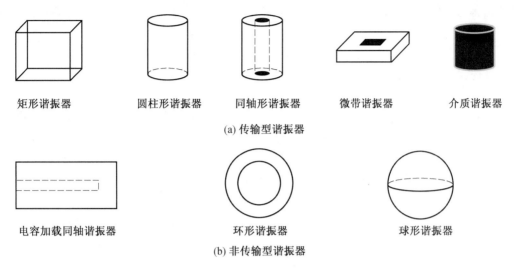

图 6.31 各种微波谐振器

> **思考**:微波谐振器为什么不用集总参数的 LC 谐振回路?
>
> 其主要原因在于:(1)随频率升高,分布参数的影响逐渐显著,到了微波段,由于 LC 谐振回路的尺寸同电磁波的工作波长可相比拟,辐射损耗很大;(2)由趋肤效应引起的导体损耗和介质极化引起的介质损耗大大增加,使得 LC 谐振回路的品质因数降低到难以容许的程度;(3)LC 谐振回路的电感和电容的尺寸都太小,加工困难且机械强度和电强度均不能达到要求;(4)由于电感和电容很小,为避免击穿不得不降低工作电压,从而降低谐振回路的振荡功率。

6.8.1 微波谐振器的基本参量

集总参数谐振回路的基本参数是电感 L、电容 C 和电阻 R,并可导出谐振频率、品质因数以及谐振阻抗或导纳。然而,在微波谐振器中,由于是分布参数电路,集总参数已失去意义,因此,通常将谐振频率 f_0、品质因数 Q_0 和等效电导 G_0 作为微波谐振器的三个基本参量。

1. 谐振频率

确定谐振器的谐振频率属于求解电磁场边值问题的特征值问题。在分析谐振器时,可以先忽略腔中场的激励和耦合,将其看成一个封闭的腔体。在此腔体内的场满足齐次矢量亥姆霍兹方程:

$$\begin{cases} \nabla^2 \boldsymbol{E} + k^2 \boldsymbol{E} = \boldsymbol{0} \\ \nabla^2 \boldsymbol{H} + k^2 \boldsymbol{H} = \boldsymbol{0} \end{cases} \tag{6.8.1}$$

将谐振器内壁视为理想导体,则腔中电磁场在内壁满足以下边界条件:

$$\begin{cases} \boldsymbol{n} \times \boldsymbol{E} = \boldsymbol{0} \\ \boldsymbol{n} \cdot \boldsymbol{H} = 0 \end{cases} \tag{6.8.2}$$

求解由式(6.8.1)、式(6.8.2)构成的边值问题,可得到一系列确定的 k 值($k_1, k_2, \cdots$),这

些 k 值称为谐振器的特征值。求出 k_n 值后,即可根据下式求解谐振角频率 w_0 和谐振频率 f_0:

$$\omega_0 = \frac{k_n}{\sqrt{\mu\varepsilon}} \qquad (6.8.3)$$

$$f_0 = \frac{k_n v}{2\pi} \qquad (6.8.4)$$

式中,μ、ε 分别为谐振器内填充的媒质磁导率和介电常数;v 为电磁波在与腔中媒质相同的无界媒质中的传播速度;k_n 不同,对应的振荡模式不同,即对应不同的场结构。

对于金属波导谐振器,不必求解上述边值问题来确定 k_n,直接利用规则波导理论中的现成结构确定谐振频率。规则波导中电场的横向分量可表示为

$$\boldsymbol{E}_t = A\boldsymbol{E}_0 \mathrm{e}^{-\mathrm{j}\beta z} + B\boldsymbol{E}_0 \mathrm{e}^{\mathrm{j}\beta z} \qquad (6.8.5)$$

$\beta = 2\pi/\lambda_g$ 为传输系数,$K_C = 2\pi/\lambda_c$ 为截止波数,$k = \omega(\mu\varepsilon)^{1/2}$ 为介质波数,它们之间满足以下关系:

$$k^2 = \beta^2 + K_C^2 \qquad (6.8.6)$$

$$\omega^2\mu\varepsilon = \left(\frac{2\pi}{\lambda_g}\right)^2 + \left(\frac{2\pi}{\lambda_c}\right)^2 \qquad (6.8.7)$$

由于波导谐振器可以看成两端用导体封闭的规则波导段,其边界条件为:① $z = 0$ 时,$\boldsymbol{E}_t = 0$;② $z = l$ 时,$\boldsymbol{E}_t = 0$。根据条件 ① 可得 $A = -B$,则式(6.8.5)变为

$$\boldsymbol{E}_t = -\mathrm{j}2A\boldsymbol{E}_0 \sin\beta z \qquad (6.8.8)$$

根据条件 ②,可得

$$\sin\beta l = 0 \text{ 或 } \beta = p\pi/l \qquad (6.8.9)$$

$$\lambda_g = 2l/p \qquad (6.8.10)$$

式中,对于 TE 模,$p = 1, 2, \cdots$;对于 TM 模,$p = 0, 1, \cdots$。

将式(6.8.10)代入式(6.8.7),可求出金属波导谐振器的谐振角频率 w_0、谐振频率 f_0 和谐振波长 λ_0:

$$\omega_0 = v\left[\left(\frac{p\pi}{l}\right)^2 + \left(\frac{2\pi}{\lambda_c}\right)^2\right]^{1/2} \qquad (6.8.11)$$

$$f_0 = \frac{v}{2\pi}\left[\left(\frac{p\pi}{l}\right)^2 + \left(\frac{2\pi}{\lambda_c}\right)^2\right]^{1/2} \qquad (6.8.12)$$

$$\lambda_0 = \frac{2\pi v}{\omega_0} = \frac{2}{\sqrt{\left(\frac{2}{\lambda_c}\right)^2 + \left(\frac{p}{l}\right)^2}} \qquad (6.8.13)$$

由此可见,谐振波长与空腔的形状、尺寸以及工作模式有关。因此,在谐振器尺寸确定的情况下,与振荡模式对应的谐振频率有无穷多个。

2. 品质因数

品质因数 Q_0 是用来衡量谐振器频率选择性和能量损耗的重要参数,其定义式为

$$Q_0 = 2\pi\frac{W_{\mathrm{av}}}{(W_{\mathrm{T}})_{\mathrm{av}}} = 2\pi\frac{W_{\mathrm{av}}}{P_l T} = \omega_0\frac{W_{\mathrm{av}}}{P_l} \qquad (6.8.14)$$

式中,W_{av} 为谐振器的平均储能;$(W_{\mathrm{T}})_{\mathrm{av}}$ 为一周期内谐振器的平均损耗能量;P_l 为谐振器的平均损耗功率;Q_0 为谐振器的无载品质因数或固有品质因数,简称品质因数。

谐振器总储能可用电场或磁场储能表示:

$$W_{av} = (W_e)_{av} + (W_m)_{av} = \frac{1}{2}\int_V \mu |H|^2 dV = \frac{1}{2}\int_V \varepsilon |E|^2 dV \quad (6.8.15)$$

谐振器的损耗主要来源于导体损耗、介质损耗和辐射损耗,但由于金属波导谐振器是封闭的,故不存在辐射损耗。与导体损耗相比,介质损耗相对较小,假设介质无耗,则金属波导谐振器的损耗主要是腔体内壁的导体损耗。假设 R_s 为内壁的表面电阻,用计算金属波导的导体衰减公式计算腔体的损耗功率,为

$$P_l = \frac{1}{2}R_s \oint_S |J_s|^2 dS = \frac{1}{2}R_s \oint_S |H_t|^2 dS \quad (6.8.16)$$

式中,H_t 为内壁表面的切向磁场,$J_s = n \times H_t$。

将式(6.8.15)、式(6.8.16)代入式(6.8.14),得到

$$Q_0 = \frac{\omega_0 \mu}{R_s} \frac{\int_V |H|^2 dV}{\oint_S |H_t|^2 dS} = \frac{2}{\delta} \frac{\int_V |H|^2 dV}{\oint_S |H_t|^2 dS} \quad (6.8.17)$$

式中,$\delta = \sqrt{2/(\omega_0 \mu \sigma)} = 1/\sqrt{\pi f_0 \mu \sigma}$ 为腔体内壁表面的趋肤深度;$R_s = \sqrt{\pi f_0 \mu / \sigma} = 1/(\sigma \delta)$。因此,只有知道腔体内的电磁场分布,即可求出无载品质因数。

为粗略估计腔体 Q 值,可近似认为 $|H| = |H_t|$,则式(6.8.17)可化简为

$$Q \approx \frac{2}{\delta} \frac{V}{S} \quad (6.8.18)$$

可以看出品质因数正比于腔体体积 V,反比于腔体内壁的表面积 S 和穿透深度 δ。为获得 Q 值的谐振器,需提高 V/S,并采用高电导率的材料来制作谐振器。谐振器线尺寸与工作波长成正比,即 $V \propto \lambda^3, S \propto \lambda^2$,故有 $Q \propto \lambda/\delta$。在厘米波段,趋肤深度 δ 仅为几微米,因此 Q 值为 $10^4 \sim 10^5$ 数量级。由于未考虑激励和耦合情况,上述品质因数为无载品质因数。

3. 等效电导

等效电导 G_0 是表征谐振器功率损耗特性的一个参量,与损耗功率 P_l 关系为

$$\begin{cases} P_l = \dfrac{G_0 U^2}{2} \\ G_0 = \dfrac{2P_l}{U^2} \end{cases} \quad (6.8.19)$$

式中,U 为等效电路两端电压的振幅值,即腔内某参考面的等效电压幅值,空腔中电压与积分路径有关,因此具有多值性。当选定积分路径后,其电场强度的线积分为一定值时,可以看作计算点间的等效电压,即

$$U = \left| \int_A^B E \cdot dl \right| \quad (6.8.20)$$

将式(6.8.16)、式(6.8.20)代入式(6.8.19),得到

$$G_0 = \sqrt{\frac{\omega_0 \mu}{2\sigma}} \frac{\oint_S |H_t|^2 dS}{\left|\int_A^B E \cdot dl\right|^2} = R_s \frac{\oint_S |H_t|^2 dS}{\left|\int_A^B E \cdot dl\right|^2} \quad (6.8.21)$$

可见等效电导 G_0 具有多值性,与所选的点 A、B 有关。

以上公式计算的 f_0、Q_0 和 G_0 都是针对谐振器中的某一种谐振模式而言,不同模式具有不同的 f_0、Q_0 和 G_0。上述公式只能计算少数规则形状的谐振器,而除了矩形、圆柱形腔之外的大多数复杂形状腔体,很难严格解出电磁场分布,工程上通常采用等效电路的概念,通过测量的方法确定 f_0、Q_0 和 G_0。

6.8.2 矩形波导空腔谐振器

矩形波导空腔谐振器由长 l、两端短路的矩形波导构成,如图 6.32 所示。它主要存在 TE 模和 TM 模两类振荡模式,其主模为 TE_{101} 模,这种模式的谐振波长最长,TE_{101} 模的场分量表达式为

$$\begin{cases} E_y = -2\dfrac{\eta}{l}\sqrt{a^2+l^2}\, H_0 \sin\dfrac{\pi x}{a}\sin\dfrac{\pi z}{l} \\ H_x = \dfrac{2jaH_0}{l}\sin\dfrac{\pi x}{a}\cos\dfrac{\pi z}{l} \\ H_z = -2jH_0\cos\dfrac{\pi x}{a}\sin\dfrac{\pi z}{l} \\ H_y = E_x = E_z = 0 \end{cases} \quad (6.8.22)$$

式中,$\eta = \sqrt{\mu/\varepsilon}$。

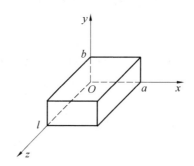

图 6.32 矩形波导空腔谐振器

由于 $n=0$,场分量与 y 无关,电场只有 E_y 分量,磁场只有 H_x 和 H_z 分量,均为驻波分布。本节讨论在主模条件下矩形波导空腔谐振器的主要参量。

1. 谐振频率 f_0

对 TE_{101} 模,$\lambda_c = 2a$,由式(6.8.12)可得

$$f_0 = \dfrac{c\sqrt{a^2+l^2}}{2al} \quad (6.8.23)$$

式中,c 为自由空间光速。由式(6.8.13)可得谐振波长为

$$\lambda_0 = \dfrac{2al}{\sqrt{a^2+l^2}} \quad (6.8.24)$$

2. 品质因数 Q_0

由 TE_{101} 模的场表达式可得

$$\int_V |\boldsymbol{H}|^2 dV = \int_0^l\int_0^b\int_0^a (|H_x|^2+|H_y|^2)dxdydz = H_0^2(a^2+l^2)\dfrac{ab}{l} \quad (6.8.25)$$

$$\oint_S |\boldsymbol{H}_t|^2 dS = 2\int_0^b\int_0^a |H_x|^2_{z=0,z=l} dxdy + 2\int_0^l\int_0^b |H_z|^2_{x=0,x=a} dydz +$$

$$2\int_0^l\int_0^a (|H_x|^2 + |H_z|^2)_{y=0,y=b} dxdz$$

$$= \frac{2H_0^2}{l^2}[2b(a^3+l^3)+al(a^2+l^2)] \tag{6.8.26}$$

将式(6.8.25)、式(6.8.26)代入式(6.8.17),得到品质因数 Q_0 为

$$Q_0 = \frac{1}{\delta}\frac{abl(a^2+l^2)}{2b(a^3+l^3)+al(a^2+l^2)} = \frac{\pi\eta}{2R_s}\frac{b(a^2+l^2)^{3/2}}{2a^3b+2bl^3+a^3l+al^3} \tag{6.8.27}$$

对于立方体谐振器,$a=b=l$,$Q_0 = a/3\delta$。

3. 等效电导 G_0

选取矩形谐振器的顶壁和底壁中点作为等效电压的两个计算点 A、B,线积分路径与壁面垂直,则等效电压的平方为

$$U^2 = \left|\int_A^B \boldsymbol{E}\cdot d\boldsymbol{l}\right|^2 = \left(\int_0^B E_y\big|_{x=a/2,z=l/2} dy\right)^2$$

$$= \left[\int_0^B \left(\frac{2\omega_0\mu a}{\pi}H_0\sin\frac{\pi x}{a}\sin\frac{\pi z}{l}\right)\bigg|_{x=a/2,z=l/2} dy\right]^2$$

$$= \frac{4b^2(a^2+l^2)}{l^2}\eta^2 H_0^2 \tag{6.8.28}$$

腔壁的损耗功率为

$$P_1 = \frac{R_s}{2}\oint_S |\boldsymbol{H}_t|^2 dS = \frac{R_s H_0^2}{l^2}[2b(a^3+l^3)+al(a^2+l^2)] \tag{6.8.29}$$

将式(6.8.28)、式(6.8.29)代入式(6.8.19)可得

$$G_0 = \frac{1}{\sigma\delta\eta^2}\frac{(a^3+l^3)+al(a^2+l^2)/(2b)}{b(a^2+l^2)} = \frac{al}{2b\sigma\delta^2\eta^2 Q_0} \tag{6.8.30}$$

6.8.3 微带谐振器

微带谐振器的结构形式很多,主要有微带线谐振器和圆形、环形谐振器。微带线谐振器又包括两端开路、两端短路或一端开路另一端短路等形式,如图6.33所示,微带线谐振器广泛应用在有源、无源微波集成电路中,如制作滤波器、振荡器、微带贴片天线等。

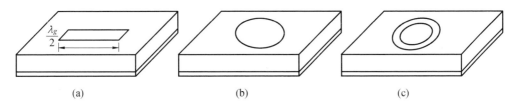

图 6.33 微带线谐振器

对图6.33(a)所示的微带线谐振器进行分析,当微带线谐振器工作在准TEM模式时,可用传输线理论进行分析。终端开路的一段长为 l 的微带线,其输入阻抗为

$$Z_{in} = -jZ_0\cot\beta l \tag{6.8.31}$$

式中，$\beta = 2\pi/\lambda_g$，λ_g 为微带线的波导波长。

根据并联谐振条件 $Y_{in} = 0$，由式（6.8.31）有

$$l = \frac{p\lambda_{g0}}{2} \text{ 或 } \lambda_{g0} = \frac{2l}{p}, \quad p = 1,2,\cdots \quad (6.8.32)$$

式中，λ_{g0} 为带内谐振波长。

根据串联谐振条件 $Z_{in} = 0$，由式（6.8.31）有

$$l = \frac{(2p-1)\lambda_{g0}}{4} \text{ 或 } \lambda_{g0} = \frac{4l}{2p-1} \quad (6.8.33)$$

由此可见，长度为 $\lambda_{g0}/2$ 整数倍的两端开路微带线构成了 $\lambda_{g0}/2$ 微带谐振器；长度为 $\lambda_{g0}/4$ 奇数倍的一端开路一端短路的微带线构成了 $\lambda_{g0}/4$ 微带谐振器。实际生产上微带线印刷在介质基板上，工艺上短路比开路难实现，一般采用终端开路型微带谐振器。但由于微带线终端断开处并不是理想的开路，存在边缘效应，微带线与地板间会引入一个不连续的电容，该电容使微带线长度增加，因此计算的谐振长度要比实际的长度要长，一般有

$$l_1 + 2\Delta l = p\frac{\lambda_{g0}}{2} \quad (6.8.34)$$

$$\Delta l = 0.412h\frac{(\varepsilon_{re} + 0.3)(W/h + 0.264)}{(\varepsilon_{re} - 0.258)(W/h + 0.8)} \quad (6.8.35)$$

式中，l_1 为实际导带长度；Δl 为缩短长度；W 为导带宽度；h 为介质板厚度；ε_{re} 为等效介电常数。

微带谐振器在开路端存在辐射损耗，会导致谐振器品质因数下降和电路间耦合，微带谐振器的损耗主要有导体损耗、介质损耗和辐射损耗，其总品质因数 Q_0 为

$$Q_0 = \left(\frac{1}{Q_c} + \frac{1}{Q_d} + \frac{1}{Q_r}\right)^{-1} \quad (6.8.36)$$

式中，Q_c、Q_d、Q_r 分别为导体损耗、介质损耗和辐射损耗引起的品质因数。Q_c 和 Q_d 可按下式计算：

$$Q_c = \frac{27.288}{\alpha_c \lambda_g} \quad (6.8.37)$$

$$Q_d = \frac{\varepsilon_{re}}{\varepsilon_r}\frac{1}{q\tan\delta} \quad (6.8.38)$$

式中，α_c 为微带线的导体衰减常数，单位 dB/m；ε_{re}、q 分别为微带线的有效介电常数和填充因子。

当介质板厚度很小，满足

$$h \leqslant \frac{6.79\arctan\varepsilon_r}{f\sqrt{\varepsilon_r - 1}}(\text{cm}) \quad (6.8.39)$$

时，辐射损耗可以忽略不及，其中 f 单位为 GHz，通常 $Q_r \gg Q_d \gg Q_c$，因此，微带线谐振器的品质因数主要取决于导体损耗。

6.8.4 谐振器的耦合与激励

前面讨论的都是孤立谐振器的情况，没有考虑谐振器与外界的联系。实际上谐振器总是与外部电路（源或负载）发生能量耦合，将电磁能量耦合到谐振器或将电磁能量从谐振器

耦合出来的装置,称为激励或耦合装置。与金属波导的耦合原则和要求相同,谐振器的耦合结构主要有直接耦合、磁环耦合、探针耦合和孔缝耦合。其中直接耦合常用于微带线、介质波导等与微带谐振器、介质谐振器之间的耦合;后三种耦合主要用于同轴线与同轴谐振器、金属谐振器以及金属波导于金属谐振器之间的能量耦合。微带线谐振器通常用平行的耦合微带线来实现激励和耦合,如图6.34所示。

不管哪种耦合激励方式,外接部分都要吸收部分功率,导致品质因数下降,此时称为有载品质因数,根据品质因数定义得

$$Q_1 = \frac{\omega_0 W}{P_1 + P_e} = \left(\frac{1}{Q_0} + \frac{1}{Q_e}\right)^{-1} \quad (6.8.40)$$

式中,P_e 为外部电路的损耗功率;Q_e 为有载品质因数。

只有当 P_e 很小时,Q_1 才接近于 Q_0。一般用耦合 τ 系数来表示外部电路于谐振器的耦合强弱,其定义为

$$\tau = \frac{P_e}{P_1} = \frac{Q_0}{Q_e} \quad (6.8.41)$$

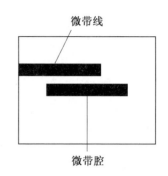

图6.34 微带线谐振器的耦合

于是

$$Q_1 = \frac{Q_0}{1 + \tau} \quad (6.8.42)$$

τ 值越大,耦合越紧;τ 值越小,耦合越松。通常规定 $\tau > 1$ 为紧耦合,$\tau = 1$ 为临界耦合,$\tau < 1$ 为欠耦合,τ 值大小可通过测量来确定。为了保证谐振器与外部电路之间以最大功率传输,要求谐振器处于临界耦合状态,此时谐振器与外部电路匹配。

6.9 微波铁氧体器件

之前介绍的各种微波元件都是线性、互易的,然而很多场景需要非互易性的器件。在微波系统中,为了防止负载端的反射信号对微波信号源产生不良影响,通常需要在负载和信号源之间接入一个具有不可逆传输特性的器件,使微波从信号源到负载是通行的,而从负载到信号源是禁止通行的。这种具有单向通行、反向隔离功能的器件,称为单向器或隔离器。另一类非互易器件是环行器,它具有单向循环流通功能。

在非互易器件中,需要填充非互易材料,微波领域广泛使用的非互易材料是铁氧体(ferrit)。铁氧体是一种黑褐色的陶瓷,最初由其中含有铁元素的氧化物而得名,后来发展的某些铁氧体并不一定含有铁元素,比如镍-锌、镍-镁、锰-镁铁氧体和钇铁石榴石等材料。微波铁氧体具有很高的电阻率,比铁的电阻率大 $10^{12} \sim 10^{16}$ 倍,当微波频率的电磁波通过铁氧体时,导电损耗很小。铁氧体的相对介电常数为 10~20,它的磁导率随外加磁场变化,是一种非线性各向异性磁性物质,具有非线性;在加上恒定磁场以后,它在各方向上对微波磁场的磁导率不同,具有各向异性。因此,当电磁波从不同方向通过磁化铁氧体时,会出现非互易性。利用该性质可以制作多种非互易微波铁氧体元件,最常用的有隔离器和环行器。

6.9.1 隔离器

隔离器又称为单向器,是一种使导波单向传输的两端口器件。电磁波正向传输时几乎无衰减,反向传输时衰减很大而不能通过。常用的隔离器有谐振式和场移式两种形式。

1. 谐振式隔离器

将铁氧体片置于波导传输模式的磁场出现圆极化处,横向磁化的铁氧体片在矩形波导中呈现铁磁谐振现象,利用该性质可以制成单向传输的谐振式隔离器,如图 6.35 所示。假设在 x_1 处,沿 $-z$ 方向传输为右旋圆极化磁场,沿 $+z$ 方向传输为左旋圆极化磁场,两者传输相同距离,所对应的磁导率不同,故左右旋磁场相速不同,产生相移不同,这就是铁氧体相移的不可逆性。另外,铁氧体具有铁磁谐振效应和圆极化磁场的谐振吸收效应,铁磁谐振效应是指当磁场的工作角频率等于铁氧体的谐振角频率时,铁氧体对电磁波的吸收达到最大;而对圆极化磁场来说,左右旋极化磁场具有不同的磁导率,从而两者也有不同的吸收特性。如果矩形波导的 TE_{10} 模沿 $-z$ 方向传输为右旋圆极化磁场,并且 $+y$ 方向的恒磁场大小 H_0 满足:

$$\omega = \omega_0 = \gamma H_0 \tag{6.9.1}$$

式中,ω 为传输波的工作角频率;ω_0 为铁氧体的谐振角频率;γ 为电子旋磁比。

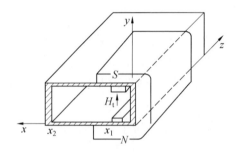

图 6.35 谐振式隔离器的铁氧体位置

此时铁氧体对通过它的右旋磁场产生铁磁谐振,从而使大部分交变磁场能量被铁氧体吸收,传输波被强烈衰减。而沿 $+z$ 方向传输为左旋圆极化磁场,传输波几乎无衰减地通过,因此产生单向传输特性。当铁氧体位于波导的对称位置或改变 H_0 沿 $-y$ 方向时,同样可以实现单向传输,只是单向传输的方向与上述情况相反。

谐振式隔离器是在某一位置上 x_1 放置铁氧体片构成,在该位置向一个方向传输右旋圆极化波,向相反方向传输左旋圆极化波。本节确定矩形波导在 x_1 处的位置。

矩形波导 TE_{10} 模的磁场只有 x 分量和 z 分量,有

$$\begin{cases} H_x = \dfrac{j\beta a}{\pi} H_0 \sin \dfrac{\pi}{a} x e^{-j\beta z} \\ H_z = H_0 \cos \dfrac{\pi}{a} x e^{-j\beta z} \end{cases} \tag{6.9.2}$$

要形成圆极化波,需满足 x 分量和 z 分量相位差 90°,幅度相等($|H_x|=|H_z|$),因此有

$$\sin \dfrac{\pi}{a} x e^{-j\beta z} = \cos \dfrac{\pi}{a} x e^{-j\beta z} \tag{6.9.3}$$

解得

$$x_1 = \frac{a}{\pi}\arctan\frac{\lambda_g}{2a} \tag{6.9.4}$$

2. 场移式隔离器

场移式隔离器是基于铁氧体对两个方向传输的电磁波产生的场移作用不同而制成,如图6.36所示。当TE_{10}模沿$-z$方向传输时,铁氧体片处TE_{10}模的磁场呈右旋圆极化,$\mu'_{r+} < 0$,故铁氧体呈现抗磁性,对交变磁场起排斥作用;当TE_{10}模沿$+z$方向传输时,铁氧体片处TE_{10}模的磁场呈左旋圆极化,$\mu'_{r-} \approx 1$,且相对介电常数较大,故导波集中于铁氧体内部及其附近传输。因此,铁氧体片对正向和反向传输的导波电场分布引起的变化显著不同,具有场移不可逆性。如果在铁氧体片靠近波导中心一侧的表面加上衰减片,使$+z$方向传输的导波集中在衰减片附近且被很大的吸收衰减,因此不能传输;而沿$-z$方向传输的导波被排斥在铁氧体外,衰减很少,可以无衰减地通过。

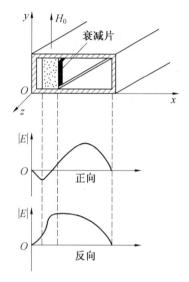

图6.36 场移式隔离器

场移式隔离器具有单向传输特性,铁氧体只起场移作用,而衰减片才对导波起吸收作用,其工作原理与谐振式隔离器不同。场移式隔离器所需外加恒磁场较小,故体积小,适合较高的工作频段和较小的功率场合。

3. 隔离器的性能指标

隔离器是双端口网络,理想铁氧体隔离器的散射矩阵为

$$[S] = \begin{bmatrix} 0 & 0 \\ 1 & 0 \end{bmatrix} \tag{6.9.5}$$

由此可见,$[S]$矩阵不满足幺正性,即隔离器是个有耗元件,又由于隔离器是一种非互易元件,故$[S]$不具有互易性。

实际隔离器一般用以下性能参数来描述。

(1) 正向衰减量α_+。

$$\alpha_+ = 10\lg\frac{P_{01}}{P_1} = 10\lg\frac{1}{|S_{21}|^2}(\text{dB}) \tag{6.9.6}$$

式中,P_{01}为正向传输输入功率;P_1为正向传输输出功率;理想情况下$|S_{21}| = 1$,$\alpha_+ = 0$,一般希望α_+越小越好。

(2) 反向衰减量α_-。

$$\alpha_- = 10\lg\frac{P_{02}}{P_2} = 10\lg\frac{1}{|S_{12}|^2}(\text{dB}) \tag{6.9.7}$$

式中,P_{02}为反向传输输入功率;P_2为反向传输输出功率;理想情况下,$\alpha_- \to \infty$。

(3) 隔离比 R。

将反向衰减量与正向衰减量之比定义为隔离器的隔离比,即

$$R = \frac{\alpha_-}{\alpha_+} \tag{6.9.8}$$

(4) 输入驻波比 ρ。

在各端口都匹配的情况下,将输入端口的驻波系数称为输入驻波比,记为 ρ,有

$$\rho = \frac{1+|S_{11}|}{1-|S_{11}|} \tag{6.9.9}$$

对于具体的隔离器,希望 ρ 值接近于1。

6.9.2 环行器

Y 形结环行器由矩形波导旋转对称结和位于结中心用介质套包着的横向磁化铁氧体柱构成,如图 6.37(a) 所示,恒磁场由结外部盘状磁铁产生,介质套起到改善由于温度和恒磁场变化所引起的不稳定性的作用。当导波从端口 ① 输入并进入铁氧体柱时,在端口 ① 靠近矩形波导两窄壁附近的两个对称位置正好是两个旋转方向相反的圆极化磁场,对于低场,铁氧体磁导率的实部 $\mu'_{r-} > \mu'_{r+}$,且 $\mu'_{r-} \approx 1, \mu'_{r+} < 0$,因此在铁氧体内传输的两种圆极化波的相速也不同。如果选择合适铁氧体柱的尺寸和参数,以使两个圆极化波传输到端口 ② 上具有相同的相位,在端口 ③ 上有相反的相位。这样,从端口 ① 输入的导波只在端口 ② 有输出,而在端口 ③ 无输出。由于 Y 形结旋转对称,从端口 ② 输入的导波只能从端口 ③ 输出,从端口 ③ 输入的导波只能从端口 ① 输出。

除了波导 Y 形结环行器,工程中还广泛使用带状线和微带线 Y 形结环行器,其工作原理与波导环行器类似,带状线 Y 形结环行器如图 6.37(b) 所示。

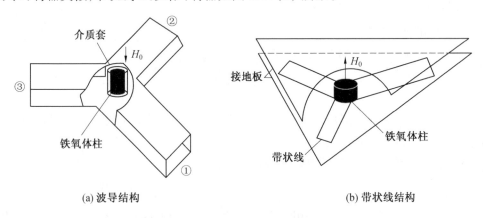

图 6.37 Y 形结环行器

利用环行器可以制成单向器,在 Y 形结环行器的端口 ③ 接匹配负载,端口 ① 作为输入,端口 ② 作为输出,如图 6.38(a) 所示。信号从端口 ① 输入时,端口 ② 有输出,端口的反射信号经环行器到达端口 ③ 被吸收,即 ①→② 是导通的,而 ②→① 是截止的,实现了正向传输导通、反向传输隔离的单向器的功能。

利用两个 Y 形结环行器可以构成四端口的双 Y 结环行器,如图 6.38(b) 所示,单向环行规律是 ①→②→③→④。

如同隔离器一样,描述环行器的性能指标有:正向衰减量、反向衰减量、对臂隔离度和工作频带等。

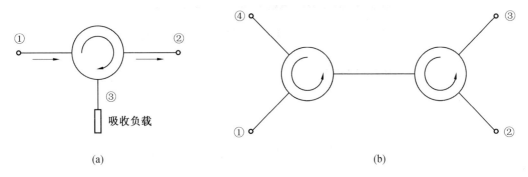

图 6.38 环行器的应用

6.10 本章小结

本章首先介绍了终端元件,包括匹配负载和短路负载;连接元件,包括波导接头、同轴接头以及各种转换接头。其次介绍了衰减和移相元件的原理和实现结构;阻抗匹配和变换元件中主要介绍了螺钉调配器、阶梯阻抗变换器,给出其实现原理和基本结构;重点讨论了功率分配与合成器件和定向耦合器,主要包括:E-T接头、H-T接头、波导双T接头、波导魔T接头、微带功率分配器、波导双孔定向耦合器、分支定向耦合器和平行耦合定向耦合器等。随后介绍了微波谐振器的基本参数,讨论了矩形波导谐振器、微带谐振器的工作原理。最后介绍了微波铁氧体元件:谐振式隔离器、场移式隔离器和Y形结环形器,讨论了基本原理、基本结构以及应用。

本章习题

6.1 两段 TE_{10} 波导的宽边 $a_1 = a_2 = 7.2$ cm,窄边分别为 $b_1 = 3.4$ cm,$b_2 = 2.8$ cm。为了使这两段波导匹配,采用题 6.1 图所示的 1/4 波长变换器。试求:

(1) 在中心频率 $f_0 = 3$ GHz 时,为达到匹配,b' 和 l 应取何值?

(2) 在 $f = 3.3$ GHz 时,终端接匹配负载,试求输入驻波比 ρ 是多少?(以上计算均略去阶梯不均匀性)

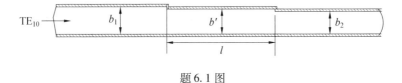

题 6.1 图

6.2 在题 6.2 图所示的均匀微波传输线等效电路中,若 $Y_L = 0.8 - j0.6$,试求:

(1) jB_1、jB_2 为何值时,T_1 参考面处可实现匹配?

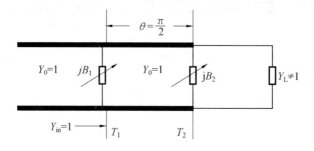

题 6.2 图

（2）若 jB_1、jB_2 为波导可调螺钉的等效电纳，能否实现电路匹配？若可以，实现匹配的 B_1 和 B_2 各为多少？

（3）若负载 Y_L 变化，仍用该调配电路，要实现电路匹配，Y_L 应满足什么条件？

6.3　设某定向耦合器的耦合度为 33 dB，定向度为 24 dB，端口 ① 的入射功率为 25 W，计算直通端口 ② 和耦合端口 ③ 的输出功率。

6.4　某微波电桥图如题 6.4 图所示，图中，4 臂接匹配电源，3 臂接匹配负载，1、2 臂接反射系数为 Γ_1、Γ_2 的不匹配负载。其 S 参数矩阵为

$$S = \frac{1}{\sqrt{2}} \begin{bmatrix} 0 & 0 & j & 1 \\ 0 & 0 & 1 & j \\ j & 1 & 0 & 0 \\ 1 & j & 0 & 0 \end{bmatrix}$$

（1）试述该电桥的性能；

（2）求 b_3。

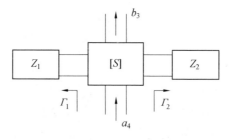

题 6.4 图

6.5　一填充空气矩形谐振器，当 $\lambda_0 = 10$ cm 时谐振于 TE_{101} 模，当 $\lambda_0 = 8$ cm 时谐振于 TE_{102} 模，求此矩形腔的尺寸。

6.6　平行耦合带状线定向耦合器的耦合度 $C = 10$ dB，特性阻抗 $Z_0 = 50$ Ω，求其耦合线的奇偶模特性阻抗值。

6.7　试用散射参量一元性证明一个互易、无耗的三端口网络不能同时实现各端口匹配。

6.8　试证明如题 6.8 图所示的微带环形电桥的各端口均接匹配负载 Z_0 时，各段的归一化特性导纳为 $a = b = c = \dfrac{1}{\sqrt{2}}$。

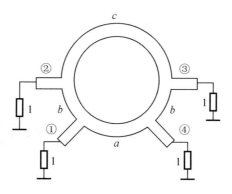

题 6.8 图

6.9 写出下列各种理想双端口元件的[S]矩阵。

(1) 理想衰减器。

(2) 理想相移器。

(3) 理想隔离器。

6.10 设矩形谐振器的尺寸 $a=5$ cm, $b=3$ cm, $l=6$ cm, $\sigma=1.46\times10^7$ S/m,试求 TE_{101} 模式的谐振波长和无载品质因数 Q_0 的值。

6.11 一微带三端口功分器,$Z_0=50$ Ω,要求端口 ② 与端口 ③ 输出功率之比 $P_2/P_3=1/2$,试计算 Z_{02}、Z_{03} 及隔离电阻 R。若 P_1 为 90 mW,求 P_2 及 P_3。

6.12 微波谐振器与总参数谐振回路相比较有哪些特点?

6.13 谐振器的品质因数 Q 是如何定义的? 何为固有品质因数? 何为有载品质因数?

第 7 章 微波应用系统

由于微波具有似光性、穿透性、宽频特性及散射特性等,因此在无线领域得到了广泛应用。本书介绍的微波传输线和微波元器件是根据微波属性构造的一些特殊结构来控制微波,从而实现不同的功能。而在空间中,微波常被用作信息的载体,进行信息或能量的传输,因此广泛应用于雷达(radar)、无线通信、超材料、无线能量传输以及射频识别等系统。本章针对这几方面应用展开系统性地讨论;另外,微波也常用于遥感、微波加热、导航等领域。

7.1 雷达系统

雷达是微波技术最普遍的应用之一,它的基本工作原理是,发射机发送探测信号,被远距离的目标部分反射,然后被灵敏接收机检测。由于电磁波具有幅度、相位、频率、时域及极化等多种信息,雷达就是利用从目标反射或散射回来的电磁波中提取相关信息,实现测距、测向、测速及目标识别等。若应用窄波束天线,则目标的方向由天线位置精确给出,目标的距离由信号进行到目标并返回所需的时间决定,目标的径向速度与返回信号的多普勒频移有关。相控阵雷达和单脉冲雷达如图 7.1 所示。

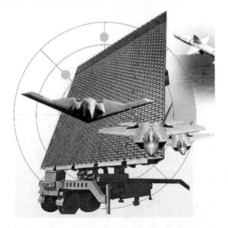

图 7.1 相控阵雷达和单脉冲雷达

7.1.1 雷达的基本组成

雷达主要由天线、发射机、接收机、信号处理机及终端设备等组成。以典型的单基地脉冲雷达为例来说明雷达测量的基本工作原理,该雷达简化框图如图7.2所示。

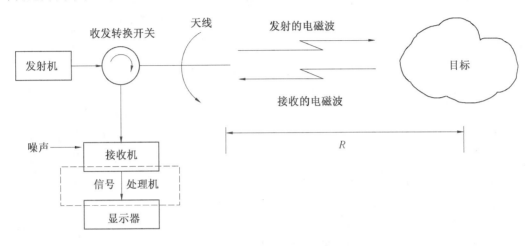

图 7.2 单基地脉冲雷达简化框图

由雷达发射机产生电磁能,经收发转换开关后传输给天线,再由天线将此电磁能向大气中定向辐射;发射机能量由高增益的天线辐射到空中,雷达天线包括机械控制抛物面反射面天线、平面相控阵天线、电扫相控阵天线等;电磁波在大气中以光速传播,如果目标恰好位于定向天线的波束范围内,它将截取一部分电磁能;目标将被截取的电磁波向各方向散射,其中部分散射的能量朝向雷达接收方向;雷达天线收集到这部分散射的电磁波后,经传输线和收发转换开关传到接收机;接收机将该微弱信号放大并经信号处理后,获取所需信息,并将结果在终端显示。

7.1.2 典型的雷达系统

1. 单脉冲雷达

单脉冲雷达是一种精密跟踪雷达,它每发射一个脉冲,天线能同时形成若干个波束,将各波束回波信号的振幅和相位进行比较。当目标位于天线轴线上时,各波束回波信号的振幅和相位相等,信号差为零;当目标不在天线轴线上时,各波束回波信号的振幅和相位不等,产生信号差,驱动天线转向目标直至天线轴线对准目标,这样就可以测出目标的高低角和方位角,从各波束接收的信号之和可以测出目标的距离,从而实现对目标的测量和跟踪。

单脉冲雷达是能从单个回波脉冲信号中获得目标全部角坐标信息的跟踪雷达,单脉冲雷达有较高的测角精度、分辨率及数据率,但设备比较复杂。按提取角误差信息的方法不同,分为幅度比较单脉冲雷达和相位比较单脉冲雷达两种。单脉冲雷达早在20世纪60年代就已广泛应用,美国、英国、法国和日本等国军队大量装备单脉冲雷达,主要用于目标识别、靶场精密跟踪测量、弹道导弹预警和跟踪、导弹再入弹道测量、火箭和卫星跟踪、武器火力控制、炮位侦察、地形跟随、导航和地图测绘等;在民用上主要用于中交通管制。目前使用的单脉冲雷达基本实现了模块化、系列化和通用化，具有多目标跟踪、动目标显示、故障自检和维修方便等特点。

2. 相控阵雷达

相控阵雷达的天线阵面由多个辐射和接收单元（称为阵元）组成，单元数目和雷达的性能有关，可以从几百个到几万个，天线的单元数目越多，波束在空间可形成的波束就越多。这些单元有规则地排列在平面上，构成阵列天线，在一维上排列若干辐射单元即为线阵，在两维上排列若干辐射单元称为面阵。辐射单元也可以排列在曲线上或曲面上，这种天线称为共形阵天线，共形阵天线可以克服线阵和面阵扫描角小的缺点，能以一部天线实现全空域电扫，通常的共形阵天线有环形阵、圆面阵、圆锥面阵、圆柱面阵和半球面阵等。

相控阵雷达主要利用电磁波相干原理，通过计算机控制馈往各辐射单元电流的相位和幅度，就可以改变波束的方向进行扫描，称为电扫描。每个天线单元除了有天线辐射振子之外，还有移相器等器件，不同的振子通过移相器可以被馈入不同相位的电流，从而在空间辐射出不同方向性的波束。有源相控阵的相位控制通常采用 T/R（Transmitter/Receiver）组件，主要用于实现对发射信号、接收信号的放大以及对信号幅度、相位的控制，相比于机械扫描波束，这种电控波束扫描方式速度更快，可以到达几微秒。

3. 合成孔径雷达

合成孔径雷达（synthetic aperture radar，SAR）是利用与目标作用相对运动的小孔径天线，把在不同位置接收的回波进行相干处理，从而获得较高分辨力的成像雷达。

SAR雷达有两种工作方式，一种是对回波信号做聚焦处理，另一种是对回波信号做非聚焦处理。对于合成阵，当目标处于无穷远处，其回波可视为平面波，而实际目标的距离往往不满足平面波照射条件。对应于不同距离，目标回波的波前是半径不同的球面波。

如果将合成阵各点上接收的信号进行相参积累，在积累前不改变各点接收信号间的相位关系，即不加任何相位补偿，则称为非聚焦处理。非聚焦型合成孔径雷达利用雷达天线随运载工具有规律地移动到若干位置，在每个位置发射一个相干脉冲信号，并依次对一连串回波信号进行接收存储，存储时保持接收信号的幅度和相位。当雷达天线移动相当长的距离 L 后，合成接收信号相当于一个天线尺寸为 L 的大天线接收到的信号，从而提高分辨率。如果在接收机信号处理时，对不同距离的球面波前分别予以相位补偿，则对应于这样的处理称为聚焦处理。而聚焦型合成孔径雷达是在数据存储后，扣除接收到的回波信号中由雷达天线移动带来的附加相移，使其同相合成，分辨率更高，处理过程也更复杂。

7.2 无线通信网络

无线通信网络以灵活的连接、无缝的覆盖和日益提高的传输速率，给传统行业带来了颠覆性变革。由于天线尺寸的限制，大部分的无线通信网络的射频部分工作于微波频段，因此微波技术对无线通信网络的设计起到了关键的作用，其中主要包括移动通信网络、空间通信网络等，如图 7.3 所示。

图 7.3　微波技术在无线通信网络中的应用

7.2.1　移动通信

根据香农定理,信道容量正比于信道带宽,因此为了提升传输速率,一种最直接的方法是通过提升载波速率进而获取更大的带宽。移动通信经历了至今 5 代的发展,从最初的载波频率 800～900 MHz 的第一代移动通信网络(1G)到目前载波频率 3.3～4.2 GHz、4.4～5.0 GHz 以及毫米波频段的第五代移动通信网络(5G),其频率范围始终处于微波波段。目前我国已经全面开展了第六代移动通信网络(6G)的研发,未来移动通信网络的载波甚至会达到太赫兹波段,这也属于微波波段的范畴。因此,微波技术对于移动通信网络的发展起到了至关重要的作用。

移动通信网络发展的另一个趋势是密集化。随着网络接入用户密度的指数增加,从 1G 到 5G 蜂窝网络部署越来越密集,小区覆盖面积越来越小,加之城市环境变得更加复杂,移动通信网络的信道环境也越发复杂。一般来说,对于移动通信网络的微波信道,可以用大尺度衰落和小尺度衰落来描述,分别是由传输距离和多径效应造成的。相应的,微波信道衰落将对通信的可靠性和有效性造成严重的影响,微波传输信道建模对分析无线通信网络的性能至关重要。另外,为了对抗微波信道的衰落,通常采用多天线波束赋形和智能超表面等技术,利用空域资源改善微波信道质量,提升通信性能,实现广域无盲覆盖。

7.2.2　空间通信

空间通信按照通信节点与地面间的距离可以分为无人机通信、卫星通信、深空通信等几种。

1. 无人机通信

无人机具有灵活性高、适应性强及成本低等优势,能够按需部署实现特定服务,通过立体覆盖提升网络弹性,是空天地海一体化通信网络的重要环节。无人机空地微波信道遮挡较少,可以近似为视距信道,即使在空地存在遮挡的情况下,无人机也可以灵活的飞近地面用户,实现无遮挡的视距传输。因此,无人机相比于地面基站有着更广阔的覆盖面积。目前,无人机通信的主要挑战在于考虑无人机的飞行轨迹和微波通信性能进行协同设计。

2. 卫星通信

另一种典型的空间通信是卫星通信。相比于无人机通信,卫星到地面间的通信链路距离更远,覆盖范围更广,在实现通信覆盖的情况下也可以提供全球定位服务,如 GPS 和北斗系统。由于卫星距离地表面更远,无论发射还是接收天线,天线尺寸更大、能力更强。星地微波链路与地面链路以及无人机空地链路均不同,不同链路间体现出相似性。随着技术的进步和需求的提升,目前星地间常采用激光通信,但是在雨雪等恶劣天气下,星地微波链路仍是不可或缺的。

3. 深空通信

"天问一号"在火星成功着陆,引发了国人对深空探测的好奇心,也展示了我国在深空探测领域的雄心,但是深空通信由于传输距离远,面临着诸多的严峻挑战。由于深空通信的距离太远,信号的路径损耗甚至可以超过 300 dB,通常的微波通信系统很难成功检测并解码。因此,在深空通信中,经常采用直径更大的天线来接收微波信号,对抗路径损耗,如佳木斯的 66 m 直径的抛物面天线,增益可以达到 70 dBi 以上。如果路径更远,经常要将多个大型天线组合构成天线阵,进一步提升增益。

7.3 超材料技术

电磁波作为当今世界最重要的信息传输载体,早已在无线通信、雷达、遥感探测等领域发挥不可替代的作用。为精确调控电磁波,研究学者提出人工电磁超材料的途径,电磁超材料是一种人为设计的亚波长尺度的电磁谐振结构,并以周期性或非周期性排列来实现特殊的电磁调控作用。

超材料是一种由大量亚波长尺度的人工单元在空间中按照特定方式排布而成的非天然材料。1968 年,苏联科学家 Veselago 假想了一种具有负介电常数和磁导率的奇异材料,并对这一特殊材料的相关物理特性及其对电磁波的调控机制展开了理论研究。1996 年,Pendry 教授提出了用周期排列的金属棒可以实现超材料,在 1999 年 Pendry 教授再次提出基于周期排列的金属谐振结构可以实现超材料特性,并在 2000 年被 Smith 教授等验证后,超材料开启了全球化的研究热潮。

经过 20 年的发展历程,超材料由最初三维形式的复杂结构,进化为近乎二维形式的超表面,如图 7.4 所示,其电磁性能和功能性不断扩展,工作频段也从微波、毫米波逐步扩展至太赫兹和光波段。超表面可以用于对透射电磁波和反射电磁波的控制,当电磁波入射到电磁超表面后,透射波束和反射波束的幅度、方向、极化及波型都是可控的,其中比较典型的方法是利用相位梯度超表面,实现隐身、完美透镜、超分辨成像及全息成像等丰富的电磁应用,同时也在无线通信、雷达、人工智能以及量子技术等领域展现出重要应用价值。

图 7.4　超材料和超表面

传统超材料与超表面研究都是基于连续尺度来设计其电磁特性,这种连续尺度下的分析可归结为模拟式的,即模拟超材料。2014 年,东南大学崔铁军教授团队提出了数字编码可编程超材料／超表面的新理论,开创了信息超材料研究的新篇章,将数字信息融入超材料／超表面的结构、电磁参数和功能等设计的各个方面。随着超材料技术的快速发展,智能超表面技术(reconfigurable intelligent surface,RIS)因其具有调控无线信道的能力,为通信系统的设计提供了一种新的接口,成为未来 6G 通信中颇具前景的关键技术之一。RIS 每个单元具有可变的器件结构,如单元上的 PIN 二极管开关的状态决定了 RIS 单元对入射信号不同的响应模式。阵列控制模块则根据通信系统的需求来确定无线信号响应波束,通过控制每个器件单元的工作状态,对电磁波进行主动的智能调控,使原来静态的通信环境变得智能、可控,实现对原有静态通信盲区的有效覆盖,如图 7.5 所示。

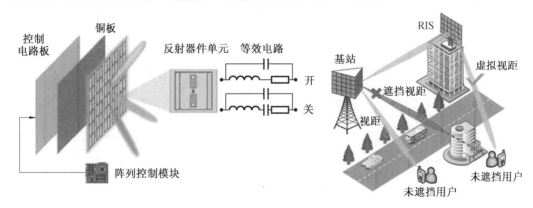

图 7.5　智能超表面及应用场景

近年来,随着超表面技术的发展,一种新型的相控阵列天线设计技术逐渐受到关注,即利用空间馈源照射电磁表面,通过电磁表面调控电磁波的散射相位特性,实现高增益辐射和快速波束扫描等性能,如图 7.6 所示。电磁表面具有透射和反射两种类型,同样可以通过 FPGA 以编码形式控制超表面的相位,实现对入射电磁波的波束控制。这种新型相控阵列天线的单元集成了辐射和移相两种功能,避免使用复杂高昂的 T/R 组件,具有低成本、易加工、易共形、低剖面及质量轻等优势,应用前景广阔。

(a) 场景一：卫星通信　　(b) 场景二：雷达侦测　　(c) 场景三：遥感成像　　(d) 场景四：数据链路

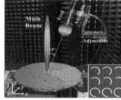
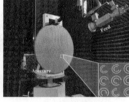
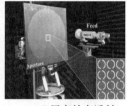

(e) 宽带反射阵列天线样机　　(f) 双圆极化阵列天线样机　　(g) 双层高效率透射阵列天线样机　　(h) 可重构阵列天线样机

图 7.6　新型相控阵列天线的应用场景与样机实物

7.4　无线功率传输技术

无线功率传输是一种通过无线方式将能量从发电装置或供电端转送到电力接收装置的技术。从技术上来看，其与无线电通信中所用的发射与接收技术并无本质区别，但无线功率传输注重的是传输能量，而非附载于能量之上的信息。无线功率可以有不同的能量形式，包括电场、磁场及电磁波。发射装置把电能转换成相对应场的能量状态，传输经过一空间传输后由一个或多个接收器接收并转换回电能供负载使用。这种方式能避免使用传统电缆或电池的供电方式，因此能够广泛用于无法使用线缆供电场景、危险或恶劣环境，或者根本无法替换电池等特殊情况。无线功率传输技术可大致分为两种类型：近场和远场。

7.4.1　近场无线功率传输

近场无线功率传输可以看作非辐射场传输，其主要分为电感耦合、谐振电感耦合和电容耦合。19 世纪 90 年代，尼古拉·特斯拉（Nikola Tesla）首次尝试使用射频谐振变压器（特斯拉线圈）通过电感和电容耦合实现电力传输。

1. 电感耦合

电感耦合（电磁感应）中，电能主要通过磁场在线圈之间传输，其原理为利用发射端线圈和接收端线圈形成一个变压器。由安培定律，通过发射器线圈的交流电产生振荡磁场，磁场在空间传输后到达接收线圈，通过法拉第感应定律在接收线圈中感应出交流电压，其可以直接驱动负载，也可以通过接收器中的整流电路整流成直流电，从而驱动负载，如图 7.7(a)所示。其工作频段一般为 Hz 到 MHz，传输距离一般为毫米到厘米，可用于电动牙刷、剃须刀等充电，或对植入医疗设备进行体外无线充电，如心脏起搏器、胰岛素泵等。

2. 谐振电感耦合

谐振电感耦合（强耦合磁共振）是一种电感耦合形式，其利用两个谐振电路（调谐电路）

之间的磁场进行功率传输,如图7.7(b)所示,这两个谐振电路分别处在发射器和接收器中,两者被调谐到相同的谐振频率,线圈之间的共振可以增加耦合和功率传输,类似于振动音叉可以在调谐到相同音高的远处音叉中引起共鸣振动的方式。由于谐振电路之间的相互作用比非谐振物体的相互作用强烈得多,散射吸收而导致的功率损失可以忽略不计。因此,与非谐振感应传输的短程无线功率传输相比,谐振电感耦合可以在更远的距离实现高效率传输,实现中程无线功率传输。谐振电感耦合工作频带一般为kHz到MHz,传输距离可达几米,可用于无线便携式设备如手机、笔记本等的无线充电,电动车充电等,如图7.8所示。

3. 电容耦合

电容耦合(电耦合)是指在发射器和接收器电极中形成传输电容,功率通过电极(如金属板)之间的电场进行传输。如图7.7(c)所示,发射器产生的交流电压施加到发射板上,振荡电场通过静电感应,在接收板上感应出交流电势,经过整流电路转化成直流电以供负载电路使用。该方法工作频率通常为kHz到MHz,仍属于短距离传输,可用于便携式设备充电、人体植入医疗设备充电等。

(a) 电感耦合

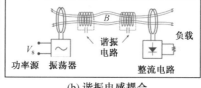
(b) 谐振电感耦合

(c) 电容耦合

图7.7 近场无线功率传输工作原理图

图7.8 近场无线功率传输典型应用场景

7.4.2 远场无线功率传输

远场无线功率传输也称为辐射场功率传输,其利用电磁波的形式进行功率传输。20世纪60年代,威廉·布朗(William C. Brown)第一次实现了长距离无线电力传输。1964年,布朗发明了可以将微波转换为直流电的整流天线,并演示了第一架由地面发射的微波所驱动的无线供电模型直升机。

　　远场无线功率传输通常工作在微波范围内,通过定向电磁波束把能量从发射端传送到接收端。定向波束使无线电波的功率传输更具方向性,因此可以实现更远距离的电力传输。接收端利用整流天线将微波能量转换回直流电能,并通过与功率管理单元的配合使用,将直流电能储存在电池或超级电容里,为后续负载提供持续供电,如图7.9所示。该技术工作频段一般为MHz到GHz,传输距离一般从米到公里。远场无线功率传输的典型应用是将其集成在RFID标签、感应卡和非接触式智能卡中。当设备靠近电子阅读器单元时,来自阅读器的无线电波被整流天线接收,整流天线将接收功率转化成直流,从而为IC提供电源,供电后的IC将其数据传输回阅读器。近年来,远场无线功率传输被研究用来为小型无线微电子设备提供电源,其有望成为未来物联网应用中微型传感器供电问题的解决方案,在智慧家居、智慧城市等广泛应用。此外,研究者已经提出将远场无线功率传输用于太空,利用微波功率传输将能量从轨道太阳能卫星传到地球,或将功率发射到离开轨道的航天器,如图7.10所示。

图7.9　远场无线功率传输工作原理

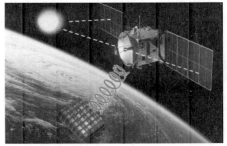

图7.10　远场无线功率传输应用

7.5　射频识别系统

　　物联网(internet of things,IOT)是继计算机、互联网与移动通信网之后的信息产业革命。物联网具有三大功能,包括全面感知、可靠传递和智能处理。物联网感知和获取物理世界信息的首要环节是通过感知层来实现,感知层主要是利用射频识别(radio frequency identification,RFID)、传感器等随时随地获取物体相关信息。RFID作为一种非接触、非视距识别和数据传输技术,已广泛应用于物流和工业过程中的访问控制和信息跟踪,如无钥匙门禁、高速公路自动收费系统、物品跟踪、仓储管理及车辆防盗等。

7.5.1 RFID 系统结构

RFID 系统是一种双向的通信系统,主要由读写器、标签和应用系统组成,常用读写器和标签如图 7.11 所示。读写器是通信的中心,标签处于从属地位。在被动式系统中,读写器首先发送载波和命令信号,标签被激活,将信号散射回去,和雷达一样,RFID 系统也是依靠目标的散射得到目标的信息。读写器用其天线接收到信号进行处理,这样读写器就能得到标签的信息,再发送给应用系统,从而完成相关信息的识别和管理等。标签在芯片被激活后将其存储的信息通过标签天线反馈给读写器,其系统结构如图 7.12 所示。读写器由高频模块、控制模块、数字处理模块及天线构成,功能包括发送命令信号、接收及处理标签信号,读写器一般通过 RS232 接口和以太网接口与上位机相连;标签主要由标签芯片和标签天线构成,标签天线负责获取能量和传递信号,标签芯片负责存储信息,每个标签芯片都具有唯一的电子产品编码(electronic product code,EPC),对应 RFID 标签的唯一编码,实现物品的唯一标识;应用系统负责对读写器进行设置和控制,并完成标签信息管理。

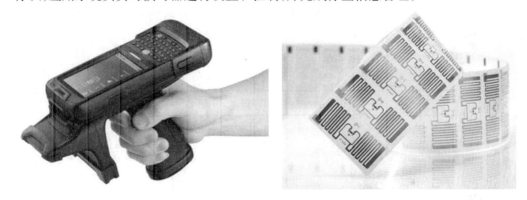

图 7.11 常用读写器和标签

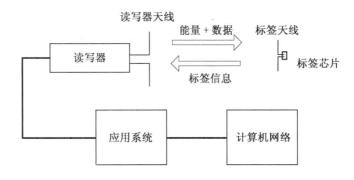

图 7.12 RFID 系统结构图

7.5.2 RFID 标签的分类

RFID 标签种类繁多,根据不同的分类方式可以进行不同分类。根据能量的获取方式,RFID 标签可以分为有源标签(active tags)、半有源标签(semi-active tags)及无源标签(passive tags)。无源标签即是被动标签,通常意义上的 RFID 标签是无源标签,UHF 频段的 RFID 标签一般都属于无源标签。无源标签本身没有电池,其所需能量由读写器提供,标签通过电感耦合或者反向散射的方式完成信息的传输。无源 RFID 标签一般体积小,成本低,使用寿命长,但是读取距离相对较短。有源标签即是主动标签,它携带电池为标签芯片供电。有源标签读取距离远,能够主动发射射频信号,但存在体积大、成本较高、工作寿命受电池影响而较短等问题。半有源标签是指标签本身携带电池,但是电池只为接收电路或者传感电路提供能量,标签仍以无源标签方式工作。

根据工作频率,RFID 标签可以分为低频(LF)、高频(HF)、超高频(UHF)及微波频段标签,如图 7.13 所示。低频 RFID 系统主要工作在 125 kHz 或者 134 kHz 频段,采用电圈耦合的工作方式;高频 RFID 系统主要工作在 13.56 MHz,其工作方式为磁感应耦合,是目前应用最广泛的 RFID 系统之一,主要应用在门禁卡、电子付费等领域,但是读取距离较短,典型的距离为 10 ~ 20 cm;UHF RFID 系统主要工作频率为 860 ~ 960 MHz,中国 UHF RFID 系统的工作频率为 840 ~ 845 MHz 和 920 ~ 925 MHz,UHF RFID 系统的工作方式为反向散射的工作方式,其读取距离一般比较远,能达到几米的距离,通信速率较快,可以同时完成多个标签的读取,具有读取距离远、读取范围大、成本低、寿命长及无可视性要求等优点,目前应用范围最为广泛;微波频段的 RFID 系统主要工作在 2.4 GHz 和 5.8 GHz,这类 RFID 系统一般为有源 RFID 系统,具有很远的读取距离,但成本较高、工作寿命较短。

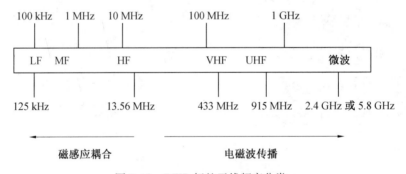

图 7.13 RFID 标签天线频率分类

按照标签是否带有标签芯片,RFID 标签可以分为普通标签及无芯片标签。目前,RFID 标签的成本是制约其推广应用的关键,而无芯片标签可以较大地降低标签成本。无芯片标签是通过特殊的标签结构来存储目标信息,当读写器向标签发射电磁波,其特殊结构会对入射信号进行不同的反射,反射回的电磁波被接收天线接收,通过相关的信息处理可以得到标签包含的信息。无芯片标签对结构要求较高,它需要不同的结构来存储不同的信息,同时不同的结构之间还需要一定的规律和联系。目前无芯片标签的设计主要是基于时域延迟、应答信号幅度或相位调制以及频谱特征来完成天线结构对电磁波信号的编码调制。但是,无芯片标签存在安全性等问题。

7.6　本章小结

本章讨论了微波在雷达、无线通信、超材料、无线能量传输以及射频识别等方面的应用,主要介绍了各系统的组成及工作原理,明确了微波在无线领域的重要性。

本章习题

7.1 简述相控阵雷达的基本原理。
7.2 移动通信 5G 应用的微波频段是多少?
7.3 智能超表面技术有什么优势?
7.4 无线功率传输分哪几种类型?有什么耦合方式?
7.5 RFID 系统由哪几部分组成?其工作原理是什么?

附录 1

史密斯圆图

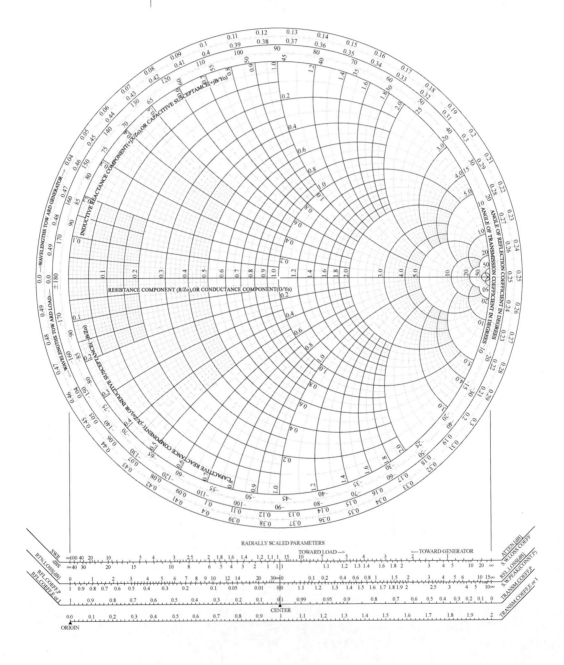

附录 2

标准矩形波导参数和型号对照

附表 1　标准矩形波导参数和型号对照表

波导型号 IECR -	波导型号 部标 BJ -	主模频带 /GHz	截止频率 /MHz	结构尺寸 /mm 标宽 a	结构尺寸 /mm 标高 b	结构尺寸 /mm 标厚 t	衰减 /(dB·m^{-1})	美国相应型号 EIAWR -
3	—	0.32 ~ 0.49	256.58	584.2	292.1	—	0.000 78	2 300
4	—	0.35 ~ 0.53	281.02	533.4	266.7	—	0.000 90	2 100
5	—	0.41 ~ 0.62	327.86	457.2	228.6	—	0.001 13	1 800
6	—	0.49 ~ 0.75	393.43	381.0	190.5	—	0.001 49	1 500
8	—	0.64 ~ 0.98	513.17	292.0	146.0	3	0.002 22	1 150
9	—	0.76 ~ 1.15	605.27	247.6	123.8	3	0.002 84	975
12	12	0.96 ~ 1.46	766.42	195.6	97.80	3	0.004 05	770
14	14	1.14 ~ 1.73	907.91	165.0	82.50	2	0.005 22	650
18	18	1.45 ~ 2.20	1 137.1	129.6	64.8	2	0.007 49	510
22	22	1.72 ~ 2.61	1 372.4	109.2	54.6	2	0.009 70	430
26	26	2.17 ~ 3.30	1 735.7	86.4	43.2	2	0.013 8	340
32	32	2.60 ~ 3.95	2 077.9	72.14	34.04	2	0.018 9	284
40	40	3.22 ~ 4.90	2 576.9	58.20	29.10	1.5	0.024 9	229
48	48	3.94 ~ 5.99	3 152.4	47.55	22.15	1.5	0.035 5	187
58	58	4.64 ~ 7.05	3 711.2	40.40	20.20	1.5	0.043 1	159
70	70	5.38 ~ 8.17	4 301.2	34.85	15.80	1.5	0.057 6	139
84	84	6.57 ~ 9.99	5 259.7	28.50	12.60	1.5	0.079 4	112
100	100	8.20 ~ 12.5	6 557.1	22.86	10.16	1	0.110	90
120	120	9.84 ~ 15.0	7 868.6	19.05	9.52	1	0.133	75
140	140	11.9 ~ 18.0	9 487.7	15.80	7.90	1	0.176	62
180	180	14.5 ~ 22.0	11 571	12.96	6.48	1	0.238	51
220	220	17.6 ~ 26.7	14 051	10.67	4.32	1	0.370	42
260	260	21.7 ~ 33.0	17 357	8.64	4.32	1	0.435	34
320	320	26.4 ~ 40.0	21 077	7.112	3.556	1	0.583	28
400	400	32.9 ~ 50.1	26 344	5.690	2.845	1	0.815	22
500	500	39.2 ~ 59.6	31 392	4.775	2.388	1	1.060	19
620	620	49.8 ~ 75.8	39 977	3.759	1.880	1	1.52	15
740	740	60.5 ~ 91.9	48 369	3.099	1.549	1	2.03	12
900	900	73.8 ~ 112	59 014	2.540	1.270	1	2.74	10
1 200	1 200	92.2 ~ 140	73 768	2.032	1.016	1	2.83	8

参考文献

REFERENCES

[1] 梁昌洪,谢拥军,官伯然. 简明微波[M]. 北京:高等教育出版社,2006.

[2] 刘学观,郭辉萍. 微波技术与天线[M]. 4版. 西安:西安电子科技大学出版社,2016.

[3] 吴群,宋朝晖. 微波技术[M]. 2版. 哈尔滨:哈尔滨工业大学出版社,2018.

[4] 赵春晖,张朝柱,廖艳苹. 微波技术[M]. 2版. 北京:高等教育出版社,2020.

[5] 徐锐敏,唐璞,薛正辉,等. 微波技术基础[M]. 北京:科学出版社,2009.

[6] 殷际杰. 微波技术与天线——电磁波导行与辐射工程[M]. 北京:电子工业出版社,2004.

[7] 谢处方,饶克谨. 电磁场与电磁波[M]. 4版. 北京:高等教育出版社,2006.

[8] 拉德马内斯 M M. 射频与微波电子学[M]. 顾继慧,李鸣,译. 北京:科学出版社,2006.

[9] 梁昌洪. 计算微波[M]. 西安:西北电讯工程学院出版社,1985.

[10] 李秀萍. 微波技术基础[M]. 北京:电子工业出版社,2017.

[11] 栾秀珍,王钟葆,傅世强,等. 微波技术与微波器件[M]. 北京:清华大学出版社,2017.

[12] 杨雪霞,宸梓轩. 微波技术基础[M]. 3版. 北京:清华大学出版社,2021.

[13] 李延平,王新稳,李萍,等. 微波技术与天线[M]. 4版. 北京:电子工业出版社,2021.

[14] 姜勤波,余志勇,张辉. 电磁场与微波技术基础[M]. 北京:北京航空航天大学出版社,2016.

[15] 梅中磊,李月娥,马阿宁. MATLAB电磁场与微波技术仿真[M]. 北京:清华大学出版社,2020.

[16] 全绍辉. 微波技术基础[M]. 北京:高等教育出版社,2011.

[17] 周希朗. 电磁场理论与微波技术基础[M]. 2版. 南京:东南大学出版社,2010.

[18] DAVID M,POZAR D M. 微波工程[M]. 谭云华,等译. 北京:电子工业出版社,2019.

[19] 丁鹭飞,耿富录,陈建春. 雷达原理[M]. 5版. 北京:电子工业出版社,2014.

[20] FINKENZELLER K. 射频识别(RFID)技术[M]. 王俊峰,等译. 6版. 北京:电子工业出版社,2015.

[21] VESELAGO V G. Electrodynamics of substances with simultaneously negative values of ε and μ[J]. Soviet Physics USPEKHI-USSR,1968,10(4):517-526.

[22] SMITH D R,PENDRY J B,WILTSHIRE M C. Metamaterials and negative refractive index[J]. Science,2004,305(5685):788-792.

[23] CUI T J,QI M Q,ZHAO J,et al. Coding metamaterials,digital metamaterials and programmable metamaterials[J]. Light:Science & Applications,2014,3:e218.